Information Age Economy

Editorial Board
H. U. Buhl
W. König
R. M. Lee
H. Mendelson
A. Picot
B. Schmid
R. Wigand

Information Age Economy

K. Sandbiller
Dezentralität und Markt in Banken
1998. ISBN 3-7908-1101-7

M. Roemer
Direktvertrieb kundenindividueller
Finanzdienstleistungen
1998. ISBN 3-7908-1102-5

F. Rose
The Economics, Concept, and Design
of Information Intermediaries
1999. ISBN 3-7908-1168-8

Jochen Schneider

Finanzanalysen in der Investitions- und Finanzierungsberatung

Potential und
problemadäquate Systemunterstützung

Mit 41 Abbildungen
und 4 Tabellen

Physica-Verlag
Ein Unternehmen
des Springer-Verlags

Dr. Jochen Schneider
Seilerstr. 2
D-86153 Augsburg

ISBN 3-7908-1169-6 Physica-Verlag Heidelberg

Die Deutsche Bibliothek – CIP-Einheitsaufnahme
Schneider, Jochen: Finanzanalysen in der Investitions- und Finanzierungsberatung:
Potential und problemadäquate Systemunterstützung / Jochen Schneider. –
Heidelberg: Physica-Verl., 1999
(Information age economy)
ISBN 3-7908-1169-6

Dieses Werk ist urheberrechtlich geschützt. Die dadurch begründeten Rechte, insbesondere die der Übersetzung, des Nachdrucks, des Vortrags, der Entnahme von Abbildungen und Tabellen, der Funksendung, der Mikroverfilmung oder der Vervielfältigung auf anderen Wegen und der Speicherung in Datenverarbeitungsanlagen, bleiben, auch bei nur auszugsweiser Verwertung, vorbehalten. Eine Vervielfältigung dieses Werkes oder von Teilen dieses Werkes ist auch im Einzelfall nur in den Grenzen der gesetzlichen Bestimmungen des Urheberrechtsgesetzes der Bundesrepublik Deutschland vom 9. September 1965 in der jeweils geltenden Fassung zulässig. Sie ist grundsätzlich vergütungspflichtig. Zuwiderhandlungen unterliegen den Strafbestimmungen des Urheberrechtsgesetzes.

© Physica-Verlag Heidelberg 1999
Printed in Germany

Die Wiedergabe von Gebrauchsnamen, Handelsnamen, Warenbezeichnungen usw. in diesem Werk berechtigt auch ohne besondere Kennzeichnung nicht zu der Annahme, daß solche Namen im Sinne der Warenzeichen- und Markenschutz-Gesetzgebung als frei zu betrachten wären und daher von jedermann benutzt werden dürften.

Umschlaggestaltung: Erich Kirchner, Heidelberg

SPIN 10697011   88/2202-5 4 3 2 1 0 – Gedruckt auf säurefreiem Papier

Meiner Großmutter

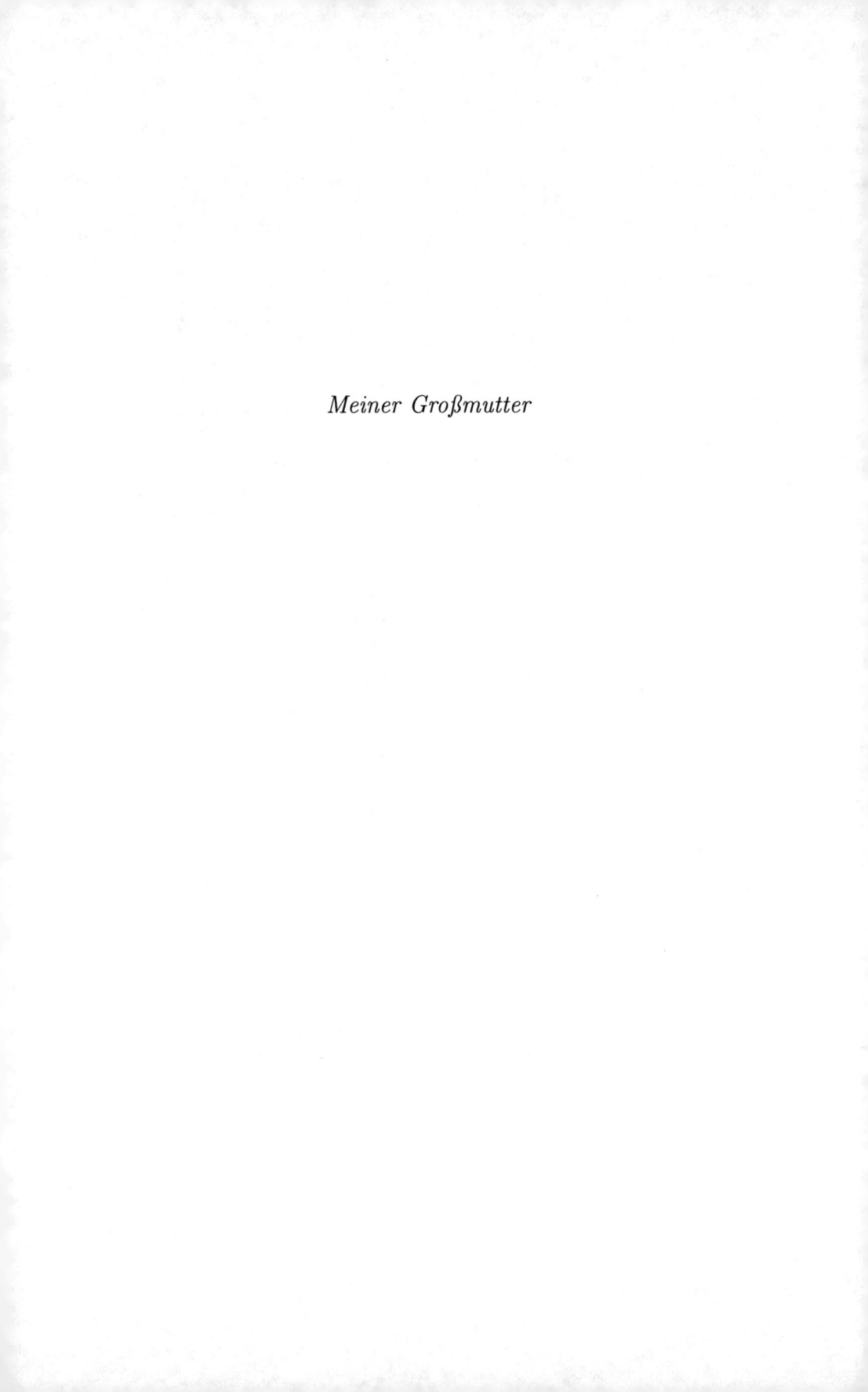

Geleitwort

Der starke Wettbewerb zwischen den Finanzdienstleistern führt zu immer komplexeren Lösungen für die Finanzprobleme der Kunden, deren Vorteilhaftigkeit ohne eine betriebswirtschaftlich fundierte Analyse von Kunden kaum noch beurteilt werden kann. Vor diesem Hintergrund gewinnt die systemtechnische Untertützung von Finanzanalysen einerseits zunehmend an Bedeutung, andererseits muß sie dabei z.B. bezüglich Komplexität und Änderungsdynamik des Wissensgebiets hohen Anforderungen gerecht werden. Trotzdem wurden die mit der Entwicklung von Finanzanalysesystemen betrauten Praktiker bislang von der Wissenschaft weitgehend allein gelassen.

Hier setzt die vorliegende hochaktuelle Arbeit von Herrn Schneider an: Ihr zentrales Anliegen ist die Ableitung intersubjektiv nachprüfbarer Aussagen zur Gestaltung von Finanzanalysesystemen aus den spezifischen Anforderungen der Investitions- und Finanzierungsberatung. Diese von Herrn Schneider konsequent verfolgte Vorgehensweise verlangt Kenntnisse auf dem Gebiet der Betriebswirtschaftslehre, der Wirtschaftsinformatik und der Informatik, ist aber erforderlich, um der interdisziplinären Fragestellung wirklich gerecht werden zu können.

Nach einer die Problemstellung, die Zielsetzung und den Aufbau der Arbeit motivierenden Einleitung legt Herr Schneider deshalb zunächst die terminologischen und betriebswirtschaftlichen Grundlagen. Dies ist schon deshalb erforderlich, da an der noch weit verbreiteten betriebswirtschaftlichen Terminologie die technologische Entwicklung auf dem Gebiet der Informations- und Kommunikationssysteme der vergangenen 30 Jahre weitgehend spurlos vorbeigegangen zu sein scheint und man auch in der Wirtschaftsinformatik oft mit unklaren Begriffen aus der Betriebswirtschaftslehre, der Wirtschaftsinformatik und z.T. auch der Informatik operiert und schon aus diesem Grund die intersubjektive Überprüfbarkeit leidet.

Im zweiten Kapitel zeigt Herr Schneider am Beispiel des noch marktunüblichen Leasing selbstgenutzter Immobilien das beträchtliche Verbesserungspotential, das durch intelligentes „Financial Engineering" erschlossen werden kann. Dabei werden sämtliche Ergebnisse auf Basis guter Grundlagenarbeit aus dem Gebiet der betriebswirtschaftlichen Steuerlehre mit einem guten finanzwirtschaftlichen Werkzeugkasten korrekt abgeleitet und ökonomisch anschaulich interpretiert.

Kapitel 3 ist der Entwicklung von Finanzanalysesystemen aus Sicht der Wirtschaftsinformatik gewidmet. Wie generell geht Herr Schneider auch hier von der betriebswirtschaftlichen Problemstellung aus und leitet aus dieser Sicht die Anforderungen ab, die an Finanzanalysesysteme zu stellen sind. Insbesondere wird die Problematik der adäquaten Aggregation bzw. Disaggregation von Informationen diskutiert. Solche Überlegungen sind ausgesprochen wichtig (und werden leider viel zu selten hinreichend angestellt), um einen vernünftigen trade-off zwischen dem wünschenswerten Detaillierungsgrad und der praktischen Handhabbarkeit der Systemunterstützung zu leisten. Anschließend prüft Herr Schneider, mit welchen Realisierungsansätzen die zuvor abgeleiteten Anforderungen am besten erfüllt werden können. Auf diesen Ergebnissen aufbauend, entwickelt Herr Schneider in Kapitel 4 das Integrierte Finanzanalysesystem IFAS. Die dabei entwickelten Konzepte verdienen eine breitere Beachtung von Seiten der Praxis als diese üblicherweise universitären Prototypen zuteil wird. In diesem Zusammenhang ist m.E. erwähnenswert, daß es Herrn Schneider im Rahmen seiner Tätigkeit als Geschäftsführer der „OPALIS GmbH – Informationssysteme in der Finanzwirtschaft" – einem Spin-off meines Lehrstuhls – derzeit gelingt, einen beträchtlichen Teil dieser Konzepte in die Finanzdienstleistungspraxis umzusetzen.

Im letzten Kapitel diskutiert Herr Schneider den Einsatz von Finanzanalysesystemen auf elektronischen Märkten. Auf Basis einer wertschöpfungskettenorientierten Sichtweise werden potentielle Interessenten derartiger Dienstleistungen identifiziert. Breiten Raum nimmt anschließend eine ökonomische Analyse des Einflusses unterschiedlicher Gebrauchseigenschaften elektronischer Medien auf die Anschlußentscheidung der Teilnehmer ein. Aufgrund der ursprünglich weit überschätzten Entwicklung der Teilnehmerzahlen z.B. im Falle von BTX und des lange unterschätzten (und derzeit überschätzten?) Potentials des Internet sind solche Fragen ausgesprochen relevant und werden trotzdem kaum untersucht. Dies überrascht nicht, da den Volkswirten die zugehörigen Informatikkenntnisse und den Wirtschaftsinformatikern oft die volkswirtschaftlichen Kenntnisse fehlen. Herr Schneider hat hier mit seinem interdisziplinärem Ansatz wichtige Antworten auf praxisrelevante Fragen gegeben.

Indem Herr Schneider den Bogen von der betriebswirtschaftlichen Problemstellung zur systemtechnischen Problemlösung schlägt, zeigt er, wie die Wirtschaftsinformatik durch interdisziplinäre Problemlösungsansätze zu überzeugenden Antworten auf Fragestellungen der „information age economy" finden kann. Ich wünsche dieser hervorragenden Arbeit deshalb eine weite Verbreitung in Wissenschaft und Praxis.

Hans Ulrich Buhl

Vorwort

Die vorliegende Arbeit entstand während meiner Tätigkeit als wissenschaftlicher Mitarbeiter zunächst an der Professur für Betriebswirtschaftslehre mit Schwerpunkt Wirtschaftsinformatik der Justus-Liebig-Universität Gießen und später am gleichnamigen Lehrstuhl der Universität Augsburg. Allen, die mich bei der Erstellung der Dissertation unterstützt haben, spreche ich an dieser Stelle meinen herzlichen Dank aus!

Ganz besonders bedanke ich mich bei Herrn Prof. Dr. Hans Ulrich Buhl, der durch seine Betreuung und anregende – gelegentlich auch aufregende, aber immer konstruktive – Kritik wesentlich zum Gelingen dieser Arbeit beigetragen hat. Bei meinem Zweitgutachter, Herrn Prof. Dr. Michael Heinhold, bedanke ich mich für die zeitnahe Erstellung des Gutachtens. Außerdem bedanke ich mich beim Vorsitzenden der mündlichen Prüfung, Herrn Prof. Dr. Otto Opitz, der trotz einer Grippeerkrankung die Leitung der Disputation übernommen hat. Ohne die Mitwirkung der vorgenannten Personen wäre die Einhaltung des am Ende engen Zeitplans nicht möglich gewesen.

Mein herzlicher Dank gilt auch Ulrike Einsfeld und Gerhard Satzger, die mit großem Interesse und Engagement das Manuskript durchgesehen und so manche nützliche Anregung gegeben haben. Weiter bedanke ich mich bei Gudrun Haenig, Jens Hinrichs, Stefan Klein, Mark Roemer, Klaus Sandbiller, Andreas Will, Peter Wolfersberger und den Hiwis am Lehrstuhl für Betriebswirtschaftslehre mit Schwerpunkt Wirtschaftsinformatik. Sie alle haben die freundschaftliche und kreative Atmosphäre mitgeschaffen, die für eine solche Arbeit erforderlich ist. Aus dem gleichen Grunde bedanke ich mich bei meinen ehemaligen Gießener Kollegen, von denen ich stellvertretend Christof Weinhardt und Gerlinde Wenzel nennen möchte.

Ebenso bedanken möchte ich mich bei den Diplomanden des IFAS-Projektes – Jochen Debo, Kai Merklein und Christian Rose. Schließlich bedanke ich mich sehr herzlich bei meinen Eltern und meiner Großmutter, die mir den Weg zur Promotion erst ermöglicht haben.

Jochen Schneider

Inhaltsverzeichnis

1. **Einleitung** 1
   1.1 Betriebswirtschaftliche und terminologische Grundlagen 4
      1.1.1 Daten, Informationen und Wissen 4
      1.1.2 Investitions- und Finanzierungsentscheidungen 7
      1.1.3 Finanzanalysen 10
      1.1.4 Finanzanalysesysteme........................... 12
      1.1.5 Interaktive elektronische Medien 14
   1.2 Finanzanalysen in der Investitions- und Finanzierungsberatung 15
      1.2.1 Eigenerstellung oder Fremdbezug von Finanzanalysen. 15
      1.2.2 Geschäftsfelder für externe Dienstleister 19

2. **Potential von Finanzanalysen: Ein Beispiel** 25
   2.1 Kauf oder Leasing selbst genutzter Immobilien 27
   2.2 Steuerliche Rahmenbedingungen......................... 28
      2.2.1 Ertragsteuern................................... 28
         2.2.1.1 Die Sicht des Nutzers 29
         2.2.1.2 Die Sicht des Leasinggebers 29
            2.2.1.2.1 Bestimmung der Steuerschuld 29
            2.2.1.2.2 Refinanzierung des Leasinggebers .. 31
      2.2.2 Verkehrsteuern................................. 35
         2.2.2.1 Grunderwerbsteuer........................ 36
         2.2.2.2 Umsatzsteuer 37
      2.2.3 Substanzsteuern................................ 38
         2.2.3.1 Gewerbekapitalsteuer...................... 38
         2.2.3.2 Grundsteuer 38
      2.2.4 Subventionierung des Eigentumserwerbs 39
      2.2.5 Zusammenfassung der steuerlichen Rahmenbedingungen 41
   2.3 Berücksichtigung von Steuerwirkungen 42
      2.3.1 Steuerwirkungen der Referenzalternative 43
         2.3.1.1 Die Sicht des Nutzers 44
         2.3.1.2 Die Sicht des Leasinggebers 44
      2.3.2 Zahlungsstromoptimierung bei Leasingverträgen 45
         2.3.2.1 Forfaitierung von Leasingraten 47
         2.3.2.2 Optimale Refinanzierung von Leasingverträgen 52

Inhaltsverzeichnis

    2.4 Ein Kauf/Leasing-Entscheidungsmodell 54
          2.4.1 Leasing mit konventioneller Vertragsgestaltung 57
          2.4.2 Leasing mit Zahlungsstromoptimierung 60
    2.5 Fazit... 63

3. Entwicklung von Finanzanalysesystemen.................. 65
    3.1 Anforderungen an Finanzanalysesysteme 66
          3.1.1 Betriebswirtschaftlicher Inhalt und Informationsverdichtung 68
          3.1.2 Erweiterung und Wartung von Modellen und Methoden 71
          3.1.3 Benutzungsoberfläche 72
          3.1.4 Sicherheitsanforderungen 75
    3.2 Realisierungsansätze für Finanzanalysesysteme 77
          3.2.1 Konventionelle Systementwicklung.................. 78
          3.2.2 Wissensbasierte Systementwicklung................. 82
          3.2.3 Tabellenkalkulationsysteme und Planungssprachen.... 85
    3.3 Fazit... 86

4. Das Integrierte Finanzanalysesystem IFAS 89
    4.1 Fachkonzept 89
          4.1.1 Der betriebswirtschaftliche Ansatz von IFAS 90
          4.1.2 Terminologie und Annahmen 92
    4.2 Systemkonzept 95
          4.2.1 Systemarchitektur 95
          4.2.2 Kontenorientierte Datenmodellierung 98
          4.2.3 Die Planungssprache von IFAS 102
                  4.2.3.1 Entwicklung von Programmiersprachen 102
                  4.2.3.2 Die Knowledge Description Language KDL .. 109
                          4.2.3.2.1 Variablen 110
                          4.2.3.2.2 Transaktionsketten 111
                          4.2.3.2.3 Jahresabschluß 119
          4.2.4 Definition von Methoden 122
          4.2.5 Die Benutzungsoberfläche von IFAS 123
    4.3 Organisatorische und technische Implementation 127
    4.4 Fazit... 133

5. Finanzanalysesysteme auf elektronischen Märkten 135
    5.1 Grundlagen elektronischer Märkte 135
    5.2 Potentielle Interessenten................................ 140
    5.3 Kundenorientierte Auswahl des Trägermediums 143
          5.3.1 Verwendung interaktiver elektronischer Medien 144
          5.3.2 Wirkung von Kostenänderungen 147
          5.3.3 Teilnehmerverhalten bei alternativen Kostensituationen 148
          5.3.4 Wirkung offener Technologien 153
    5.4 Bereitstellung von Finanzanalysesystemen im WWW 155

	5.5 Fazit 156
6.	Zusammenfassung der Ergebnisse 159
A.	Syntaxbeschreibung der KDL 163
B.	Beispiel für ein KDL-Programm 169
C.	API zur Programmierung von Methoden 175

Literaturverzeichnis 179

Abbildungsverzeichnis 189

Tabellenverzeichnis 191

Abkürzungsverzeichnis 193

1. Einleitung

Nicht nur in Zeiten knapper Mittel bei privaten und öffentlichen Haushalten sowie Unternehmungen erfordern Investitions- und Finanzierungsentscheidungen eine solide betriebswirtschaftliche Fundierung. Diese erhoffen sich viele Entscheidungsträger von einer – oftmals teuren – Investitions- und Finanzierungsberatung. Eine solche Beratung erschöpft sich häufig darin, daß dem Entscheidungsträger etablierte Problemlösungsmöglichkeiten und deren – insbesondere finanzwirtschaftliche – Vorteilhaftigkeit aufgezeigt werden. Einen ungleich größeren Nutzen kann aber eine Beratung bringen, die zu einer individuellen Problemlösung führt – insbesondere, wenn dabei auch innovative Problemlösungsansätze verfolgt werden.[1]

Wie auch immer eine Investitions- und Finanzierungsberatung erfolgt – eine detaillierte Finanzanalyse, die eine adäquate Berücksichtigung monetärer Aspekte ermöglicht, ist unumgänglich. Dies erfordert die Antizipation zukünftiger Zahlungen, was selbst unter der stark vereinfachenden Annahme sicherer zukünftiger Ereignisse ein komplexes Problem darstellt. Ein Grund hierfür ist die Vielschichtigkeit des erforderlichen Wissens, das umfangreiche Kenntnisse aus den Bereichen Rechnungswesen sowie Handels- und insbesondere Steuerrecht in sich vereint. Dies gilt für viele bereits etablierte Finanzprodukte, wie z.B. Leasing, und ist bei der Entwicklung innovativer, individueller Problemlösungen in ganz besonderem Maße der Fall.

Die manuelle Erstellung einer detaillierten Finanzanalyse ist ohne geeignete Systemunterstützung – von trivialen Fällen abgesehen – sehr zeitaufwendig und fehleranfällig. Die Beratungsqualität eines Investitions- und Finanzierungsberaters kann deshalb stark durch die Leistungsfähigkeit seiner Systeme beeinflußt werden. Dies gilt besonders für die Analyse nicht-standardisierter Problemlösungen mit hohem Innovationsgehalt.

Nicht jedes Entscheidungsproblem erfordert die Konsultation eines Beraters. Dennoch ist auch in den meisten Standardsituationen eine Finanzanalyse erforderlich. Hier ermöglicht die zunehmende globale Vernetzung von Unternehmungen und privaten Haushalten innovative Dienstleistungsangebote, die auf elektronischen Märkten – ohne Bindung an Zeit und Raum – verfügbar

---

[1] Ein Beispiel dafür ist die von [Will95] beschriebene Erstellung kundenindividueller Allfinanzprodukte.

sind.[2] Diese Entwicklung ist von besonderer Bedeutung für Investitions- und Finanzierungsberater, da deren Leistungen grundsätzlich den Charakter von Informationsgütern besitzen. Berater können so die traditionelle Beratung durch innovative elektronische Dienstleistungen ergänzen oder gar ersetzen. Mehr noch als bei der traditionellen Beratung wird aber bei elektronischen Dienstleistungsangeboten der Markterfolg des Beraters durch die Gestaltung seiner Informations- und Kommunikationssysteme (IKS) bestimmt.

Die Gestaltung betriebswirtschaftlicher Informations- und Kommunikationssysteme erfordert die Integration umfangreicher Kenntnisse aus den Wirtschaftswissenschaften und der Informatik. Dieses Integrationswissen ergibt sich nur zum Teil aus der bloßen Vereinigung der relevanten Erkenntnisse beider Wissenschaftsdisziplinen. Die Gestaltung problemadäquater IKS erfordert darüberhinaus zusätzliches Know-how. Die Gewinnung von „Theorien, Methoden, Werkzeugen und intersubjektiv nachprüfbaren Erkenntnissen über / zu IKS"[3] ist ein wichtiges Ziel wissenschaftlicher Untersuchungen der Wirtschaftsinformatik und eines großen Teils· der vorliegenden Arbeit. Den Aufbau dieser Arbeit zeigt Abbildung 1.1.

Im weiteren Verlauf der Einleitung legen wir die betriebswirtschaftlichen und terminologischen Grundlagen für die folgenden Kapitel. Der Thematik dieser Arbeit entsprechend, widmen wir der Abgrenzung der Begriffe Finanzanalyse und Finanzanalysesystem sowie deren Bedeutung in und für Entscheidungs- und Beratungsprozesse besondere Aufmerksamkeit. Kapitel 2 zeigt am Beispiel des Leasing von zu eigenen Wohnzwecken genutzten Immobilien das große Vorteilhaftigkeitspotential betriebswirtschaftlich fundierter Finanzanalysen und dementsprechend leistungsfähiger Finanzanalysesysteme auf. Dieses Kapitel ist besonders für den betriebswirtschaftlich orientierten Leser interessant. In den Kapiteln 3 und 4 werden Gestaltungsempfehlungen für Finanzanalysesysteme in der Investitions- und Finanzierungsberatung erarbeitet. Die Ergebnisse sind aber auch interessant für Unternehmungen, die Finanzanalysen selbst erstellen und daher nicht Dienstleistungen solcher Berater in Anspruch nehmen. In Kapitel 3 werden Anforderungen an Finanzanalysesysteme ermittelt und wichtige Realisierungsansätze einer kritischen Würdigung unterzogen. Mit dem integrierten Finanzanalysesystem (IFAS) stellen wir in Kapitel 4 einen selbst entwickelten, innovativen Ansatz vor, der die wichtigsten Nachteile konventioneller Realisierungsansätze vermeidet. Die Beispiele des Kapitels vier beziehen sich auf die Ergebnisse des Kapitels zwei – sind aber auch ohne Kenntnis des Kapitels zwei verständlich. Kapitel 5 behandelt wichtige Fragen, die sich aus der zunehmenden Bedeutung elektronischer Märkte für die Bereitstellung und Nutzung von Finanzanalysesystemen ergeben. Eine thesenartige Zusammenfassung der wichtigsten Ergebnisse und ein kritischer Ausblick schließen die Arbeit ab.

---

[2] Zu den Grundlagen elektronischer Märkte vgl. [Schm95] und [Schm93].
[3] [WKWI94], S. 81.

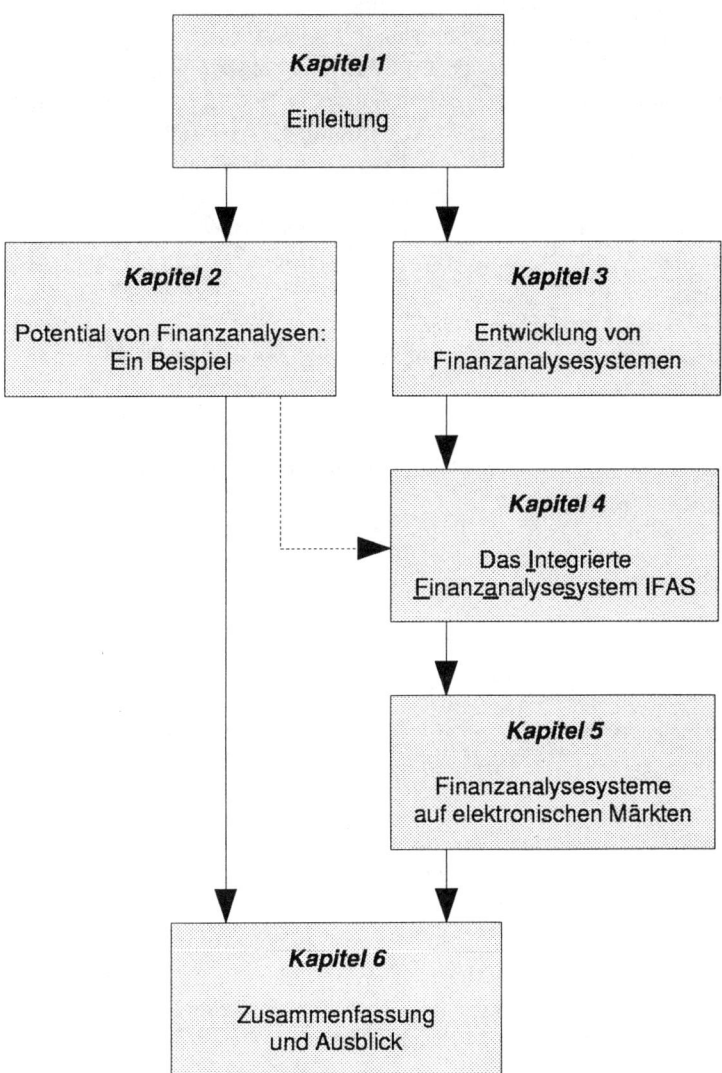

Abb. 1.1. Aufbau der Arbeit

1.1 Betriebswirtschaftliche und terminologische Grundlagen

1.1.1 Daten, Informationen und Wissen

Die Begriffe „Daten", „Informationen" und „Wissen" sind von zentraler Bedeutung für die Gestaltung von Informations- und Kommunikationssystemen. Leider besteht in den Wissenschaftsgebieten Betriebswirtschaftslehre, Informatik und Wirtschaftsinformatik kein einheitliches Begriffsverständnis. Zur Vermeidung von Mißverständnissen und Unklarheiten muß ein Begriff personenübergreifend und situationsunabhängig einheitlich verstanden werden. Daher wird zunächst die diesbezüglich zugrundeliegende Terminologie definiert.

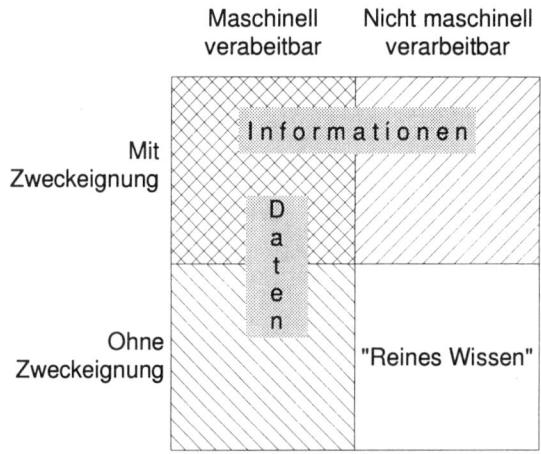

Abb. 1.2. Daten, Informationen und Wissen in der Betriebswirtschaftslehre (In Anlehnung an [Krue84], S. 163.)

In Abbildung 1.2 ist der auf Wittmann zurückgehende, in der betriebswirtschaftlichen Literatur verbreitete Sprachgebrauch dargestellt. In der Betriebswirtschaftslehre wird zweckorientiertes Wissen als Informationen und maschinell verarbeitbares Wissen als Daten bezeichnet.[4] Informationen können demnach auch Daten sein, müssen es aber nicht – und umgekehrt. Wissen, das weder zweckorientiert noch maschinell verarbeitbar ist, wird in dieser Terminologie als „reines Wissen" bezeichnet. Wissen wird dabei im Sinne von „Denkinhalten" verstanden.[5] Vereinzelt wird der Informationsbegriff

---
[4] Vgl. [Witt59].
[5] Vgl. [Krue84], S. 163.

noch weiter eingeschränkt, indem als Informationen nur *zusätzliches* zweckorientiertes Wissen gewertet wird.[6] Aus Sicht der Wirtschaftsinformatik und gemessen an obigen Anforderungen muß diese Terminologie in mehrfacher Hinsicht kritisiert werden:

- Der Begriff *Daten* ist technikabhängig definiert. Jede Verwendung des Begriffs impliziert Annahmen über technische Gegebenheiten, die personen- und zeitabhängig sind.
- Der Begriff *Information* ist kontextabhängig definiert. Ob Wissen eine Information ist, kann nur im jeweiligen Einzelfall beurteilt werden.
- Der Begriff *Wissen* basiert auf einem intuitiven Begriffsverständnis.

Der Informationsbegriff der Informatik ist an die Normen DIN 44300 und DIN 44330 angelehnt und stellt den Informationstransport – in Form von Nachrichten – in den Mittelpunkt. Grundlegend hierfür sind die Begriffe Signal und Zeichen:[7]

- Ein *Signal* ist ein physikalisch – z.B. optisch, akustisch oder elektronisch – wahrnehmbarer Tatbestand.
- Ein *Zeichen* ist ein Element aus einer zur Darstellung von Informationen vereinbarten Menge verschiedener Elemente, das durch Signale übertragen wird. Beispiele für Zeichen sind Ziffern, Buchstaben, Morse- und (mit geringer Bedeutung) Rauchzeichen.

Eine *Nachricht* ist eine Folge von Zeichen, die von einem Sender zu einem Empfänger übermittelt wird. Eine Nachricht kann auf drei semiotischen[8] Ebenen betrachtet werden:[9]

- Auf der *syntaktischen Ebene* werden lediglich die formalen Beziehungen zwischen den Zeichen betrachtet, d.h. die formale Zulässigkeit einer Zeichenkette – ungeachtet einer möglichen inhaltlichen Interpretation. Auf dieser Ebene ist der Begriff der *Daten* angesiedelt.
- Auf der *semantischen Ebene* werden die inhaltlichen Beziehungen zwischen den Zeichen betrachtet, d.h. hier erhält die Nachricht einen Bedeutungsinhalt. Daten einschließlich Bedeutungsinhalt werden als *Informationen* bezeichnet.
- Auf der *pragmatischen Ebene* erfährt eine Nachricht eine zweckorientierte Bewertung.

In dieser Sichtweise ist der Wissensbegriff nicht enthalten. In einer weiterreichenden Begriffsbestimmung der Informatik wird Wissen als die „Gesamtheit der Wahrnehmungen, Erfahrungen und Kenntnisse eines Menschen oder

---

[6] Vgl. [Henn95], S. 17.
[7] Vgl. [LeHi95], S. 202ff.
[8] Die den Sprachwissenschaften zuzurechnende Semiotik untersucht die Strukturen innerhalb von Zeichensystemen und ihre Beziehungen zu den Objekten der Realität.
[9] Vgl. [Vets95], S. 4 und [LeHi95], S. 202f.

einer Gruppe von Menschen über sich und seine/ihre Umwelt beziehungsweise einen Teilbereich davon" definiert. Informationen sind hier mitgeteilte oder aufgenommene Wissensbestandteile. Sie werden in Form von Nachrichten übermittelt und technisch durch Daten repräsentiert.[10]

Die vorgestellte semiotische Betrachtungsweise ermöglicht ein personen- und situationsunabhängiges Begriffsverständnis. Auf dieser Betrachtungsweise bauen weite Teile des Schrifttums auf – allerdings ohne daß dies bisher zu einer wirklich einheitlichen Begriffswelt geführt hätte.[11] Zur Vermeidung von Unklarheiten legen wir deshalb das folgende hierarchische Verständnis der Begriffe Daten, Informationen und Wissen zugrunde:[12]

Daten: Eine Folge von Zeichen, die auf einer rein syntaktischen Ebene betrachtet wird.

Beispiel 1.1.1. „http://www.uni-augsburg.de/" ist eine Zeichenkette, die den syntaktischen Anforderungen an eine Adresse im World Wide Web (WWW) genügt.

Informationen: Dies sind Daten einschließlich ihrer semantischen Interpretation. Hervorzuheben ist, daß die Zweckeignung kein konstituierendes Merkmal für Informationen ist, d.h. eine Information kann im Hinblick auf einen bestimmten Zweck relevant, für einen anderen Zweck dagegen irrelevant sein.

Beispiel 1.1.2. Die Aussage „http://www.uni-augsburg.de ist die WWW-Adresse der Universität Augsburg." gibt der Zeichenkette aus Beispiel 1.1.1 einen Bedeutungsinhalt.

Wissen: Hierunter verstehen wir eine Verknüpfung von Informationen, die sich insbesondere durch einen höheren Abstraktionsgrad sowie größere zeitliche Konstanz auszeichnet und durch Deduktion oder Induktion entstanden ist.

Beispiel 1.1.3. „Das WWW (World Wide Web) ist ein globales, interaktives, multimediales, diensteintegrierendes Medium im Internet ..."

Diese Terminologie grenzt die genannten Begriffe hinreichend präzise gegeneinander ab, um begriffliche Mißverständnisse im wesentlichen auszuschließen. Dies ist insbesondere im Zusammenhang mit der Analyse und dem Entwurf betriebswirtschaftlicher IKS unerläßlich. Wenn im folgenden von Daten, Informationen oder Wissen die Rede sein wird, legen wir daher diesen Sprachgebrauch zugrunde.

---

[10] Vgl. [HeBa94], S. 42.
[11] Dies zeigt ein Vergleich von [Henn95], S. 15 ff., [Vets95], S. 4 und [BiFi94], S. 25 f. Eine ausführliche Diskussion dieser Thematik findet sich bei [LeHi95], S. 165–272.
[12] Vgl. [Buhl96] und [Turb95], S. 447 f.

1.1.2 Investitions- und Finanzierungsentscheidungen

Investitions- und Finanzierungsentscheidungen sind das Ergebnis eines Prozesses der Willensbildung und Willensdurchsetzung.[13] Damit IKS zur Unterstützung von Investitions- und Finanzierungsentscheidungen problemadäquat gestaltet werden können, ist eine Analyse des Informationsflusses in derartigen Entscheidungsprozessen erforderlich. Um auch hier Mißverständnissen vorzubeugen, klären wir zunächst die in dieser Arbeit verwendete – an [FrHa88], S. 94. angelehnte – Terminologie.

Als Investitionsmöglichkeit bezeichnen wir eine potentielle Maßnahme, die zunächst zu Auszahlungen und in der Zukunft zu Einzahlungen führt. Analog bezeichnen wir als Finanzierungsmöglichkeit eine potentielle Maßnahme, die zunächst zu Einzahlungen und zukünftig zu Auszahlungen führt.[14] Derartige „einfache" Investitions- und/oder Finanzierungsmöglichkeiten weisen jeweils nur einen Vorzeichenwechsel in ihrer Zahlungsreihe auf.[15] Sie können aber zu Aktionsprogrammen kombiniert werden, deren saldierte Zahlungsreihen jeweils mehrere Vorzeichenwechsel aufweisen können. Die Potenzmenge der gegebenen Investitions- und Finanzierungsmöglichkeiten ist die Menge der theoretisch denkbaren Aktionsprogramme, allerdings ist nicht jedes denkbare Aktionsprogramm zulässig. Zulässig sind nur diejenigen Aktionsprogramme, die alle in einer Entscheidungssituation relevanten ökonomischen, technischen und rechtlichen Restriktionen einhalten. So sind z.B. häufig vorteilhafte Aktionsprogramme aus Liquiditäts- oder Risikogründen nicht zulässig. Ein zulässiges Aktionsprogramm bezeichnen wir als Alternative. Diese Terminologie betont den modularen Aufbau vieler Alternativen, was besonders für die Zwecke des Kapitels 4 vorteilhaft ist.

Jede Alternative wird durch die Ausprägung bestimmter Merkmale (Attribute) beschrieben. Alternativen, die durch dieselben Merkmale beschrieben werden, bilden eine Klasse von Alternativen, die wir als Alternativentyp bezeichnen. Jede einzelne Alternative gehört zu einem Alternativentyp und wird als Instanz dieses Alternativentyps bezeichnet.[16]

Unter einer Entscheidung wird die zielorientierte Auswahl einer Alternative verstanden. Dafür müssen die Zielwirkungen der Alternativen ermittelt und bewertet werden. Die Alternative mit dem höchsten Zielerreichungsgrad wird ausgewählt. Der Entscheidungsprozeß ist in mehrere Phasen gegliedert:[17]

---

[13] Vgl.[Hahn86], S. 23 f. und [HaLa86], S. 57 ff.
[14] Vgl. [GaLo77], S. 5.
[15] [FrHa88] S. 125 bezeichnen Zahlungsreihen mit nur einem Vorzeichenwechsel als reguläre Investition bzw. Finanzierung, wenn zusätzlich bei einem Kalkulationszins von 0 ein positiver bzw. negativer Kapitalwert vorliegt. Eine Beschränkung auf reguläre Investitionen bzw. Finanzierungen ist für die Zwecke dieser Arbeit aber nicht sinnvoll.
[16] Zur Klassenbildung siehe z.B. [ScSt83], S. 13 ff. und [RuBl91], S. 22 ff.
[17] Siehe dazu [Hahn86], S. 24 f. Außer dieser in der deutschsprachigen Betriebswirtschaftslehre verbreiteten Einteilung hat darüberhinaus die auf [Simo60] zurück-

1. Problemstellung
2. Alternativensuche
3. Alternativenbewertung
4. Entscheidung
5. Realisation
6. Kontrolle

In Abbildung 1.3 ist der Informationsfluß als Folge von Informationsinput und -outputbeziehungen zwischen den Phasen des Entscheidungsprozesses dargestellt. Die mit dem grauen Rechteck unterlegten Phasen bilden den Entscheidungsprozeß i.e.S.[18]

Die zu Beginn vorliegenden Informationen und das vorhandene Wissen bezeichnen wir als Basisinformationen und -wissen. Sie entstammen z.B. den strategischen Zielen der Unternehmung, dem Rechnungswesen oder der Beobachtung marktlicher, technologischer und politischer Entwicklungen und bilden den Input für die Problemstellungsphase. In dieser Phase muß anhand der verfügbaren Informationen zunächst erkannt werden, daß überhaupt ein Investitions- und Finanzierungsproblem vorliegt.[19] In diesem Fall müssen die Ursachen des Problems identifiziert und das mit der Problemlösung zu realisierende Zielsystem festgelegt werden. Ein wichtiger Teil dieses Zielsystems besteht meist aus monetären Zielen. Zusätzlich umfaßt ein Zielsystem häufig nicht-monetäre quantitative und qualitative Ziele, z.B. die Erreichung eines bestimmten Marktanteils oder den Aufbau einer Vertrauensbeziehung zwischen der Unternehmung und ihren Kunden. Während der Alternativensuche müssen zulässige Aktionsprogramme aufgestellt werden. Am Ende der Alternativensuche stehen mehrere Alternativen zur Wahl, die durch die jeweiligen Ausprägungen der alternativtypspezifischen Merkmale beschrieben werden. Anhand dieser Beschreibungen werden die voraussichtlichen Zielwirkungen jeder Alternative geplant und bewertet. Diese Informationen bilden die Basis der Entscheidungsfindung. Die Alternative mit dem höchsten Zielerreichungsbeitrag wird ausgewählt.

Abbildung 1.3 beruht auf einer kybernetischen Interpretation der Unternehmung als System vermaschter Regelkreise, auf der das betriebswirtschaftliche Controlling-Verständnis vieler Autoren aufbaut.[20] Innerhalb eines solchen Regelkreises sind die geplanten Zielwirkungen der ausgewählten Alternative die Sollvorgaben für die Durchführung des Aktionsprogramms. Während der Realisationsphase entstehen Ist-Informationen, die mit den korrespondierenden Soll-Informationen verglichen werden. Das Er-

---

gehende Einteilung in die Phasen „Intelligence", „Design" und „Choice" eine weite Verbreitung erfahren. Zu dieser Einteilung siehe auch [Turb95], S. 45 ff.

[18] Vgl. dazu [Krue83], S. 26 ff.

[19] Dies ist nicht trivial, da die Frage, ob aus bestimmten Informationen ein Entscheidungsproblem resultiert, nicht immer eindeutig beantwortet werden kann. Siehe z.B. [FrHa88], S. 95.

[20] So z.B. [HuSc94], S. 10 ff. und [Hahn86], S. 32 ff.

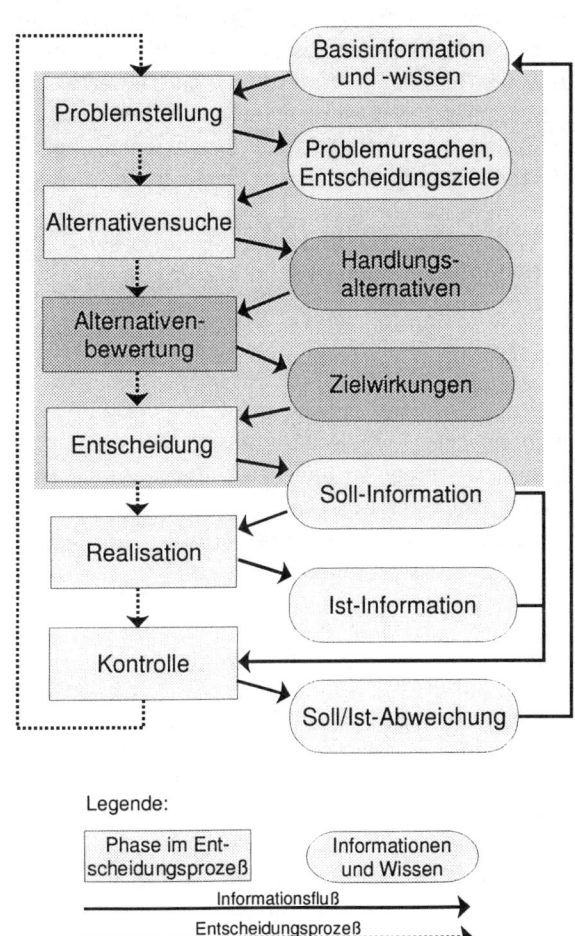

Abb. 1.3. Informationsfluß im Entscheidungsprozeß

gebnis dieses Soll/Ist-Vergleichs fließt in die Basisinformationen und das Basiswissen ein und initiiert möglicherweise einen neuen Entscheidungsprozeß. Dies zeigt die Bedeutung der Integration von Finanzanalysesystemen mit den Administrations- und Dispositionssystemen einer Unternehmung, da die Steuerbarkeit einer Unternehmung durch fehlende oder mangelhafte Schnittstellen zwischen ihren Anwendungssystemen erheblich beeinträchtigt wird.

Die Erstellung von Finanzanalysen ist Teil der Bewertungsphase des Entscheidungsprozesses. Als Input werden Informationen über die verfügbaren Alternativen benötigt. Der Output sind Informationen über die Zielwirkungen der analysierten Alternativen. Diesen Sachverhalt verdeutlicht die dunkelgraue Hervorhebung in Abbildung 1.3. Auf die für diese Arbeit grundlegenden Begriffe „Finanzanalyse" und „Finanzanalysesystem" werden wir in den folgenden Abschnitten 1.1.3 und 1.1.4 weiter eingehen.

1.1.3 Finanzanalysen

Bei der Vorbereitung von Investitions- und Finanzierungsentscheidungen ist eine Vielzahl ökonomischer, technischer und rechtlicher Aspekte zu beachten. Für den Erhalt und weiteren Ausbau der Unternehmung sind die monetär quantifizierbaren Folgen einer Entscheidung von besonderer Bedeutung und müssen daher geplant und bewertet werden. Dafür sind folgende Ebenen des betrieblichen Rechnungswesens relevant:[21]

- Auf der Ebene des *Geldvermögens* erfolgt die finanzwirtschaftliche Investitions- und Finanzierungsplanung sowie die Liquiditätsplanung. Im Rahmen der Investitions- und Finanzierungsplanung werden die Zahlungsreihen der Alternativen geplant und mit finanzwirtschaftlichen Methoden – z.B. der Kapitalwertmethode – bewertet. Die Liquiditätsplanung ermöglicht die frühzeitige Erkennung potentieller Liquiditätsengpässe, die durch proaktive Planung ergänzender Maßnahmen vermieden werden können.[22]
- Auf der Ebene von *Ertrag und Aufwand* ist das externe Rechnungswesen angesiedelt. Hier erfolgen die Bilanzplanung sowie die Planung der Gewinn- und Verlustrechnung (GuV). Diese sind für Investitions- und Finanzierungsprojekte aus mehreren Gründen bedeutsam:
  - Bei Vollkaufleuten erfolgt die Ermittlung der Einkommen- bzw. Körperschaftsteuerschuld auf der Basis des nach §5 EStG ermittelten Gewinns. Aufgrund des aus §5 Abs. I EStG folgenden Maßgeblichkeitsprinzips sind für die Steuerbilanz die Wertansätze der Handelsbilanz maßgeblich – sofern nicht steuerliche Vorschriften zwingend etwas anderes verlangen.

---

[21] Zu den Ebenen des betrieblichen Rechnungswesens vgl. [Habe87], S. 28 und [Muel96], S. 20.
[22] Siehe dazu [FrHa88], S. 15.

Für die Berücksichtigung einkommen- bzw. körperschaftsteuerlicher Folgen einer Handlungsalternative ist daher auch die Berechnung handelsrechtlicher Wertansätze für Veränderungen des Betriebsvermögens erforderlich.[23]

- Der handelsrechtliche Jahresabschluß dient als Informationsquelle für externe Interessenten, z.B. Banken und Aktionäre. Damit deren Reaktion auf die Durchführung einer Handlungsalternative antizipiert werden kann, muß eine Analyse der Planjahresabschlüsse durchgeführt werden.
- Eine Unternehmung ist bilanziell überschuldet, wenn die Schulden das Vermögen übersteigen. Eine bilanzielle Überschuldung führt zur Eröffnung des Konkursverfahrens.[24] Durch die Analyse von Planbilanzen kann einer durch eine Investitions- oder Finanzierungsentscheidung verursachten bilanziellen Überschuldung vorgebeugt werden.

Die Planung und Bewertung der relevanten monetär quantifizierbaren Wirkungen einer Alternative bezeichnen wir im Rahmen dieser Arbeit als Finanzanalyse. Wenn der Lösungsraum eines Investitions- und Finanzierungsproblems aus n Alternativen besteht müssen folglich n Finanzanalysen erstellt werden. Die Aufgabe der Erstellung der Finanzanalysen für alle Alternativen eines Entscheidungsproblems bezeichnen wir als Finanzanalyseproblem. Ein Finanzanalyseproblem in diesem Sinne ist nur ein Teilproblem eines Entscheidungsproblems, da neben monetär quantifizierbaren Zielen i.d.R. auch qualitative Ziele, z.B. der Aufbau langfristiger Kundenbeziehungen, soziale oder ökologische Ziele, zu berücksichtigen sind. Für die Erstellung einer Finanzanalyse ist eine zweistufige Vorgehensweise erforderlich:

- Die monetären Wirkungen der Alternative müssen auf allen relevanten Ebenen des betrieblichen Rechnungswesens – auf der Basis eines geeignet zu definierenden Annahmenbündels – geplant werden. Diese Planung wird mit einem Planungsmodell durchgeführt. Das Planungsmodell ist spezifisch für den Alternativentyp. Es ist eine Abbildung der Kausalbeziehungen, die erforderlich sind, um aus den Attributwerten, die die Alternative beschreiben, die Plan-Zeitreihen der relevanten monetären Größen zu errechnen. Beispielsweise können für eine Alternative vom Typ „Annuitätendarlehen" aus dem Darlehensbetrag und dem Zinssatz die Zeitreihen der Zins- und Tilgungszahlungen errechnet werden. Das Ergebnis dieser Planung sind Zeitreihen der relevanten betriebswirtschaftlichen Größen, z.B. Zahlungsreihen, steuerliche oder kalkulatorische Abschreibungen.
- Die Planzeitreihen sind die Basis für die anschließende Bewertung mit betriebswirtschaftlichen und statistischen Methoden. Methoden aggregieren die durch die Planungsrechnung erzeugten Informationen zu Kennzahlen. Sie sind nicht spezifisch für bestimmte Alternativentypen und ermöglichen einen Vergleich von Alternativen unterschiedlichen Typs.

---

[23] Vgl. [Hein95], S. 8 und [Coen97], S. 14 ff.
[24] Vgl. [Hein95], S. 125.

Die dunkelgraue Hervorhebung der Phase „Alternativenbewertung" sowie der zugehörigen Informations-Inputs und -Outputs in Abbildung 1.3 zeigt die Stellung der Finanzanalyse im Entscheidungsprozeß. Die Finanzanalyse liefert nur Informationen über die monetären Zielwirkungen einer Alternative. Die nicht-monetären Zielwirkungen müssen gesondert ermittelt werden, bevor eine Entscheidung getroffen werden kann.

1.1.4 Finanzanalysesysteme

Die Informationsverarbeitung innerhalb eines Entscheidungsprozesses wird von menschlichen und maschinellen Aktionsträgern eines Informations- und Kommunikationssystems durchgeführt.[25] Ein Software-basiertes Subsystem eines Informations- und Kommunikationssystems wird als Anwendungssystem bezeichnet. Ein Anwendungssystem, das die Erstellung von Finanzanalysen unterstützt, wird als Finanzanalysesystem bezeichnet.[26] Die Erstellung einer Finanzanalyse kann i.d.R. wirtschaftlich sinnvoll nur mit Unterstützung durch ein Finanzanalysesystem erfolgen, da die manuelle Erstellung zeitaufwendig und fehleranfällig und somit zu teuer ist.

Aufgabe einer Finanzanalyse ist die Planung und Bewertung monetärer Folgen einer Alternative. Daraus folgt die in Abbildung 1.4 dargestellte Referenzarchitektur für Finanzanalysesysteme.[27] Diese Referenzarchitektur schafft eine einheitliche Begriffsbasis, welche die Anforderungsermittlung sowie die Bewertung und den Vergleich alternativer Realisierungskonzepte für Finanzanalysesysteme erleichtert.[28]

– Die Benutzungsoberfläche ist die Schnittstelle des Finanzanalysesystems zum Anwender.
– Ein Finanzanalysesystem muß mindestens ein typspezifisches Planungsmodell[29] – implizit oder explizit – enthalten.[30] In den Planungsmodellen eines Finanzanalysesystems sind die *vom Ersteller des jeweiligen Modells als relevant erachteten* Kausalbeziehungen abgebildet.
– Im Prinzip sind Finanzanalysesysteme ohne Methodenvorrat denkbar – de facto wird allerdings jedes Finanzanalysesystem mindestens eine Methode bereitstellen.
– In der Datenhaltungskomponente werden die Informationen einer Finanzanalyse persistent gespeichert.[31]

---

[25] Die Elemente eines Informations- und Kommunikationssystems beschreibt [Krue84], S. 166.
[26] Vgl. [Schn96].
[27] Vgl. auch [Schn96], S. 199 ff.
[28] Zum Gebrauch von Referenzmodellen in der Wirtschaftsinformatik vgl. [Mare95].
[29] Siehe Seite 11
[30] Vgl. [Schn96], S. 200.
[31] Die Semantik einer Information ist für die Speicherung irrelevant. Daher wird auf dieser technischen Ebene von Datenspeicherung gesprochen.

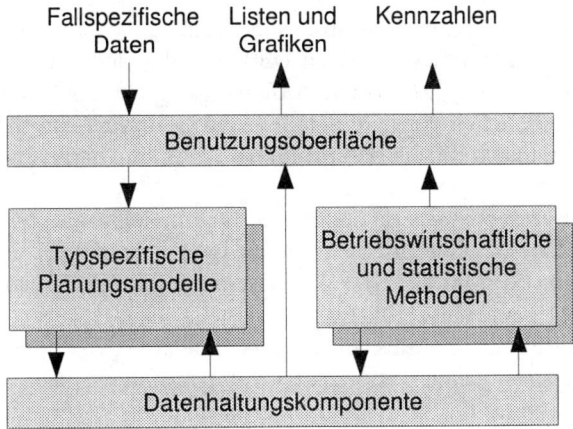

Abb. 1.4. Architektur von Finanzanalysesystemen

Anwendungssysteme, die eine oder mehrere Phasen des Entscheidungsprozesses unterstützen, werden in verschiedene Kategorien eingeteilt. Die wichtigsten Systemkategorien sind „Management Information Systems" (MIS), „Decision Support Systems" (DSS) und „Executive Information Systems" (EIS).[32] Im Anschluß an eine kurze Charakterisierung werden Finanzanalysesysteme in diese Begriffswelt eingeordnet.

Das Hauptaugenmerk von MIS liegt auf vergangenheitsorientierten Berichts- und Analysefunktionen. Primäre Zielgruppe sind untere und mittlere Führungsebenen.[33] Insbesondere die Fähigkeiten zur Kostenanalyse werden häufig bei der Auswahl von MIS hoch gewichtet.[34] MIS unterstützen die Kontrollphase des in Abbildung 1.3 dargestellten, erweiterten Entscheidungsprozesses und sind wichtige Lieferanten steuerungsrelevanter Informationen.

DSS sind IKS, die Entscheidungsträger bei der Lösung meist spezieller, oft schwach strukturierter oder unstrukturierter Probleme unterstützen. Dabei kommen meist quantitative Modelle, teilweise auch wissensbasierte Ansätze, zum Einsatz. Sie unterstützen schwerpunktmäßig die Phasen Alternativensuche und -bewertung. Ihre primäre Zielgruppe sind das mittlere Management und entscheidungsvorbereitende Stäbe des Top-Managements.[35]

EIS sind IKS für das Top-Management. Sie sollen die Mitglieder der obersten Führungsebene darin unterstützen, strategische Chancen und Risiken

---

[32] Weitere Beispiele aus dem reichhaltigen Angebot sind „Chefinformationssysteme" (CIS) [BuHu90], „Führungsinformationssysteme" (FIS) [BuNi93] und „Managementunterstützungssysteme" (MUS) [BeSc93a], [Wern92].
[33] Vgl. z.B. [Turb95] S. 413 ff., [Jahn93] S. 29 ff. und [Spra89] S. 11 ff.
[34] Vgl. [oVer95].
[35] Vgl. z.B. [SpWa96], S. 4 ff., [Turb95], S. 415 ff., [MeGr93], S. 1 ff. und [BhDo96].

frühzeitig zu erkennen. Neben der Bereitstellung unternehmungsinterner Informationen sollen diese deshalb in besonderem Maße externe Informationsquellen integrieren. Im Gegensatz zu DSS tritt die Bedeutung quantitativer Modelle stark in den Hintergrund. Aufgrund der bei Top-Managern häufig (noch) gegebenen Scheu vor dem persönlichen Gebrauch von IKS kommt der Benutzungsoberfläche für die Akzeptanz von EIS eine herausragende Bedeutung zu.[36]

Finanzanalysesysteme sind in dieser Terminologie als Teilsysteme von DSS zu klassifizieren. Ein Beispiel, das dies gut verdeutlicht, ist das Financial Engineering System (FES).[37] FES ist ein DSS zur informationstechnischen Unterstützung einer „aktiven" Finanzierungsberatung. Die betriebswirtschaftliche Funktionalität von FES ist auf zwei Komponenten verteilt: Ein wissensbasiertes System unterstützt die Alternativensuche, indem es, unter Berücksichtigung der individuellen Entscheidungskriterien des Entscheidungsträgers, innovative und potentiell vorteilhafte Gestaltungsvorschläge für Kredit- oder Leasingverträge erzeugt. Die Bewertung der tatsächlichen Vorteilhaftigkeit der Vertragsvorschläge wird durch ein nachgelagertes Finanzanalysesystem unterstützt.

Aus der in Abbildung 1.4 dargestellten Referenzarchitektur für Finanzanalysesysteme leiten wir in Kapitel 4 die Architektur eines innovativen Finanzanalysesystems ab, das u.a. auch zur Verwendung als generisches Teilsystem von DSS geeignet ist. Der folgende Abschnitt behandelt den Zusammenhang zwischen interaktiven elektronischen Medien und Finanzanalysesystemen, auf den wir in Kapitel 5 zurückkommen werden.

1.1.5 Interaktive elektronische Medien

Ein Rechnernetz ist eine Menge von Rechnern, die über Kommunikationseinrichtungen miteinander verbunden sind. Rechnernetze bilden die Infrastruktur für *interaktive elektronische Medien*. Als interaktive elektronische Medien bezeichnen wir Dienste, die auf Rechnernetzen bereitgestellt werden und eine schnelle bidirektionale Kommunikation der Teilnehmer ermöglichen.[38] Typische Beispiele sind z.B. electronic mail und das World Wide Web.

Die Interaktivität dieser Medien ermöglicht neue Vertriebswege oder Geschäftsfelder. Ein etabliertes Beispiel hierfür ist electronic banking, das dem Bankkunden 24 Stunden pro Tag und 7 Tage pro Woche den Zugriff auf sein Konto ermöglicht.[39] Zunehmend werden über elektronische Medien auch

---

[36] Vgl. z.B. [Turb95], S. 415 ff., [Jahn93], S. 33 und [YoWa95].
[37] Siehe dazu [WeDe94].
[38] Vgl. [EiSc97], S. 471.
[39] Electronic banking besitzt zudem erhebliches Rationalisierungspotential, da die Übertragung z.B. von Überweisungsinformationen in das Computersystem der Bank von der Bank auf den Kunden verlagert wird. Viele Banken schaffen daher über ihre Gebührenstruktur zusätzliche Anreize zum electronic banking.

marktliche Transaktionen abgewickelt. Dies führt zur Entstehung elektronischer Märkte mit virtuellen Warenhäusern und Dienstleistungszentren.[40]

Elektronische Märkte eignen sich besonders gut für den Vertrieb von Leistungen, die durch Übertragung von Daten realisiert werden können. Bei solchen Gütern können alle Marktphasen – von der Informations- bis zur Abwicklungsphase – ohne Medienbruch durchlaufen werden.[41] Neben den bereits angesprochenen Finanzdienstleistern gilt dies z.B. auch für Informationsdienste, die durch Informationsbroker realisiert werden. Dabei kann die Leistungsfähigkeit traditioneller Medien aufgrund der Interaktivität elektronischer Medien deutlich übertroffen werden.[42]

Auch Finanzanalysesysteme können über elektronische Medien bereitgestellt werden. Dabei kann das elektronische Medium für den Transport des Finanzanalysesystems vom Anbieter zum Anwender genutzt werden und so die Vertriebskosten deutlich reduzieren. Elektronische Medien eröffnen aber – z.B. für Investitions- und Finanzierungsberater – weiterführende Möglichkeiten, indem die Bereitstellung eines Finanzanalysesystems als Dienstleistung erfolgt. Der Entscheidungsträger ist somit nicht selbst für die Installation und den Betrieb eines Finanzanalysesystems verantwortlich, sondern er erwirbt die Nutzungsmöglichkeit lediglich zur Lösung eines aktuellen Finanzanalyseproblems. Auf diese Weise kann ein Investitions- und Finanzierungsberater seine Kernkompetenzen zur Erschließung zusätzlicher Geschäftsfelder nutzen.

Nach der bis hier erfolgten Klärung der betriebswirtschaftlichen und terminologischen Grundlagen, beschreiben wir im Anschluß grundsätzliche Anwendungsszenarien für Finanzanalysesysteme im Kontext der Investitions- und Finanzierungsberatung.

1.2 Finanzanalysen in der Investitions- und Finanzierungsberatung

Diese hängen davon ab, ob der Entscheidungsträger die Finanzanalyse selbst erstellt oder im Rahmen einer Investitions- und Finanzierungsberatung fremdbezieht. Aus der Entscheidung über Eigenfertigung oder Fremdbezug von Finanzanalysen leiten wir potentielle Geschäftsfelder für Investitions- und Finanzierungsberater ab.

1.2.1 Eigenerstellung oder Fremdbezug von Finanzanalysen

Die Erstellung einer Finanzanalyse erfordert ein geeignetes Finanzanalysesystem und ein hohes Maß an Wissen. Wenn der Entscheidungsträger nicht über

---

[40] Vgl. [Schm95] und [ZiKu95].
[41] Vgl. [ZiKu95], S. 37.
[42] Ein Beispiel hierfür ist das über T-Online unter der Adresse *aspect# erreichbare System ELVIS, das anhand *individueller Kundenkriterien* Kraftfahrzeugversicherer aus einem Pool von 85 Anbietern auswählt. Vgl. [Birk96], S. 131.

das erforderliche Wissen oder eine geeignete Systemunterstützung verfügt, kann dies durch fremdbezogene Leistungen kompensiert werden. Die traditionelle Lösung besteht in der Konsultation eines Investitions- und Finanzierungsberaters und ist in Abbildung 1.5 dargestellt. In diesem Fall wird die Finanzanalyse durch den Investitions- und Finanzierungsberater erstellt. Der Berater ist zugleich der Betreiber des Finanzanalysesystems. Über die Erstellung der Finanzanalyse hinaus kann die Beratung weitere Leistungen beinhalten:

– Im Rahmen einer Investitions- und Finanzierungsberatung werden häufig nicht nur monetäre, sondern auch rechtliche und technische Aspekte bewertet.[43]
– Die Beratung muß sich nicht auf die Bewertungsphase beschränken, sondern kann schon während der *Alternativensuche* oder in der *Problemstellungsphase* – insbesondere zur Problemanalyse – einsetzen.

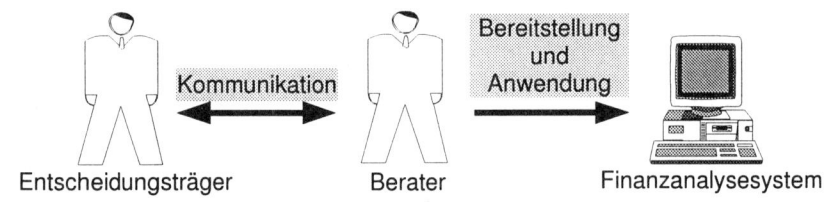

Abb. 1.5. Externe Erstellung von Finanzanalysen

Für die Eigenerstellung einer Finanzanalyse muß der Entscheidungsträger ein geeignetes Finanzanalysesystem nutzen können. Bei der in Abbildung 1.6 dargestellten traditionellen Vorgehensweise ist der Entscheidungsträger selbst der Betreiber des Finanzanalysesystems. Dies setzt den Erwerb einer langfristigen Nutzungsberechtigung – z.B. durch einen Kauf- oder Leasingvertrag – voraus. Der Entscheidungsträger ist für die Herstellung und Aufrechterhaltung der Anwendbarkeit des Finanzanalysesystems selbst verantwortlich. Dafür besitzt er eine vom Kaufakt zeitlich entkoppelte, dauerhafte Möglichkeit, das Finanzanalysesystem zu nutzen.

Durch die Wahlmöglichkeit zwischen Eigenerstellung und Fremdbezug von Finanzanalysen entsteht für den Entscheidungsträger ein Meta-Entscheidungsproblem – eine Entscheidung über die Entscheidungsfindung. Ein rationaler Entscheidungsträger wird die Finanzanalyse nur dann extern

---

[43] Allerdings sind externe Berater häufig nicht neutral, sondern direkt oder indirekt mit einem Anbieter einer der Alternativen assoziiert. Die damit verbundenen Prinzipal-Agent-Probleme sind jedoch nicht Gegenstand dieser Arbeit.

1.2 Finanzanalysen in der Investitions- und Finanzierungsberatung 17

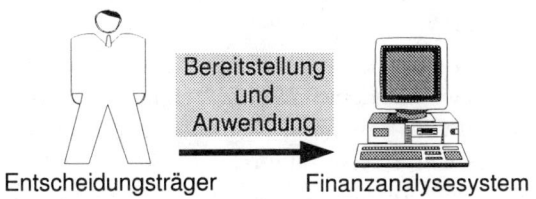

Abb. 1.6. Eigenerstellung von Finanzanalysen

erstellen lassen, wenn die dadurch erzielbare Verbesserung der Entscheidungsqualität, die z.B. als Erwartungswert einer beratungsbedingten Barwertverbesserung ausgedrückt werden kann, mindestens so groß ist wie der Preis der fremdbezogenen Finanzanalyse. Den Wert einer fremdbezogenen Finanzanalyse kann der Entscheidungsträger allerdings erst korrekt beurteilen, nachdem er in ihren Besitz gelangt ist.[44] Um bei einem gegebenem Finanzanalyseproblem dennoch eine Entscheidung über Eigenerstellung oder Fremdbezug der Finanzanalysen treffen zu können, ist der Entscheidungsträger gezwungen, eine subjektive Vorstellung über den Wert der extern erstellten Finanzanalysen aus den Merkmalen seiner Entscheidungssituation abzuleiten. Wichtige Kriterien sind z.B.

– die Finanzvolumina der Alternativen,
– die Barwertunterschiede zwischen den Alternativen,
– die finanzwirtschaftliche und steuerliche Komplexität der Alternativen,
– das eigene Wissen über die relevanten Fachgebiete
– und die Reputation des Beraters.

Die Eigenfertigungs-/Fremdbezugsentscheidung des Entscheidungsträgers führt zu einer Klassifikation von Finanzanalyseproblemen. Im einfachsten Fall existieren zwei Klassen von Finanzanalyseproblemen: Eine Klasse wird von Finanzanalyseproblemen gebildet, bei denen der Entscheidungsträger die Finanzanalysen selbst erstellt. Die andere Klasse enthält Finanzanalyseprobleme, bei denen die Finanzanalysen von einem externen Berater erstellt werden. Die Klassifikation von Finanzanalyseproblemen liefert offenbar Informationen über Merkmale von Finanzanalyseproblemen, die zur Abgrenzung potentieller Geschäftsfelder im Zusammenhang mit der Erstellung von Finanzanalysen geeignet sind. Zur Lösung derartiger Klassifikationsprobleme sind konnektionistische Systeme in besonderer Weise geeignet. Daher illustrieren wir im folgenden die Entscheidungsfindung des Entscheidungsträgers anhand ei-

---

[44] Dies ist ein grundsätzliches Problem des Erwerbs von Informationen. Vgl. [Drat95], S. 98.

nes einfachen konnektionistischen Modells,[45] auf das wir in Abschnitt 1.2.2 zurückkommen werden.

Das konnektionistische Paradigma versteht Informationsverarbeitung als Interaktionsprozeß zwischen einer Vielzahl einfacher, informationsverarbeitender Einheiten – den sogenannten Neuronen. Informationen werden in einem konnektionistischen System dadurch verarbeitet, daß die Neuronen anregende oder hemmende Signale an andere Neuronen senden. Unser Modell beschreibt die Informationsfilterung, -überlagerung und den Übergang zu einer binären Entscheidung zwischen Eigenfertigung und Fremdbezug der Finanzanalyse. Der Entscheidungsträger berücksichtigt bei seiner Entscheidung über Eigenfertigung oder Fremdbezug der Finanzanalysen n Merkmale seiner Entscheidungssituation. Die Ausprägungen dieser n Merkmale werden durch den Vektor $\boldsymbol{x} \in \mathbf{R}^n$ repräsentiert. Die unterschiedliche Bedeutung, die der Entscheidungsträger den Attributen beimißt, wird durch den Vektor $\boldsymbol{w} \in \mathbf{R}^n$ repräsentiert. Die Entscheidung des Entscheidungsträgers wird durch die Variable $y \in \{0,1\}$ repräsentiert. Wir interpretieren $y = 1$ als Entscheidung für Fremdbezug und $y = 0$ als Entscheidung für Eigenfertigung der Finanzanalyse. P sei ein die Zahlungsbereitschaft des Entscheidungsträgers ausdrückender Modellparameter. Damit können wir die Entscheidungsfindung wie folgt formal darstellen:

$$y = \begin{cases} 1 & \text{für } \boldsymbol{w}' \cdot \boldsymbol{x} \geq P \\ 0 & \text{sonst} \end{cases} \qquad (1.1)$$

Formel 1.1 ist ein einfaches Modell eines Neurons. Dieses Neuron legt *eine* $(n-1)$-dimensionale Hyperebene durch einen n-dimensionalen Raum, d.h. ein zweidimensionaler Merkmalsraum wird durch eine Gerade in zwei Klassen zerlegt. Ein dreidimensionaler Merkmalsraum wird durch eine Fläche in zwei Klassen zerlegt, usw.[46] Abbildung 1.7 zeigt diese *lineare Separation* für einen exemplarischen zweidimensionalen Merkmalsraum.

In dem in Abbildung 1.7 dargestellten Beispiel tendiert der Entscheidungsträger mit c.p. steigender Komplexität der Alternativen (x_1) bzw. steigenden Budgets (x_2) zunehmend zum Fremdbezug der Finanzanalysen, d.h. $w_1, w_2 > 0$. Gleichung 1.2 beschreibt die Separationsgerade:

$$x_2 = \frac{P - x_1 \cdot w_1}{w_2} \,. \qquad (1.2)$$

Um ein komplexeres Entscheidungsverhalten des Entscheidungsträgers modellieren zu können, benötigen wir leistungsfähigere Modelle. Oftmals wird eine Entscheidung nicht zwischen 100% Eigenfertigung und 100% Fremdbezug getroffen, sondern es sind auch Zwischenlösungen denkbar. In diesen

---

[45] Die hier zugrundeliegende Interpretation konnektionistischer Systeme als Modell menschlicher Entscheidungsfindung basiert auf [Zimm94], S. 3 ff.
[46] Vgl. [NaKl94], S. 41 ff.

1.2 Finanzanalysen in der Investitions- und Finanzierungsberatung

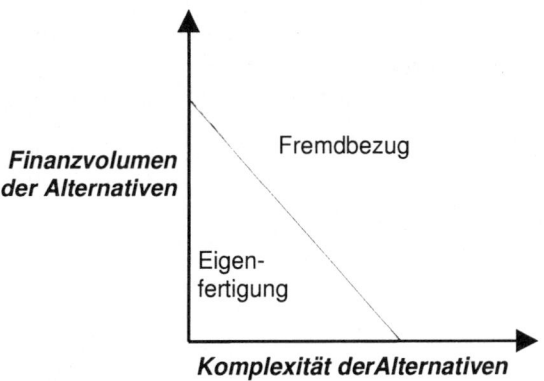

Abb. 1.7. Eigenerstellung vs. Fremdbezug von Finanzanalysen

Fällen können wir die Anzahl der Klassen durch Hinzunahme weiterer Neuronen erhöhen oder die Sprungfunktion in Formel 1.1 durch eine stetig differenzierbare Funktion ersetzen.[47] Für die Zwecke des folgenden Abschnitts ist das einfache Modell jedoch ausreichend.

1.2.2 Geschäftsfelder für externe Dienstleister

In Abschnitt 1.2.1 haben wir dargestellt, wie bestimmte Merkmalskombinationen von Finanzanalyseproblemen eine Entscheidung für Eigenerstellung oder Fremdbezug von Finanzanalysen bewirken können. Von den auf Seite 17 aufgeführten Merkmalen sind die „Komplexität der Alternativen" und das „Finanzvolumen" für Berater von besonderem Interesse, da bei vielen Entscheidungsträgern ein positiver Zusammenhang zwischen Finanzvolumen und subjektivem Beratungsbedarf zu vermuten sein wird. Weiterhin wird der Entscheidungsträger einen um so größeren Nutzen der externen Erstellung einer Finanzanalyse vermuten, je größer er den Wissensvorsprung des Beraters einschätzt. Dieser wird wesentlich durch die Komplexität des für die Erstellung von Finanzanalysen erforderlichen Wissens beeinflußt. Die Komplexität dieses Wissens hat zwei Dimensionen:[48]

– Die *Kompliziertheit* des erforderlichen Finanzanalysewissens wird durch Anzahl und Art der Investitions- und Finanzierungsmöglichkeiten und deren Beziehungen innerhalb der Alternativen bestimmt.[49]

---

[47] Hierfür werden i.d.R. sigmoide Funktionen oder der Tangens Hyperbolicus verwendet, da diese ähnlich „schalterartig" wirken, wie die Sprungfunktion in Formel 1.1. Vgl. [Zimm94], S. 5 f.
[48] Zu Komplexität und Kompliziertheit vgl. [LeHi95], S. 48 f.
[49] Vgl. Abschnitt 1.1.2.

- Die *Dynamik* des Finanzanalysewissens wird durch die Dynamik bestimmt, mit der neue Investitions- und Finanzierungsmöglichkeiten entstehen – die zu neuartigen Alternativen kombiniert werden können – oder bestehende Alternativen sich – z.B. aus steuerlichen Gründen – verändern.

Daraus können wir potentielle Geschäftsfelder im Zusammenhang mit Finanzanalysen in der Investitions- und Finanzierungsberatung ableiten, die in Abbildung 1.8 dargestellt sind.

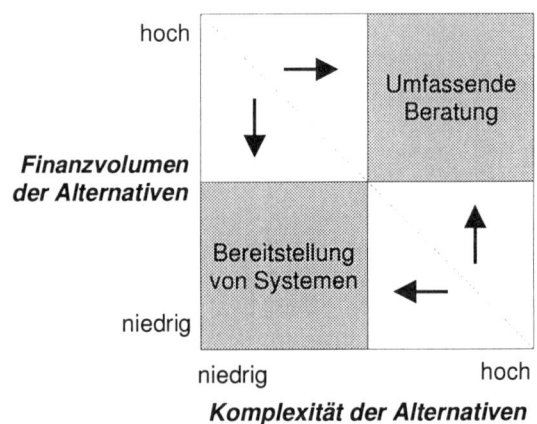

Abb. 1.8. Strategische Geschäftsfelder für Investitions- und Finanzierungsberater

- Entscheidungsprobleme, die durch hohe Finanzvolumina und Komplexität der Alternativen gekennzeichnet sind, bilden das traditionelle Geschäftsfeld für Investitions- und Finanzierungsberater.
- Bei niedrigen Finanzvolumina und geringer Komplexität der Alternativen wird sich der Entscheidungsträger für die Eigenerstellung der Finanzanalysen entscheiden. Ein Berater kann das dafür erforderliche Finanzanalysesystem bereitstellen und so auf einem neuen Geschäftsfeld zusätzliche Kundengruppen erschließen.
- Bei geringer Komplexität der Alternativen und hohen Finanzvolumina wird ein unsicherer Entscheidungsträger zur Konsultation eines Beraters und ein selbstbewußter Entscheidungsträger zur Eigenerstellung der Finanzanalyse tendieren. Für Alternativen mit hoher Komplexität und geringen Finanzvolumina gilt dies sinngemäß.

Aus den in Abbildung 1.8 dargestellten Geschäftsfeldern resultieren unterschiedliche Nutzungssituationen für Finanzanalysesysteme, die für eine problemadäquate Systemgestaltung entsprechend zu berücksichtigen sind. Dies gilt in besonderem Maße dann, wenn ein Finanzanalysesystem zur Nutzung durch den Entscheidungsträger bereitgestellt wird. Der Entscheidungsträger als Kunde kann – im Gegensatz zu einem weisungsgebundenen Sachbearbeiter – bei Nicht-Gefallen des angebotenen Systems dessen Nutzung schlicht verweigern und entscheidet somit über den geschäftlichen (Miß-)Erfolg eines derartigen Angebots.[50]

Die Nutzungssituation eines Finanzanalysesystems wird insbesondere durch persönliche Faktoren des Anwenders und den Anwendungsinhalt geprägt.[51] Im oben beschriebenen Geschäftsfeld *„Bereitstellung von Finanzanalysesystemen"* dient ein solches primär der Analyse von Alternativen mit relativ geringer Komplexität.[52] Wenn ein Entscheidungsträger in dieser Nutzungssituation nicht regelmäßig mit Investitions- und Finanzierungsentscheidungen befaßt ist – z.B. ein privater Bauherr – ist er als *gelegentlicher Nutzer* einzustufen, der nur wenig Erfahrung im Umgang mit Finanzanalysesystemen besitzt. In dieser Nutzungssituation kommt der Gestaltung der Benutzungsoberfläche eine besondere Bedeutung zu, zumal diese für den Entscheidungsträger zunächst das einzig sichtbare Qualitätsmerkmal des angebotenen Finanzanalysesystems ist. Die Benutzungsoberfläche muß daher attraktiv gestaltet sein und zur weiteren Benutzung des Finanzanalysesystems motivieren.[53]

Bei der *„umfassenden Investitions- und Finanzierungsberatung"* wird das Finanzanalysesystem regelmäßig durch einen entsprechend geübten Berater genutzt. Dieser analysiert i.d.R. Alternativen mit relativ hoher Komplexität. In dieser Nutzungssituation muß das Finanzanalysesystem komplizierte Alternativen analysieren können, die zum Zeitpunkt der Entwicklung des Systems möglicherweise noch unbekannt sind und deren Gestaltungsmöglichkeiten sich dynamisch ändern – z.B. durch die Kreation neuer Finanzprodukte und Änderungen steuerlicher Rahmenbedingungen.[54]

Im Fall der Eigenerstellung von Finanzanalysen muß der Entscheidungsträger traditionell selbst für die Verfügbarkeit eines problemadäquaten Finanzanalysesystems sorgen.[55] Dies ist insbesondere dann nachteilig, wenn

---

[50] Vgl. [KuTa94], S. 348.
[51] Vgl. [KuTa94], S. 352 f. Kubicek und Taube nennen noch das „Milieu" der Anwendung als dritten bestimmenden Faktor der Nutzungssituation. Bei Finanzanalysesystemen wird dieses jedoch im wesentlichen durch die Person des Anwenders determiniert und muß daher nicht explizit berücksichtigt werden.
[52] Vgl. Abbildung 1.8.
[53] Vgl. [Herc94], S. 32.
[54] Auf die dritte denkbare Nutzungssituation, daß eine Unternehmung im Rahmen ihrer betrieblichen Tätigkeit regelmäßig Investitions- und Finanzierungsentscheidungen trifft – z.B. eine Leasinggesellschaft, die regelmäßig über die Durchführung von Leasingprojekten entscheidet – und den Betrieb ihres Finanzanalysesystems ausgelagert hat, werden wir in Kapitel 4.3 zurück kommen. In diesem Fall erstellt der Entscheidungsträger regelmäßig Finanzanalysen und ist demnach als erfahrener Anwender einzustufen.
[55] Vgl. Abbildung 1.6.

nur selten ein Bedarf für die Erstellung von Finanzanalysen besteht. Diese Nachteile können durch neuartige Bereitstellungskonzepte auf der Basis interaktiver elektronischer Medien vermieden werden. Dabei wird dem Entscheidungsträger über interaktive elektronische Medien die Möglichkeit gegeben, Finanzanalysesysteme fallweise zu nutzen, die von externen Dienstleistern zu diesem Zweck – der fallweisen Nutzung – bereitgestellt werden.[56] Dadurch ist der Dienstleister – der wie in Abbildung 1.9 ein Investitions- und Finanzierungsberater sein kann – für die Installation und den Betrieb des Finanzanalysesystems verantwortlich.[57]

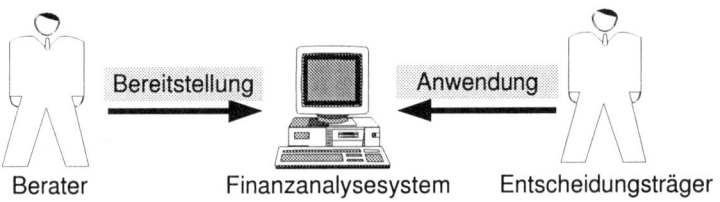

Abb. 1.9. Bereitstellung von Finanzanalysesystemen

Damit die Bereitstellung eines Finanzanalysesystems über interaktive elektronische Medien eine wettbewerbsfähige Leistung darstellen kann, ist ein hoher Automationsgrad erforderlich.[58] Eine Beratungsleistung – z.B. bei der Interpretation einer Finanzanalyse – kann daher lediglich insoweit Bestandteil dieses Dienstleistungsangebots sein, als dies mittels IKS möglich ist. Allerdings lassen die Fortschritte in multimedialer und wissensbasierter Technologie hier gerade im Hinblick auf erklärungsbedürftige (Finanz-)Produkte deutliche Verbesserungen erwarten.[59]

Das traditionelle Beratungsgeschäft kann durch die Bereitstellung von Finanzanalysesystemen positiv und negativ beeinflußt werden: Einerseits besteht die Möglichkeit, daß der Entscheidungsträger während der Erstellung und Interpretation der Finanzanalyse einen weiterreichenden Beratungsbedarf erkennt und entsprechende Leistungen nachfragt. Demgegenüber steht die – nach Auffassung des Autors geringe – Gefahr, daß ein Entscheidungs-

---

[56] Der Konsum dieser Dienstleistung – die Nutzung des Systems – ist gleichbedeutend mit einem Produktionsakt des Anwenders – nämlich der Erzeugung der Finanzanalyse. Im Zusammenhang mit der Nutzung von Informationssystemen in privaten Haushalten ist deshalb auch der Begriff „Prosumtion" entstanden. Zu dieser Thematik siehe [Lehm93].

[57] Diese Form der Softwarebereitstellung stößt nicht nur bei Finanzanalysesystemen, sondern allgemein im DSS-Bereich auf Interesse, wie mehrere Veröffentlichungen zu diesem Thema zeigen. Vgl. [GuMu96] und [KaSt96].

[58] Vgl. [Drat95], S. 107.

[59] Vgl. [GeWi95] und [RoBu96].

träger eine umfassende Beratung vollständig durch die Nutzung eines über interaktive elektronische Medien bereitgestellten Finanzanalysesystems substituiert. Ob allerdings in Zukunft die Bereitstellung von Finanzanalysesystemen über interaktive elektronische Medien tatsächlich als eigenständiges Geschäftsfeld eingestuft werden kann oder eher den Charakter einer Marketingmaßnahme tragen wird, hängt wesentlich von der Akzeptanz elektronischer Märkte ab. Die stark wachsende Anzahl an – insbesondere auch privaten – Teilnehmern an interaktiven elektronischen Medien sowie das starke Interesse in Wissenschaft und Praxis an Fragen des electronic commerce lassen eine stark zunehmende Bedeutung elektronischer Märkte erwarten. Allerdings weicht die anfängliche Euphorie über elektronische Märkte im Retail-Bereich mittlerweile einer allgemeinen Ernüchterung, wohingegen im Business-to-Business-Bereich die Entwicklung wesentlich schneller voranschreitet.[60]

Im folgenden Kapitel analysieren wir das Leasing von zu eigenen Wohnzwecken genutzten Immobilien. Dieses Fallbeispiel zeigt das große Potential einer betriebswirtschaftlich fundierten Investitions- und Finanzierungsberatung. Zugleich verdeutlicht es die Komplexität des für fundierte Finanzanalysen erforderlichen Wissens – und damit auch die Notwendigkeit leistungsfähiger Finanzanalysesysteme. Auf dieses Fallbeispiel werden wir später bei der Illustration des in Kapitel 4 vorgestellten *Integrierten Finanzanalysesystems* (IFAS) zurückgreifen.

---

[60] Vgl. [MeSc96].

2. Potential von Finanzanalysen: Ein Beispiel

Bedarf für Finanzanalysen besteht nicht nur im betrieblichen, sondern auch im privaten Bereich. Dies gilt in besonderem Maße für die Finanzierung privater Immobilien – auch dann, wenn diese zu eigenen Wohnzwecken genutzt werden. Traditionell steht hier der (darlehensfinanzierte) Eigentumserwerb im Vordergrund. Entscheidend für die Möglichkeit, eine Immobilie zu eigenen Wohnzwecken nutzen zu können, ist aber nicht das Eigentum, sondern der Besitz.[1] Alternativ zum Eigentumserwerb kann der Besitz einer Immobilie zu eigenen Wohnzwecken durch Miete oder Leasing erworben werden. Das daraus resultierende Entscheidungsproblem verdeutlicht die Komplexität und Wichtigkeit fundierter Finanzanalysen und dient später in Kapitel 4 als Basis der Beispiele, mit denen wir die Funktionalität des dort entwickelten „Integrierten Finanzanalysesystems" (IFAS) illustrieren werden.

Die Miete bietet im Vergleich zum Eigentum eine erheblich geringere Sicherheit.[2] Auch die meisten in der Praxis anzutreffenden Leasingverträge sind zivilrechtlich als atypische Mietverträge dem Mietrecht nach §§535 ff. BGB zuzuordnen.[3] Dennoch kommt aus den folgenden Gründen der Status eines Leasingnehmers faktisch dem eines Eigentümers näher als dem eines Mieters:

- Das Leasing bietet durch die langfristige Festschreibung der Zahlungen und Leistungen sowie die Unkündbarkeit während der Grundmietzeit eine im Vergleich zur Miete deutlich höhere Sicherheit.[4]
- Bei Vereinbarung einer Kaufoption hat der Leasingnehmer das Recht, aber nicht die Pflicht, nach Ablauf des Leasingvertrags zu festgelegten Bedingungen das Eigentum an der Immobilie zu erwerben.[5]
- Häufig trägt der Leasingnehmer die Sach- und Preisgefahr[6]. Der Leasinggeber ist dann im Gegensatz zu einem Vermieter nicht verpflichtet, die

---

[1] Als Eigentum wird das „umfassende, grundsätzlich unbeschränkte Recht" an einer Sache bezeichnet. Dieses muß vom Besitz, d.h. der tatsächlichen Gewalt über eine Sache, unterschieden werden. Vgl. [Kall83], S. 222 und 224.
[2] Vgl. [Will95], S. 55
[3] Vgl. [Tack93], S. 12.
[4] Vgl. [Will95], S. 55
[5] Vgl. [Will95], S. 55
[6] Vgl. [Schi94], S. 31.

Immobilie in einem zum vertragsgemäßen Gebrauch geeigneten Zustand zu erhalten, sondern dies ist – wie beim Eigentum – Sache des Besitzers.[7]

Wie schon Will et al. 1993 gezeigt haben, kann die in der Leasingpraxis verbreitete These, daß sich Leasing von Immobilien für eigene Wohnzwecke nicht lohne, nicht pauschal bestätigt werden.[8] Insbesondere sprechen folgende qualitative Argumente gegen die pauschale Gültigkeit dieser Aussage:

- Im Gegensatz zum privaten Nutzer kann ein gewerblicher Leasinggeber die Abnutzung der Immobilie (nur des Gebäudeanteils) und die für die Refinanzierung anfallenden Zinsen steuermindernd absetzen. Dem steht als Nachteil die Versteuerung der Leasingerträge durch den Leasinggeber und der Verzicht des Nutzers auf die Eigenheimzulage – letzteres nur, wenn er die Einkunftsgrenze des Eigenheimzulagengesetzes nicht überschreitet[9] – gegenüber.
- Ein stark degressiver Ratenverlauf eines Leasingvertrags, z.B. in der Extremform einer Leasingeinmalzahlung zu Vertragsbeginn, wird steuerlich als Mietvorauszahlung gewertet. Nach einem BFH-Urteil von 1982 und einem BDF-Erlaß von 1983 sind zur Bestimmung der ertragsteuerlichen Wirkung der Leasingraten diese linear über die Vertragslaufzeit zu verteilen.[10] Ebenso ist mit dem Erlös aus einer Forfaitierung der Leasingraten zu verfahren.[11] Die daraus resultierende Verzögerung der Ertragsteuerbelastung führt zu einer Begünstigung des Leasing.
- Ein gewerblicher Leasingnehmer verfügt häufig über eine bessere Marktkenntnis und größere Erfahrung in der Abwicklung von Bauprojekten als ein privater Bauherr.

Es besteht offenbar Grund zu der Annahme, daß Leasing, wenn der Leasinggeber einen Teil seiner steuerlichen und marktmäßigen Vorteile über niedrigere Leasingraten an den Leasingnehmer weitergibt, besser sein kann als ein darlehensfinanzierter Kauf. Diese Hypothese wollen wir im Verlauf dieses Kapitels analysieren. Wenn diese Vermutung bestätigt wird, stellt das private Immobilienleasing – entgegen der bisherigen Praxis – ein zukunftsträchtiges Geschäftsfeld für gewerbliche Leasinggeber dar.

Im weiteren Verlauf dieses Kapitels präzisieren wir in Abschnitt 2.1 die zu untersuchende Kauf/Leasing-Fragestellung. Anschließend werden in Abschnitt 2.2 die steuerlichen Rahmenbedingungen dieser speziellen Fragestellung dargestellt. In Abschnitt 2.3 stellen wir dar, wie die Ergebnisse des Abschnitts 2.2 in partialanalytischen Investitionsrechenmodellen zu berücksichtigen sind. Dabei zeigen wir, wie durch korrekte Kalkulation von Zahlungsverschiebungen in der Vor-Steuern-Welt, in der Nach-Steuern-Welt Barwert-

---

[7] Vgl. [ScBu94].
[8] Vgl. [WiBu93].
[9] Siehe Abschnitt 2.2.4.
[10] Vgl. [BFH82] und [BMF83].
[11] Vgl. [BMF92].

vorteile für Leasinggeber *und* Nutzer erzielt werden können. In dieser Analyse betrachten wir nicht nur das Verhältnis zwischen Leasinggeber und Nutzer, sondern wir schließen die Refinanzierung des Leasinggebers in die Analyse ein. Abschließend formulieren wir ein Kauf/Leasing-Entscheidungsmodell für verschiedene Leasingvarianten. Dabei wird das große, bislang ungenutzte Vorteilhaftigkeitspotential des privaten Immobilienleasing deutlich.

2.1 Kauf oder Leasing selbst genutzter Immobilien

Bevor wir ein quantitatives Modell formulieren können, müssen wir zunächst die zugrundeliegende Kauf/Leasing-Fragestellung und deren steuerliche Rahmenbedingungen präzisieren: Wir betrachten im folgenden eine Privatperson, die eine Immobilie ausschließlich zu eigenen Wohnzwecken nutzen möchte. Da die Immobilie nicht zur Erzielung von Einkünften dienen soll, kann der Nutzer keinerlei Werbungskosten steuerlich geltend machen. Im Kaufszenario erwirbt der Nutzer die Immobilie von einem gewerblichen Bauträger. Im Leasingszenario erwirbt ein gewerblicher Leasinggeber die Immobilie vom Bauträger und verleast diese an den privaten Nutzer. Diese Zusammenhänge sind in Abbildung 2.1 dargestellt.

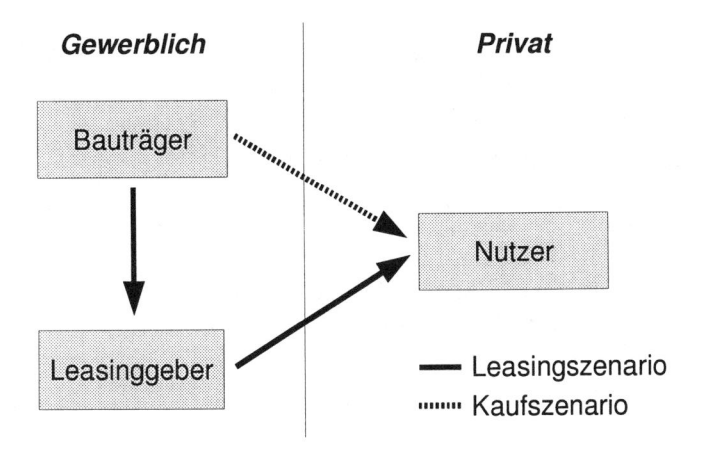

Abb. 2.1. Die Kauf/Leasing-Fragestellung

Bei unserer Analyse unterstellen wir eine Gestaltung des Leasingvertrags, die zu einer wirtschaftlichen Zurechnung der Immobilie zum – im Gegensatz zum Nutzer abschreibungsberechtigten – Leasinggeber führt. Dies ist nach dem Teilamortiationserlaß für das Immobilien-Leasing grundsätzlich immer der Fall, es sei denn mindestens einer der folgenden Sachverhalte trifft zu:[12]

- Es wurde eine unkündbare Grundmietzeit von mehr als 90% der betriebsgewöhnlichen Nutzungsdauer vereinbart.
- Es wurde eine Kaufoption mit einem niedrigeren Optionspreis als dem linearen Restbuchwert vereinbart.
- Es wurde eine Mietverlängerungsoption mit einer Anschlußmiete, die weniger als 75% der ortsüblichen Vergleichsmiete beträgt, vereinbart.
- Es wurden besondere Verpflichtungen des Leasingnehmers bezüglich Untergang, Zerstörung, Nutzungsausschluß, Vertragsbeendigung, Ansprüchen Dritter oder de Facto eine Erwerbspflicht vereinbart.
- Es handelt sich um Spezial-Leasing, d.h. der Leasinggegenstand ist so speziell auf die Belange des Leasingnehmers zugeschnitten, daß er von einem Dritten nicht wirtschaftlich sinnvoll verwertet werden kann.

Dem Leasing von zu eigenen Wohnzwecken genutzten Immobilien kommt in der Bundesrepublik Deutschland bisher keine praktische Bedeutung zu. Daher können wir uns für den Kauf/Leasing-Vergleich nicht auf eine isolierte Betrachtung der Situation des Nutzers beschränken, sondern wir müssen zunächst prüfen, unter welchen Bedingungen es überhaupt eine Vertragsgestaltung geben kann, die für den Nutzer *und* den Leasinggeber finanzwirtschaftlich vorteilhaft ist. Dies erfordert die Kenntnis der für das Leasing selbstgenutzter Immobilien relevanten steuerlichen Rahmenbedingungen, die wir im folgenden Abschnitt darlegen werden.

2.2 Steuerliche Rahmenbedingungen

Im folgenden stellen wir die für den Kauf/Leasing-Vergleich von selbstgenutzten Immobilien für den Nutzer und den Leasinggeber relevanten steuerlichen Bestimmungen dar. Dabei beschränken wir uns auf Sachverhalte, die unmittelbar mit der speziellen Fragestellung dieses Kapitels zusammenhängen.

2.2.1 Ertragsteuern

Gegenstand dieses Abschnitts sind die für den Nutzer und den Leasinggeber relevanten ertragsteuerlichen Regelungen, d.h. die Einkommen- bzw. Körperschaftsteuer und die Gewerbeertragsteuer.

---

[12] Vgl. [BMF91].

2.2.1.1 Die Sicht des Nutzers. Aus Sicht des Nutzers führt die Nutzung der Immobilie zu eigenen Wohnzwecken weder zu Einkünften noch zu Werbungskosten. Dennoch muß auch der private Nutzer in bestimmten Fällen die für ihn relevanten Steuern auf das Einkommen – Einkommensteuer, Kirchensteuer und Solidaritätszuschlag – bei der Festlegung seines Kalkulationszinses beachten. Wann dies der Fall ist und wie dann die Steuerwirkungen bei der Entscheidungsfindung zu berücksichtigen sind, ist Gegenstand des Abschnitts 2.3. Hier beschränken wir uns auf eine kurze Darstellung der für den Fall relevanten Steuersätze, daß der Nutzer Ertragsteuerwirkungen bei seiner Entscheidung berücksichtigen muß.

Für die Berücksichtigung von Ertragsteuerwirkungen unterstellen wir einen konstanten, kombinierten Grenzsteuersatz s_N, d.h. einen Nutzer, dessen Grenzeinkommensteuersatz in der oberen Proportionalzone liegt. Kirchensteuer und Solidaritätszuschlag sind jeweils in Höhe eines bestimmten Prozentsatzes der Einkommensteuerschuld zu zahlen. Dabei ist zu beachten, daß die Kirchensteuer als Sonderausgabe die Bemessungsgrundlage der Einkommensteuer verringert. Es sei s^{KiSt} der Kirchensteuersatz, s^{SolZ} der Prozentsatz des Solidaritätszuschlags und s_N^{ESt} der Einkommensteuersatz des Nutzers. Dessen kombinierter Grenzsteuersatz berechnet sich unter der Annahme, daß alle Zahlungen sofort steuerwirksam werden, wie folgt:[13]

$$s_N = \frac{s_N^{ESt} \cdot (1 + s^{SolZ} + s^{KiSt})}{1 + s^{KiSt} \cdot s_N^{ESt}}. \qquad (2.1)$$

Derzeit (Anfang 1997) beträgt der für unsere Analyse relevante Grenzsteuersatz für nichtgewerbliche Einkünfte $s^{ESt} = 53\%$. Zusammen mit dem Solidaritätszuschlag von $s^{SolZ} = 7.5\%$ und einem – exemplarischen – Kirchensteuersatz von $s^{KiSt} = 8\%$ ergibt sich ein kombinierter Grenzsteuersatz $s_N = 58.73\%$. Im folgenden Abschnitt analysieren wir die ertragsteuerliche Behandlung des Leasinggebers.

2.2.1.2 Die Sicht des Leasinggebers. Die Erträge des *Leasinggebers* unterliegen der Einkommen- bzw. Körperschaftsteuer sowie der Gewerbeertragsteuer. Wir stellen zunächst die Ermittlung der Steuerschuld des Leasinggebers dar. Anschließend werden verschiedene Refinanzierungsmöglichkeiten vorgestellt, mit denen der Leasinggeber gewerbesteuerliche Nachteile vermeiden kann.

2.2.1.2.1 Bestimmung der Steuerschuld. Die Bemessungsgrundlage der Gewerbeertragsteuer ist der um die gewerbesteuerlichen Hinzurechnungen bzw. Kürzungen (§§8 bzw. 9 GewStG) korrigierte, einkommensteuerliche Gewinn (§7 GewStG). Zu den Kürzungen des §9 GewStG zählen Leasingerträge, sofern die Betätigung des Leasinggebers „für sich betrachtet ihrer Natur nach keinen Gewerbebetrieb darstellt, sondern als Vermögensverwaltung anzuse-

---
[13] Vgl. [Hein96], S. 62.

30   2. Potential von Finanzanalysen: Ein Beispiel

hen ist."[14] Diese Sonderbehandlung gilt für sogenannte „Grundstücksunternehmen"[15] und insbesondere für Immobilien-Leasing-Fonds[16], auf die später zurückkommen.

Zum Gewerbeertrag hinzuzurechnen, ist gemäß §8 GewStG die Hälfte der für Dauerschulden gezahlten Zinsen, d.h. die Gewerbeertragsteuerlast des Leasinggebers wird wesentlich durch seine Refinanzierung beeinflußt. Als Dauerschulden sind „Kredite mit einer Laufzeit von erheblich mehr als 12 Monaten anzusehen, die ein Leasingunternehmen zur Finanzierung des Erwerbs von in seinem rechtlichen und wirtschaftlichen Eigentum verbleibenden, jedoch längerfristig vermieteten Wirtschaftsgütern aufnimmt".[17] In Abschnitt 2.2.1.2.2 stellen wir Möglichkeiten zur hinzurechnungsfreien Refinanzierung des Leasinggebers vor.

Die Gewerbeertragsteuerschuld wird durch die Multiplikation des Gewerbeertrags mit einer Gewerbeertragsteuermeßzahl $m^{GE} = 5\%$[18] und seinem gemeindespezifischen Hebesatz h_{LG}^{GewSt} berechnet. Dabei ist die einkommensteuerliche Abzugsfähigkeit der Gewerbesteuer zu berücksichtigen, d.h. die Gewerbeertragsteuer mindert ihre eigene Bemessungsgrundlage. Diesen Sachverhalt berücksichtigt der effektive Gewerbeertragsteuersatz

$$s_{LG}^{GE} = \frac{m^{GE} \cdot h_{LG}^{GewSt}}{1 + m^{GE} \cdot h_{LG}^{GewSt}}, \qquad (2.2)$$

der auf den *Gewerbeertrag vor Abzug der Gewerbeertragsteuer*[19] – aber nach Abzug der Gewerbekapitalsteuer[20] – angewandt wird.[21] Die Einkommen- bzw. Körperschaftsteuerschuld des Leasinggebers wird anschließend durch Multiplikation des einkommensteuerlichen Gewinns – nach Abzug der Gewerbesteuer – mit dem Einkommen- bzw. Körperschaftsteuersatz des Leasinggebers berechnet.

Mit s_{LG}^{ESt} als Einkommen- bzw. Körperschaftsteuersatz des Leasinggebers wird diese Steuer und die Gewerbeertragsteuer durch einen kombinierten Er-

---

[14] Abschnitt 62 V GewStR. Die rechtliche Grundlage dieser Regelung ist §9 Nr. 1 GewStG.
[15] Vgl. [Rose95a]. Die beschriebene Kürzungsmöglichkeit kann auf Antrag in Anspruch genommen werden, wenn die Tätigkeit sich beschränkt auf „die Verwaltung und Nutzung des eigenen Grundbesitzes, auf die Betreuung von Wohnungsbauten sowie auf die Errichtung und Veräußerung von Einfamilienhäusern, Zweifamilienhäusern oder Eigentumswohnungen" (Abschnitt 62 I GewStR Nr. 2 Satz 1).
[16] Vgl. [Fein94], S. 4.
[17] Urteil des BFH vom 9.4.1981 zitiert aus [Spit92], S. 121.
[18] Dies ist die Gewerbeertragsteuermeßzahl für Kapitalgesellschaften.
[19] Dieser unterscheidet sich vom einkommensteuerlichen Gewinn vor Abzug der GewSt durch die gewerbesteuerlichen Hinzurechnungen und Kürzungen.
[20] Aufgrund der gegenwärtigen Diskussion ist ein Wegfall der Gewerbekapitalsteuer ab 1998 zu erwarten.
[21] Zu dieser Vorgehensweise vgl. [Schi94], S. 50 ff. und [Schn92], S. 25 ff.

tragsteuersatz s_{LG} in der Zahlungsreihe berücksichtigt, der wie folgt berechnet wird:

$$\begin{aligned} s_{LG} &= s_{LG}^{ESt} \cdot (1 + s^{SolZ}) + s_{LG}^{GE} - s_{LG}^{ESt} \cdot (1 + s^{SolZ}) \cdot s_{LG}^{GE} \\ &= s_{LG}^{ESt} \cdot (1 + s^{SolZ}) \cdot (1 - s_{LG}^{GE}) + s_{LG}^{GE} \end{aligned} \quad (2.3)$$

Für die Bestimmung der ertragsteuerlichen Bemessungsgrundlagen sind die Erlöse aus dem Leasinggeschäft steuerlich zu linearisieren, wenn einer der folgenden Sachverhalte zutrifft:

- Der Leasingratenverlauf weicht so stark von einem linearen Leasingratenverlauf ab, daß der Fiskus dies als Mietvorauszahlung oder als Stundung von Mietzahlungen interpretiert. Dabei werden Mietvorauszahlungen in einen passiven Rechnungsabgrenzungsposten eingestellt und gestundete Mietzahlungen als Forderung aktiviert.[22]
- Die Leasingraten werden forfaitiert, wobei der Leasinggeber lediglich für den Bestand der Forderung, aber nicht für deren Einbringlichkeit haftet. In diesem Fall ist der Forfaitierungserlös in einen passiven Rechnungsabgrenzungsposten einzustellen und linear über die Grundmietzeit erfolgswirksam aufzulösen.[23]

Die ertragsteuerliche Linearisierung eröffnet Arbitragemöglichkeiten[24], auf deren Nutzung wir in Abschnitt 2.3.2 zurückkommen werden. In den Ausführungen zur Gewerbesteuer wurde deutlich, daß die Refinanzierung des Leasinggebers durch die gewerbesteuerlichen Hinzurechnungen gegen das Leasing wirken kann, sofern die Refinanzierung zu Dauerschulden im Sinne des GewStG führt. Im folgenden Abschnitt stellen wir daher Möglichkeiten für eine hinzurechnungsfreie Refinanzierung des Leasinggebers dar. Eine dieser Möglichkeiten ist die Forfaitierung von Leasingraten, deren korrekte Kalkulation in der Vor-Steuern-Welt unter Berücksichtigung der ertragsteuerlichen Linearisierung wir in Abschnitt 2.3.2 analysieren werden.

2.2.1.2.2 Refinanzierung des Leasinggebers. Mit der Organschaft im Bankenverbund, dem Betrieb von Objektgesellschaften in Form von Leasing-Immobilien-Fonds und der Forfaitierung von Leasingraten stehen dem Leasinggeber drei Strategien zur hinzurechnungsfreien Refinanzierung zur Wahl.

Als Organschaft wird der Sachverhalt bezeichnet, daß eine *Kapitalgesellschaft* in einem Unterordnungsverhältnis zu einer anderen Unternehmung

---

[22] Vgl. [BFH82] und [BMF83]. Eine ausführliche Darstellung der Zusammenhänge gibt [Schi94], S. 39 ff.
[23] Vgl. [BMF96] und [Wehr96].
[24] „Als Steuerarbitrage werden Sachverhaltsgestaltungen bezeichnet, die einen gemeinsamen Steuervorteil bezwecken" ([Schi94], S. 97).

steht. Die Organschaft ist im deutschen Steuerrecht nicht einheitlich geregelt. Daher beziehen sich unsere Ausführungen nur auf die gewerbesteuerliche Organschaft. Diese liegt nach §2 II GewStG bei einer finanziellen, organisatorischen und wirtschaftlichen Eingliederung einer Kapitalgesellschaft gemäß §14 KStG Nr. 1 und 2 in einen anderen Gewerbebetrieb vor. Leasinggesellschaften erfüllen i.d.R. die Vorausetzungen für eine gewerbesteuerliche *Organschaft im Bankenverbund*, wenn diese Kapitalgesellschaften und Tochterunternehmungen eines Kreditinstituts sind. In diesen Fällen werden die Leasinggesellschaften wie Betriebsstätten des Kreditinstituts behandelt, d.h. Gewerbeertrag und -kapital der Leasinggesellschaft werden der Mutter zugerechnet.[25]

Bei Kreditinstituten wird der Dauerschuldbegriff abweichend von der weiter vorne beschriebenen Begriffsbelegung definiert. Nach dem in §19 GewStDV geregelten „Bankenprivileg" ist als Dauerschulden nur der Teil bestimmter Positionen des Anlagevermögens – zu denen auch verleaste Objekte gehören – anzusehen, der das Eigenkapital übersteigt. Bei der Berechnung der Dauerschulden müssen die Organgesellschaften mit einbezogen werden. Sofern die relevanten Positionen des Anlagevermögens das Eigenkapital unterschreiten, besteht demnach in begrenztem Umfang ein hinzurechnungsfreier Refinanzierungsrahmen für Leasinggegenstände.[26]

Eine weitere hinzurechnungsfreie Refinanzierungsmöglichkeit sind gewerbliche *Immobilien-Leasing-Fonds*. Dabei handelt es sich um Personengesellschaften, die zu dem Zweck gegründet werden, eine bestimmte Immobilie zu verleasen (sogenannte Objektgesellschaften). Diese Objektgesellschaften refinanzieren sich – teilweise – aus dem Kapital gewerblicher oder privater Anleger. Die Objektgesellschaften werden als Personengesellschaften gegründet, damit die Gewinne und Verluste direkt ihren Gesellschaftern zugerechnet werden. Damit die Leasinggesellschaft trotzdem nicht unbeschränkt für eine Objektgesellschaft haften muß, gründet sie zu diesem Zweck eine Kapitalgesellschaft, i.d.R. eine GmbH, die zusammen mit den Kapitalanlegern den Kreis der Gründungsgesellschafter der Objektgesellschaft bildet.[27] Da die Ka-

---

[25] Zur ertragsteuerlichen Organschaft vgl. allgemein [Rose95a], S. 223 ff. Speziell zur Organschaft von Leasinggesellschaften im Bankenverbund vgl. [Schi94], S. 100 ff.

[26] Dieser ist für die Bank – ähnlich wie das haftende Eigenkapital – eine knappe Ressource, deren Inanspruchnahme durch die unterschiedlichen Geschäftstätigkeiten im Interesse der Gesamtbank koordiniert werden muß. Einen interessanten Ansatz zur Lösung derartiger Allokationsprobleme mit Hilfe interner elektronischer Märkte gibt [Sand96].

[27] Je nach der Rechtsform der Kapitalanleger wird die Objektgesellschaft als GmbH & Co KG (insbesondere private Kapitalanleger und Personengesellschaften) oder als OHG (nur bei Kapitalgesellschaften) betrieben. Die Anleger erzielen Einkünfte aus Gewerbebetrieb. Da es sich um Grundstücksunternehmen handelt, sind diese Einkünfte allerdings von der in §32c EStG geregelten Tarifbegrenzung bei gewerblichen Einkünften auf einen maximalen Grenzsteuersatz von 47% ausgeschlossen (vgl. §32c II EStG). Die Anleger partizipieren aber an den steuermin-

2.2 Steuerliche Rahmenbedingungen

pitalanteile der Anleger dem Eigenkapital der Objektgesellschaft zugerechnet werden, entstehen hierfür keine gewerbesteuerlichen Hinzurechnungen.

Die dritte hinzurechnungsfreie Refinanzierungsmöglichkeit ist die *Forfaitierung der Leasingraten*, sofern der Leasinggeber lediglich für den Bestand der Forderungen, nicht aber für deren Einbringlichkeit haftet. Wenn der Leasinggeber die Forderung im Falle der Uneinbringlichkeit zurückkaufen müßte, wäre der Forfaitierungserlös als Darlehenschuld zu passivieren und gewerbesteuerlich als Dauerschuld zu behandeln.[28] Die Forfaitierung von Leasingraten wird zivilrechtlich als Verkaufsgeschäft angesehen.[29] Die Bilanzierung dieses Verkaufsgeschäfts beim Leasinggeber ist durch Erlasse des Bundesfinanzministerium geregelt[30] und kann in bestimmten Fällen zu finanzwirtschaftlichen Vorteilen führen, die wir in Abschnitt 2.3.2 analysieren. Dafür müssen wir allerdings zunächst die bilanzmäßige Darstellung der Forfaitierung von Leasingraten, auch unter Einschluß bislang ungebräuchlicher Vertragsgestaltungen, klären.

Die übliche Praxis bei der Forfaitierung von Leasingraten ist der sofortige Verkauf der (künftigen) Leasingforderungen zu Beginn der Grundmietzeit. Dabei erfolgt i.d.R. eine sofortige Auszahlung des Forfaitierungserlöses[31], der als Barwert der Leasingraten interpretiert wird.[32] Beim Leasinggeber wird der Forfaitierungserlös in einen passiven Rechnungsabgrenzungsposten eingestellt und *linear* über die Grundmietzeit aufgelöst.[33] Beim Forderungskäufer ist die Forfaitierung der Leasingraten als Kreditgeschäft im Sinne des §21

---

 dernden Anfangsverlusten aus der degressiven Gebäudeabschreibung. Zur Konstruktion von Immobilien-Leasing-Fonds vgl. [Fein94]. Die mit Leasing-Fonds erzielbaren Vorteile haben mittlerweile – trotz höherer Risiken – auch zur Konzeption von Mobilien-Leasing-Fonds geführt. Vgl dazu. [GoSc96].

[28] Vgl. [BMF96].
[29] Die Diskussion zwischen [Bink87] und [Link88]), ob die Forfaitierung der Leasingraten als Verkauf der Leasingraten an den Forderungskäufer (Forfaiteur) oder als Darlehensgewährung an den Forderungsverkäufer (Forfaitist) anzusehen ist, ist aus heutiger Sicht gegenstandslos, da diese Frage durch [BMF96] und [BMF92] geklärt ist.
[30] Vgl. [BMF96] und [BMF92].
[31] Vgl. [Link85], S. 658.
[32] So z.B. [Tack93]. In der Folge nehmen wir an, daß dieser Barwert mit den Kalkulationsgrundlagen des Forderungskäufers berechnet wird.
[33] Der Ausweis eines Rechnungsabgrenzungspostens ist eine Folge des Realisationsprinzips, da Leasingverträge als Mietverträge und somit als schwebende Geschäfte anzusehen sind (vgl. [Koeh89], S. 160). Das Realisationsprinzip besagt, daß Gewinne erst ausgewiesen werden dürfen, wenn sie tatsächlich realisiert sind (vgl. [Hein95], S. 51). Gewinne gelten als realisiert, wenn die Preisgefahr (§§446, 447 BGB) auf den Vertragspartner übergegangen ist (vgl. [Liss91]). Die lineare Auflösung des Rechnungsabgrenzungspostens, d.h. die Realisierung des Leasingertrags, wird ebenfalls mit dem Mietvertragscharakter von Leasingverträgen begründet. Demzufolge erbringt der Leasinggeber eine im Zeitablauf konstant bleibende Leistung, die zu einer linearen Ertragsentstehung führt (vgl. [BMF96] und [BMF92]). Die lineare Auflösung des passiven Rechnungsabgrenzungspostens wird von vielen Autoren als Verstoß gegen das Realisationsprinzip

KWG zu behandeln.[34] Er aktiviert die Summe der Leasingraten als Forderung. Der Unterschiedsbetrag zwischen der Summe der Leasingraten und dem Barwert der Leasingraten wird in einen passiven Rechnungsabgrenzungsposten eingestellt. Bei dem in der Leasingpraxis üblichen linearen Verlauf der Leasingraten löst der Forderungskäufer den passiven Rechnungsabgrenzungsposten degressiv auf.[35] Von einer degressiven Auflösung des Rechnungsabgrenzungspostens ist nach Ansicht des Autors allerdings abzusehen, falls statt eines linearen Zahlungsstroms nur eine einzelne Leasingrate – z.B. wenn zwischen Leasinggeber und Nutzer eine Leasingeinmalzahlung vereinbart ist – verkauft wird. In diesem Fall muß eine progressive Auflösung erfolgen, da dieser Vorgang wie ein zins- und tilgungsfreies Darlehen wirkt.[36]

Wie Buhl und Erhard für die vertragliche Beziehung zwischen Leasinggeber und Nutzer gezeigt haben, können aus der ertragsteuerlichen Linearisierung, in Abhängigkeit von den Kalkulationsgrundlagen der Vertragspartner, Vorteilhaftigkeitspotentiale resultieren, die durch Zahlungsverschiebungen realisiert werden können. Nach [BuEr91] können bei unterschiedlichen Kalkulationsgrundlagen von Leasinggeber und Nutzer nur Leasingverträge mit einer Leasingeinmalzahlung optimal sein. Finanzwirtschaftlich gesehen wirkt die Forfaitierung von Leasingraten beim Leasinggeber wie eine Leasingeinmalzahlung des Nutzers an den Leasinggeber. Abhängig von den Kalkulationsgrundlagen der Vertragspartner ist dabei nicht notwendig eine Zahlung des Forfaitierungserlöses zu Beginn der Grundmietzeit optimal, sondern häufig wird eine spätere Zahlung des Forfaitierungserlöses besser sein. Es ist daher zu untersuchen, wie eine Forfaitierung der Leasingraten zu bilanzieren ist, wenn zwischen Leasinggeber und Nutzer eine Leasingeinmalzahlung vereinbart ist *und* der Forfaitierungserlös nicht sofort zur Auszahlung kommt, sondern eine spätere Zahlung vereinbart wird.

Das Problem besteht darin, daß der Leasinggeber bereits zu Beginn der Grundmietzeit einen passiven Rechnungsabgrenzungsposten ausweisen muß, da er den Leasingertrag pro rata temporis realisieren muß. Gleichzeitig steht aber das Realisationsprinzp dem Ausweis von Zinserträgen beim Forderungskäufer entgegen, solange der als Darlehensbetrag zu interpretierende Forfaitierungserlös noch nicht zur Auszahlung gebracht wurde. Dieses Problem kann nach Auffassung des Autors wie folgt gelöst werden: Der Forderungskäufer bilanziert bei Abschluß des Kaufvertrags eine Forderung

---

kritisiert, die anstelle der linearen eine progressive Auflösung des Rechnungsabgrenzungspostens für erforderlich halten (so z.B. [Moxt97] und [Liss91]).

[34] Vgl. [Bloe96], S. 156.

[35] Nach [Tack93], S. 101 ff., ist der passive Rechnungsabgrenzungsposten mit der Zinsstaffelmethode *arithmetisch degressiv* aufzulösen. Nach Ansicht des Autors dürfte hier – analog zur Aufteilung der Leasingraten von Leasingverträgen mit wirtschaftlicher Zurechnung des Leasinggegenstands zum Leasingnehmer in Zins und Tilgung (vgl. [BMF73]) – auch eine finanzmathematisch korrekte, d.h. *geometrisch degressive* Auflösung des Rechnungsabgrenzungspostens möglich sein.

[36] Vgl. auch [Moxt97] und [Liss91].

2.2 Steuerliche Rahmenbedingungen

in Höhe des diskontierten Forfaitierungserlöses. Als Gegenposition wird eine Verbindlichkeit in dieser Höhe ausgewiesen, die als Darlehen des Leasinggebers an den Forderungskäufer zu interpretieren ist. Der Unterschiedsbetrag zur forfaitierten Leasingrate wird in einen passiven Rechnungsabgrenzungsposten eingestellt, der in der Folge progressiv aufzulösen ist. Im Zeitraum bis zur Zahlung des Forfaitierungserlöses gleichen sich die Zinserträge aus der vom Forderungskäufer erworbenen Forderung an den Nutzer und die Zinsaufwendungen aus der Verbindlichkeit gegenüber dem Leasinggeber gerade aus, sodaß ein periodengerechter Gewinnausweis des Forderungskäufers bei gleichzeitig Erlaß-konformer Bilanzierung des Leasinggebers erreicht wird. Beispiel 2.2.1 verdeutlicht die Vorgehensweise.

Beispiel 2.2.1. Wir unterstellen einen Leasingvertrag mit einer Grundmietzeit und Vertragslaufzeit von 2 Perioden und einer Leasingeinmalzahlung in Höhe von 121 Geldeinheiten am Ende der Grundmietzeit. Der Forfaitierungserlös wird mit einem Kalkulationszins von 10% kalkuliert und soll nach einer Periode gezahlt werden. Dies führt zu einem Forfaitierungserlös in Höhe von 110 Geldeinheiten im Zeitpunkt $t = 1$. Die Bilanzierung des Forderungskäufers in den Zeitpunkten $t = 0, 1, 2$ kann durch Buchungssätze wie folgt dargestellt werden:

t	Soll		Haben	
0	Forderungen	121	Verbindlichkeiten	100
			PRA	21
1	Verbindlichkeiten	100	Zahlungsmittel	110
	Zinsaufwand	10		
1	PRA	10	Zinsertrag	10
2	Zahlungsmittel	121	Forderungen	121
2	PRA	11	Zinsertrag	11

Die Bilanzierung des Leasinggebers:

t	Soll		Haben	
0	Forderungen	110	PRA	110
1	Zahlungsmittel	110	Forderungen	110
1	PRA	55	Leasingertrag	55
2	PRA	55	Leasingertrag	55

Die aus der Linearisierung des Forfaitierungserlöses resultierenden Besonderheiten bei der Kalkulation forfaitierter Leasingraten und die daraus resultierenden Optimierungsmöglichkeiten sind Gegenstand des folgenden Abschnitts 2.3.2. Es bleibt abschließend festzuhalten, daß gewerbesteuerliche Hinzurechnungen im Immobilien-Leasing durch eine geeignete Kombination dieser Refinanzierungsstrategien i.d.R. vermieden werden können.[37]

2.2.2 Verkehrsteuern

In diesem Abschnitt untersuchen wir den Enfluß der beiden „großen" Verkehrsteuern – Grunderwerbsteuer und Umsatzsteuer – auf die Kauf/Leasing-

---
[37] Zu dieser Ausage kommt – für das Mobilien-Leasing – auch [Schi94], S. 100.

Entscheidung bei Immobilien, die zu eigenen Wohnzwecken genutzt werden sollen.[38]

2.2.2.1 Grunderwerbsteuer. Die Grunderwerbsteuer ist eine spezielle Verkehrsteuer, die den Umsatz von Grundstücken nach einem proportionalen Tarif besteuert.[39] Grundstücke im Sinne des §2 I GrEStG sind Grundstücke im Sinne des BGB, d.h. bei bebauten Grundstücken wird das Gebäude als wesentlicher Teil des Grundstücks angesehen (§94 I BGB). Die Bemessungsgrundlage der Grunderwerbsteuer ist der Wert der Gegenleistung (§8 GrEStG), der bei einem Kauf näherungsweise dem Kaufpreis entspricht (§9 I GrEStG).[40] Der Grunderwerbsteuertarif beträgt derzeit 3.5%.[41]

Steuerschuldner sind nach §13 GrEStG der Erwerber und der Verkäufer als Gesamtschuldner. I.d.R. wird jedoch die Grunderwerbsteuer durch den Erwerber gezahlt.[42] Wenn der Erwerber die Steuerschuld trägt und der Grunderwerb zum Zwecke der Einkunfterzielung erfolgt, muß die Grunderwerbsteuer aktiviert und anteilig auf das nicht abschreibungsfähige Grundstück und das abschreibungsfähige Gebäude verteilt werden. Wenn der Veräußerer die Grunderwerbsteuer trägt, kann diese sofort als Betriebsausgabe bzw. Werbungskosten steuerlich geltend gemacht werden.[43]

Aus diesem Sachverhalt kann aber nicht geschlossen werden, daß es vorteilhaft ist, wenn der Veräußerer die Grunderwerbsteuer trägt: Damit der Veräußerer indifferent zwischen beiden Möglichkeiten ist, muß der Kaufpreis um den Betrag der Grunderwerbsteuerzahlung erhöht werden. Die Grunderwerbsteuerzahlung wird deshalb immer mit der Immobilie beim Erwerber aktiviert: Wenn der Erwerber die Grunderwerbsteuer zahlt, sind dies aktivierungspflichtige Anschaffungsnebenkosten und wenn der Veräußerer die Grunderwerbsteuer zahlt, erhöht sich der Anschaffungspreis um den Betrag der Grunderwerbsteuerzahlung.

Grunderwerbsteuer ist bei der Kaufalternative einmal zu zahlen und zwar bei Abschluß des Kaufvertrags zwischen Nutzer und Bauträger. Beim Leasing ist Grunderwerbsteuer zu zahlen, wenn der Leasinggeber die Immobilie erwirbt. Die Grunderwerbsteuer zählt für den Leasinggeber zu den Anschaffungskosten und muß von diesem aktiviert werden. Die Leasingalternative kann allerdings durch einen zweiten Grunderwerbsteuer auslösenden Vorgang belastet werden und zwar dann, wenn der Leasingnehmer am Ende der Vertragslaufzeit – die auch länger vereinbart werden kann als die unkündbare Grundmietzeit – eine eventuell vereinbarte Kaufoption ausübt.

---

[38] Als „kleine" Verkehrsteuern werden die für unsere Fragestellung irrelevanten Steuerarten Versicherung-, Feuerschutz-, Rennwett-, Lotterie- und Kraftfahrzeugsteuer bezeichnet.
[39] Vgl. [Habe89], S. 107.
[40] Eine ausführlichere Darstellung des „Wertes der Gegenleistung" findet sich bei [Schn94], S. 238.
[41] Vgl. [JStG97] Artikel 7, Nr. 6.
[42] Vgl. [Habe89], S. 107.
[43] Vgl. [Rose95b], S. 37 f.

2.2.2.2 Umsatzsteuer. „Die Umsatzsteuer besteuert den Umsatz von Waren und Dienstleistungen nach einem proportionalen Tarif."[44] Steuerbare Umsätze nach §1 I UStG sind „die Lieferungen und sonstigen Leistungen, die ein Unternehmer im Erhebungsgebiet gegen Entgelt im Rahmen seines Unternehmens ausführt."[45]

Von der Umsatzsteuer befreit sind Umsätze, die unter das Grunderwerbsteuergesetz fallen (§4 Nr. 9a UStG). Dies ist dann der Fall, wenn die zu „liefernde" Immobilie ein Grundstück – mit oder ohne aufstehendem Gebäude – beinhaltet, d.h. ein Grundstück im Sinne des GrEStG darstellt. Dies wollen wir am Beispiel einer Werklieferung verdeutlichen:[46]

Beispiel 2.2.2. Ein Bauunternehmer, der *auf seinem Grund und Boden* nach den Plänen des Bestellers ein schlüsselfertiges Haus errichtet, erbringt mit der Übertragung der Verfügungsmacht eine grunderwerbsteuerbare Werklieferung, bei der die Umsatzsteuerbefreiung des §4 Nr. 9a UStG greift.

Wenn der Bauunternehmer dagegen *auf dem Grund und Boden des Bestellers* ein schlüsselfertiges Haus errichtet, ist keine Grunderwerbsteuerbarkeit und somit auch keine Befreiung von der Umsatzsteuer gegeben.

Der Verkauf der Immobilie durch den Bauträger ist also grundsätzlich dann von der Umsatzsteuer befreit, wenn die Immobilie aus einem Grundstück und einem Gebäude besteht. Des weiteren sind – mit einigen unsere Fragestellung nicht betreffenden Ausnahmen – nach §4 Nr. 12 umsatzsteuerfrei die „Verpachtungen und Vermietungen von Grundstücken und grundstücksgleichen Berechtigungen, andere Formen der Nutzungsüberlassung von Grundstücken und Grundstücksteilen zur Nutzung sowie die Bestellung, die Übertragung und die Überlassung der Ausübung von dinglichen Nutzungsrechten an Grundstücken".[47] D.h. auch die Leasingraten sind bei der Leasingalternative umsatzsteuerfrei, sofern es sich nicht um einen „getarnten Ratenkauf"[48] handelt. Bei wirtschaftlicher Zurechnung der Immobilie zum Leasinggeber sind die Leasingraten daher i.d.R. von der Umsatzsteuer befreit.

Es bleibt abschließend zu bemerken, daß im Kaufszenario der Bauträger und im Leasingszenario der Leasinggeber von der Möglichkeit, auf die Umsatzsteuerbefreiung zu verzichten, um dadurch in den Genuß der Vorsteuerabzugsberechtigung zu gelangen, ausgeschlossen sind. Dies folgt aus §9 I UStG, der die Option nur für Umsätze vorsieht, die „an einen anderen Unternehmer für dessen Unternehmen"[49] ausgeführt werden. Der Bauträger besitzt auch im Leasingszenario keine Wahlmöglichkeit. Dies folgt aus §9 II UStG, nach dem die Wahlmöglichkeit nur zulässig ist, „soweit der Leistungsempfänger

---

[44] [Habe89], S. 100.
[45] §1 I UStG.
[46] Entnommen aus [Rose95b], S. 131.
[47] [Rose95b], S. 132.
[48] [Rose95b], S. 133.
[49] §9 I UStG.

das Grundstück ausschließlich für Umsätze verwendet oder zu verwenden beabsichtigt, die den Vorsteuerabzug nicht ausschließen."[50]

2.2.3 Substanzsteuern

Gegenstand dieses Abschnitts sind die für unsere Fragestellung relevanten Substanzsteuerarten: Die nur beim Leasinggeber entstehende Gewerbekapitalsteuer[51] und die Grundsteuer.

2.2.3.1 Gewerbekapitalsteuer. Die Bemessungsgrundlage für die Gewerbekapitalsteuer ist das in §12 GewStG definierte Gewerbekapital. Dieses entspricht dem *Einheitswert* des Gewerbebetriebs im Sinne des BewG, d.h. der *Buchwert* einer Immobilie ist für das Gewerbekapital irrelevant. Für die Bestimmung des Gewerbekapitals wird der Einheitswert um Hinzurechnungen und Kürzungen ergänzt. Zu diesen Kürzungen zählt auch der Einheitswert der Betriebsgrundstücke; die Aktivierung der Immobilie beim Leasinggeber führt also nicht zu einer Erhöhung seines Gewerbekapitals.

Wie bei der Gewerbeertragsteuer übt die Refinanzierung des Leasinggebers auch bei der Gewerbekapitalsteuer einen maßgeblichen Einfluß auf die Höhe der Steuerschuld aus, da die Hälfte der Dauerschulden bei der Bestimmung des Gewerbekapitals dem Einheitswert des Betriebsvermögens hinzuzurechnen ist.

Zur Berechnung der Gewerbekapitalsteuerschuld wird das Gewerbekapital mit der Gewerbekapitalsteuermeßzahl $m^{GK} = 0.002$ und dem gemeindlichen Gewerbesteuerhebesatz h^{GewSt} multipliziert. Die Gewerbekapitalsteuer mindert den einkommensteuerlichen Gewinn – und somit auch die Bemessungsgrundlage der Gewerbeertragssteuer.

2.2.3.2 Grundsteuer. Die Grundsteuer ist eine jährlich zu entrichtende, den Gemeinden zufließende Steuer auf den Grundbesitz.[52] Die Zahlung der Steuerschuld erfolgt in vier Raten jeweils in der Quartalsmitte oder auf Antrag in einer Zahlung in der Jahresmitte.[53] Die Steuerschuld wird durch Multiplikation eines gemeindespezifischen Hebesatzes h^{GrSt} mit dem Grundsteuermeßbetrag ermittelt, der als Produkt aus einer Grundsteuermeßzahl m^{GrSt}

---

[50] §9 II UStG. Für hier nicht behandelten Fall, daß der Nutzer ein umsatzsteuerpflichtiger Unternehmer ist, können der Bauträger – in beiden Szenarien – und der Leasinggeber auf Umsatzsteuerpflicht optieren.

[51] Aufgrund des für 1998 zu erwartenden Wegfalls, wird die Gewerbekapitalsteuer in der späteren Modellierung nicht berücksichtigt. Da eine diesbezügliche Regelung aber noch aussteht, werden die Grundzüge der Gewerbekapitalssteuer dennoch kurz dargestellt.

[52] Vgl. [Schn94], S. 260 ff. und [Habe89], S. 99. Mit „Grundbesitz" ist im GrStG nicht das Eigentum im Sinne der §§903 ff. BGB gemeint, sondern das wirtschaftliche Eigentum. Dies folgt aus §10 GrStG, nachdem der Steuerschuldner derjenige ist, „dem der Steuergegenstand bei der Feststellung des Einheitswertes zugerechnet ist" (§10 I GrStG).

[53] Daneben sind weitere Regelungen für Kleinbeträge möglich. Vgl. §28 GrStG.

und dem Wert eines bebauten Grundstücks im Sinne des §146 BewG berechnet wird.[54]

Der Einheitswert von Grundstücken wird aus dem 12.5-fachen der durchschnittlichen Jahreskaltmiete der letzten drei Jahre – bzw. des entsprechend kürzeren Zeitraums, wenn die Immobilie weniger als drei Jahre vermietet wurde – oder nach der ortsüblichen Vergleichsmiete, wenn die Immobilie nicht vermietet wurde, ermittelt (§146 II, III BewG). Dieser Betrag ist um 20% zu erhöhen, wenn die Immobilie ausschließlich zu Wohnzwecken dient und nicht mehr als zwei Wohnungen enthält (§146 V BewG). Der so errechnete Betrag ist um die Wertminderung zu verringern, die pro Jahr mit 0.5%, höchstens jedoch mit 25% anzusetzen ist (§146 IV BewG). Der gemäß §146 I–V BewG anzusetzende Wert darf dabei den nach den Vorschriften des §145 III BewG ermittelten Wert als unbebautes Grundstück nicht unterschreiten (§146 VI BewG). Wenn der Steuerpflichtige allerdings einen niedrigeren gemeinen Wert als den nach der vorstehend beschriebenen Regelung nachweist, wird ein entsprechend niedrigerer Grundstückswert festgestellt (§146 VII BewG).

Die Höhe der Grundsteuermeßzahl ist §15 GrStG geregelt und von der Grundstücksart im Sinne des §75 BewG abhängig. Demnach ist für die hier zugrundeliegende Kauf/Leasing-Fragestellung eine Grundsteuermeßzahl in Höhe von 0.0035 zugrundezulegen, es sei denn, einer der folgenden Sachverhalte trifft zu:

– Das Grundstück ist ein Einfamilienhaus im Sinne des §75 V BewG. In diesem Fall beträgt die Grundsteuermeßzahl 0.0026 für die ersten 75000 DM und 0.0035 für den Rest des Einheitswertes.
– Das Grundstück ist ein Zweifamilienhaus im Sinne des §75 VI BewG. In diesem Fall beträgt die Grundsteuermeßzahl 0.0031 für den gesamten Einheitswert.

Die Grundsteuer fällt unter die „sonstigen Steuern" im Sinne des §275 HGB (Gewinn- und Verlustrechnung),[55] d.h. der Leasinggeber kann die für das Grundstück zu entrichtende Grundsteuer als Betriebsausgabe geltend machen. Die Grundsteuer kann bei der Kauf/Leasing-Entscheidung für Immobilien vernachlässigt werden, da der Leasinggeber sie in die Kalkulation seiner Leasingraten einbezieht und die Grundsteuer somit bei beiden Alternativen vom Nutzer getragen wird. Der Einfluß einer eventuellen ertragsteuerlichen Linearisierung der Leasingraten kann aufgrund seiner – bezüglich der Grundsteuer – geringen Größe vernachlässigt werden.

2.2.4 Subventionierung des Eigentumserwerbs

Mit dem „Gesetz zur Neuregelung der steuerrechtlichen Wohneigentumsförderung" vom 15.12.1995[56] hat der Gesetzgeber die bis dahin gültige,

---
[54] Vgl. [JStG97] Artikel 1, Nr. 36.
[55] Vgl. [Hein95], S. 358.
[56] Vgl. BGBl I, 1783.

vom Einkommensteuersatz abhängige, steuerliche Förderung von privat zu eigenen Wohnzwecken genutztem Wohneigentum nach §10e EStG durch eine einheitliche Eigenheimzulage ersetzt.

Die Eigenheimzulage wird einmalig auf einem amtlichen Vordruck bei dem für die Einkommensteuer zuständigen Finanzamt beantragt.[57] Sie kann ab dem Jahr bezogen werden, in dem die Summe des Gesamtbetrags der Einkünfte dieses Jahres und des Vorjahres 240.000 DM (480.000 DM für zusammenveranlagte Ehegatten) nicht übersteigt (§5 EigZulG).[58] Wenn nachträglich bekannt wird, daß die Einkunftsobergrenze nach §5 EigZulG in den für die Bewilligung der Eigenheimzulage relevanten Jahren überschritten wurde, wird der Bescheid über die Eigenheimzulage aufgehoben (§11 IV EigZulG). In diesem Fall muß die Eigenheimzulage innerhalb eines Monats zurückgezahlt werden (§14 EigZulG). In den Folgejahren des Bewilligungsjahres darf die Einkunftsgrenze überschritten werden.[59] Die Eigenheimzulage kann nur für ein Objekt in Anspruch genommen werden (bei Zusammenveranlagung zwei Objekte). Steuerbegünstigungen nach §§7b EStG und 10e EStG werden in dieser Zählung wie die Eigenheimzulage behandelt (§6 EigZulG).

Die Eigenheimzulage besteht aus einem Fördergrundbetrag und einer Kinderzulage (§9 EigZulG). Die Bemessungsgrundlage des Fördergrundbetrags sind die Anschaffungs- bzw. Herstellungskosten der Immobilie – d.h. von Gebäude und Grundstück (§8 EigZulG). Wenn die Immobilie bis zum Ende des zweiten auf das Jahr der Fertigstellung folgenden Jahres angeschafft wird und die Bemessungsgrundlage einen Wert von 100.000 DM nicht übersteigt, beträgt der Fördergrundbetrag 5% der Bemessungsgrundlage. Bei einem höheren Wert der Bemessungsgrundlage beträgt der Fördergrundbetrag 5000 DM. Wenn die Immobilie später angeschafft wird, ermäßigen sich die Sätze des Fördergrundbetrags auf 2.5% bzw. 2500 DM. Die Kinderzulage wird in der Literatur auch als Baukindergeld bezeichnet.[60] Sie beträgt 1.500 DM für jedes Kind, für das der Anspruchsberechtigte oder sein Ehegatte einen Kinderfreibetrag oder Kindergeld erhält. Die Eigenheimzulage wird für maximal 8 Jahre gezahlt (§3 EigZulG). Die Summe der Zahlungen darf die Bemessungsgrundlage des Fördergrundbetrags nicht übersteigen (§9 EigZulG).[61]

Ereignisse, die zu einer Minderung oder zum Wegfall der Eigenheimzulage führen, sind vom Empfänger unverzüglich an das zuständige Finanzamt zu

---

[57] Vgl. [Wink96], S. 89.
[58] Bzw. der Durchschnitt der Einkünfte der beiden Jahre 120.000DM/240.000 DM nicht übersteigt.
[59] Vgl. [Wink96], S. 89.
[60] Vgl. [Wink96], S. 89.
[61] Diese Restriktion benachteiligt tendenziell den Erwerb kleiner Immobilien. Sie wird aber in den meisten Fällen nicht greifen, da z.B. bei einer Bemessungsgrundlage von 100 000 DM für fünf Kinder die Kinderzulage bezogen werden müßte.

melden (§12 EigZulG). Die Eigenheimzulage *vermindert* sich insbesondere (§11 II EigZulG) bei

– Auszug eines Kindes, so daß dieses nicht mehr zum Haushalt des Eigenheimzulagenbeziehers zählt (§9 V EigZulG) und
– Veräußerung von Teilen der zu eigenen Wohnzwecken genutzten Wohnung (§9 II EigZulG).

Die Eigenheimzulage *entfällt* insbesondere dann (§11 III EigZulG), wenn die Wohnung nicht mehr zu eigenen Wohnzwecken genutzt wird (§4 EigZulG).[62] In diesen Fällen wird die Eigenheimzulage neu festgesetzt. Zuviel erhaltene Beträge müssen innerhalb eines Monats nach Bekanntgabe des Bescheids zurückgezahlt werden (§14 EigZulG).

Es sei AHK die Bemessungsgrundlage des Fördergrundbetrags und k_j, $j = 1, 2, \ldots, 8$, die Anzahl der Kinder, für die im Jahr j ein Anspruch auf Baukindergeld besteht. Die Höhe der Eigenheimzulage im Jahr j, EZ_j, berechnet sich – sofern ein Anspruch besteht und die Wohnung noch vor Ablauf der ersten beiden auf das Jahr der Fertigstellung folgenden Jahre angeschafft wird – wie folgt (anderenfalls sind die ermäßigten Sätze für die Höhe des Fördergrundbetrags anzuwenden):

$$EZ_j = \begin{cases} \min(\ AHK - \sum_{i=1}^{j-1} EZ_i; \\ \quad \min(0.05 \cdot AHK; 5000) + k_j \cdot 1500\ ); \\ \qquad\qquad\qquad wenn \sum_{i=1}^{j-1} EZ_i < AHK \\ 0; \qquad\qquad\qquad\qquad\qquad sonst\ . \end{cases} \qquad (2.4)$$

Wenn im Jahr der Anschaffung oder Herstellung der Immobilie oder in den beiden Folgejahren die Eigenheimzulage gezahlt wird, können für das Jahr der Anschaffung oder Herstellung Vorkosten (z.B. Zinsen oder ein Disagio) in Höhe 3.500 DM pauschal, d.h. ohne Nachweis, wie Sonderausgaben abgesetzt werden (§10i EStG).

2.2.5 Zusammenfassung der steuerlichen Rahmenbedingungen

Für die weitere Analyse wollen wir die steuerlichen Rahmenbedingungen des Kauf/Leasing-Vergleichs für zu eigenen Wohnzwecken genutzten Immobilien noch einmal zusammenfassen:

– Die mit Aktivierung der Immobilie beim Leasinggeber verbundene Abschreibungsmöglichkeit begünstigt die Leasingalternative.[63] Diesem Abschreibungsvorteil steht keine durch die Aktivierung verursachte Erhöhung

---

[62] Die unentgeltliche Überlassung der Wohnung zu Wohnzwecken an Angehörige (im Sinne des §15 AO) zählt zu den eigenen Wohnzwecken.
[63] Der daraus resultierende Vorteil ist bei degressiver Gebäudeabschreibung besonders hoch, es entsteht aber auch bei bei linearer Gebäudeabschreibung ein – wenn auch kleiner – Abschreibungvorteil.

des Gewerbekapitals entgegen, da dieses um den Einheitswert von Grundstücken gekürzt wird.
- Die Refinanzierung des Leasinggebers wirkt gegen die Leasingalternative, wenn diese zu Dauerschulden im Sinne des GewStG führt. Dies kann durch Forfaitierung von Leasingraten, Organschaft im Bankenverbund und Gründung von Leasing-Immobilien-Fonds vermieden werden.
- Die Erträge von „Grundstücksunternehmen" sind von der Gewerbeertragsteuer befreit. Dies begünstigt das Leasing, sofern der Leasinggeber ein solches Grundstücksunternehmen ist.[64]
- Die ertragsteuerliche Linearisierung stark degressiver oder progressiver Leasingraten sowie eines Forfaitierungserlöses ermöglicht Leasingvorteile durch optimierte Zahlungsstromgestaltung.
- Grundsteuer und Umsatzsteuer sind für diese spezielle Kauf/Leasing-Fragestellung irrelevant.
- Die aus der Ausübung einer Kaufoption resultierende, zusätzliche Grunderwerbsteuerzahlung wirkt (barwertmäßig in geringem Umfang) gegen die Vorteilhaftigkeit des Leasing.
- Der mit dem Leasing verbundene Verzicht auf die Eigenheimzulage wirkt gegen das Leasing, sofern der Nutzer zum Bezug der Eigenheimzulage berechtigt ist.

Im weiteren Verlauf dieses Kapitels werden wir den Eigentumserwerb an und das Leasing von zu eigenen Wohnzwecken genutzten Immobilien bezüglich ihres Nach-Steuern-Barwertes miteinander vergleichen. Die dafür erforderlichen Modelle bilden zugleich die Grundlage für die Illustration des IFAS in Kapitel 4. Darüberhinaus untersuchen wir, wie ein möglicher Barwertvorteil des privaten Immobilienleasing auf die Vetragspartner verteilt werden kann.

2.3 Berücksichtigung von Steuerwirkungen

Als Bewertungskriterium in dem zu entwickelnden Kauf/Leasing-Entscheidungsmodell wird der Barwert der Leasingzahlungsreihe nach Steuern verwendet. Dies impliziert einen Vergleich mit einer Referenzalternative, an der eine *gegebene* Leasingzahlungsreihe gemessen wird. Die Steuerwirkungen der Referenzalternative müssen im Kalkulationszins berücksichtigt werden. Daher muß die Zahlungsreihe mit einem Nach-Steuern-Kalkulationszins bewertet werden, der den Vor-Steuern-Zins der

---

[64] Der Befreiung steht die Betriebstättenfiktion der Organschaft im Bankenverbund nicht entgegen: „Diese Betriebsstättenfiktion bedeutet aber nicht, daß Organträger und Organgesellschaft als einheitliches Unternehmen anzusehen sind. Gewerbeertrag und Gewerbekapital der Organgesellschaft sind vielmehr getrennt zu ermitteln und dem Organträger zur Berechnung der Steuermeßbeträge nach dem Gewerbeertrag und dem Gewerbekapital zuzurechnen." (Abschnitt 17 I GewStR).

Referenzalternative *und* deren steuerliche Behandlung beim Entscheidungsträger berücksichtigt. Dies hat zur Folge, daß Leasinggeber und Nutzer aufgrund der unterschiedlichen steuerlichen Rahmenbedingungen[65] i.d.R. auch dann mit unterschiedlichen Nach-Steuern-Kalkulationszinsen rechnen, wenn sie eine vor Steuern identische Referenzalternative haben.[66] Die Bestimmung des Nach-Steuern-Kalkulationszinses ist Gegenstand des Abschnitts 2.3.1. In den darauffolgenden Abschnitten 2.3.2 ff. setzen wir den Nach-Steuern-Kalkulationszins als gegeben voraus, d.h. es wird dann nicht mehr explizit berücksichtigt, wie dieser zustande gekommen ist.

Eine weitere Frage ist, wie die Zahlungsreihe eines Leasingprojekts zu *gestalten* ist, damit die Nach-Steuern-Barwerte des Nutzers und des Leasinggebers möglichst groß werden. Bei dieser Fragestellung ist aus dem gegebenen Nach-Steuern-Kalkulationszins der Zins zu bestimmen, mit dem die Zahlungen des Leasingprojekts vor Steuern kalkuliert werden müssen, sodaß die jeweiligen steuerlichen Regelungen korrekt in die Kalkulation einbezogen werden. Dies ist Gegenstand des Abschnitts 2.3.2.

2.3.1 Steuerwirkungen der Referenzalternative

Aufgrund der in der Praxis gegebenen Unterschiede zwischen Soll- und Habenzinsen, ist für Anlagesituationen ein Habenzins-orienter Kalkulationszins und für Finanzierungssituationen ein Sollzins-orientierter Kalkulationszins zu wählen.[67] Für die folgenden Ausführungen unterstellen wir, daß jede Referenzalternative einer der beiden folgenden, idealtypischen Situationen zugeordnet werden kann:[68]

Anlagesituation: Die Referenzalternative ist eine Anlagemöglichkeit. Alle Zahlungen der Leasingzahlungsreihe werden mit einem bereits in dieser Anlagemöglichkeit angelegten Guthaben verrechnet. Dabei unterstellen wir, daß immer ein hinreichend hoher Anlagebetrag zur Verrechnung der Zahlungen verfügbar ist.

Finanzierungssituation: Die Referenzalternative ist eine Finanzierungsmöglichkeit. Alle Zahlungen der Leasingzahlungsreihe werden mit einer bestehenden Schuld verrechnet. Dabei unterstellen wir, daß immer eine Restschuld bestehen bleibt.

Die steuerliche Behandlung der relevanten Referenzalternative beim Entscheidungsträger muß korrekt in seinem Nach-Steuern-Kalkulationszins abgebildet werden. Dies ist Gegenstand der folgenden beiden Abschnitte. Dabei erlauben die steuerlichen Rahmenbedingungen des Leasing von zu eigenen

---

[65] Vgl. insbesondere die Abschnitte 2.2.1.1 und 2.2.1.2.
[66] Vgl. [Buhl94], S. 224 f.
[67] Vgl. [Buhl94], S. 225.
[68] Vgl. [Hein96], S. 70.

Wohnzwecken genutzten Immobilien eine Beschränkung auf die Berücksichtigung ertragsteuerlicher Aspekte.[69]

2.3.1.1 Die Sicht des Nutzers. Wenn der Nutzer sich in einer Finanzierungssituation befindet, entspricht der für die Alternativenbewertung relevante Kalkulationszins i_N dem (Soll-)Zins der Referenzfinanzierung, da die Zinszahlungen der Referenzfinanzierung wegen der Nutzung der Immobilie zu eigenen Wohnzwecken nicht zu Werbungskosten führen.[70] Mit i_N^{vS} als Zins der Referenzfinanzierung gilt deshalb für i_N:

$$i_N = i_N^{vS} . \qquad (2.5)$$

Wenn der Nutzer sich jedoch in einer Anlagesituation befindet, so ist als relevanter Kalkulationszins ein Nach-Steuern-Kalkulationszins zu verwenden, der nach Maßgabe der steuerlichen Behandlung der Referenzanlagemöglichkeit aus deren (Haben-)Zins zu bestimmen ist. In diesem Fall entspricht i_N^{vS} dem Zins der Referenzanlagemöglichkeit und der relevante Nach-Steuern-Kalkulationszins i_N[71] wird wie folgt berechnet:

$$i_N = (1 - s_N) \cdot i_N^{vS} . \qquad (2.6)$$

2.3.1.2 Die Sicht des Leasinggebers. Wenn der Leasinggeber sich in einer Anlagesituation befindet, bestimmt er seinen Nach-Steuern-Kalkulationszins i_{LG}^{nS} analog zu Gleichung 2.6. Dabei entspricht i_{LG}^{vS} dem (Haben-)Zins der Referenzanlagemöglichkeit:

$$i_{LG}^{nS} = (1 - s_{LG}) \cdot i_{LG}^{vS} . \qquad (2.7)$$

Wenn der Leasinggeber sich stattdessen in einer Finanzierungssituation befindet, muß unterschieden werden, ob die Referenzfinanzierungsmöglichkeit zu Dauerschulden führt oder nicht. Wenn die Referenzfinanzierung *nicht* zu dauerschuldbedingten gewerbesteuerlichen Hinzurechnungen führt, bestimmt er seinen Nach-Steuern-Kalkulationszins analog zu Gleichung 2.7, wobei i_{LG}^{vS} dann aber dem (Soll-)Zins der hinzurechnungsfreien Referenzfinanzierung entspricht.

Wenn die Referenzfinanzierung dagegen *hinzurechnungspflichtig* ist, muß die hälftige Hinzurechnung der für die Dauerschuld gezahlten Zinsen zum Gewerbeertrag im Nach-Steuern-Kalkulationszins des Leasinggebers berücksichtigt werden. In diesem Fall entspricht dann i_{LG}^{vS} dem Zins der hinzurechnungs-

---

[69] Vgl. die Zusammenfassung in Abschnitt 2.2.5.

[70] Vgl. Abschnitt 2.2.1.1. Wenn der Nutzer die Immobilie allerdings zur Erzielung von Einkünften beschafft, ist stattdessen ein Nach-Steuern-Kalkulationszins zu wählen, da Zinszahlungen als Werbungskosten steuerlich abgesetzt werden können.

[71] Wir verwenden für den entscheidungsrelevanten Kalkulationszins des Nutzers einheitlich das Symbol i_N, da wir später nicht mehr unterscheiden, ob dieser einem Vor-Steuern-Kalkulationszins (Finanzierungssituation) oder einem Nach-Steuern-Kalkulationszins (Anlagesituation) entspricht.

pflichtigen Referenzfinanzierung. Der Nach-Steuern-Kalkulationszins i_{LG}^{nS} ergibt sich durch:[72]

$$i_{LG}^{nS} = i_{LG}^{vS} \cdot \left(1 - s_{LG}^{ESt} - \frac{s_{LG}^{GE} \cdot (1 - s_{LG}^{ESt})}{2}\right) . \qquad (2.8)$$

Gleichung 2.8 kann unter Verwendung von Gleichung 2.2[73] äquivalent umgeformt werden in:[74]

$$i_{LG}^{nS} = i_{LG}^{vS} \cdot \left(1 + \frac{m \cdot h_{LG}^{GewSt}}{2}\right) \cdot \frac{1 - s_{LG}^{ESt}}{1 + m \cdot h_{LG}^{GewSt}} . \qquad (2.9)$$

In dieser Schreibweise wird die Verteuerung der Refinanzierung des Leasinggebers unmittelbar durch den Faktor $\left(1 + \frac{1}{2} \cdot m \cdot h_{LG}^{GewSt}\right)$ erkennbar: Ein mit i_{LG}^{vS} hinzurechnungspflichtig refinanziertes Leasingprojekt muß – wenn keine ertragsteuerliche Linearisierung erfolgt – mindestens eine Rendite vor Steuern von $i_{LG}^{vS} \cdot \left(1 + \frac{1}{2} \cdot m \cdot h_{LG}^{GewSt}\right)$ erwirtschaften, um einen positiven Barwert zu erwirtschaften.[75]

In diesem und dem vorangegangenen Abschnitt haben wir dargestellt, wie Leasinggeber und Nutzer aus dem Zins und den steuerlichen Rahmenbedingungen ihrer jeweiligen Referenzalternativen den Nach-Steuern-Kalkulationszins bestimmen, mit dem die Leasingzahlungsreihe bewertet wird. Im folgenden Abschnitt untersuchen wir für den Leasinggeber, den Nutzer und einen Forderungskäufer, wie bei gegebenem Nach-Steuern-Kalkulationszins Zahlungsverschiebungen in der Vor-Steuern-Welt zu kalkulieren sind. Aufgrund dieser Überlegungen können Leasingalternativen hinsichtlich der zeitlichen Struktur der Leasingraten sowie der Refinanzierung des Leasinggebers optimiert werden. Dabei sind Barwertvorteile erzielbar, die zwischen Leasinggeber und Nutzer aufgeteilt werden können.

2.3.2 Zahlungsstromoptimierung bei Leasingverträgen

Einführend wollen wir den Grundgedanken der Zahlungsstromoptimierung kurz darstellen:[76] Bei gegebenen (i.d.R. unterschiedlichen) Nach-Steuern-Kalkulationszinsen von Leasinggeber und Nutzer kann für den Leasinggeber und den Nutzer jeweils ein Verschiebungszins $i_{LG}^{l \to l+1}$ bzw. $i_{N}^{l \to l+1}$ bestimmt werden, mit dem eine Leasingzahlung in der Vor-Steuern-Welt aus Sicht des jeweils kalkulierenden Vertragspartners barwertneutral von einem Zeitpunkt l

---

[72] Vgl. [Hein96], S. 69 ff.
[73] Siehe S. 30.
[74] Vgl. [Buhl94], S. 225 oder [Buhl94a], S. 517.
[75] Z.B. verteuert sich ein hinzurechnungspflichtiger Kredit mit einem Kreditzins von $i_{LG}^{vS} = 10\%$ bei einem Gewerbesteuerhebesatz von $h_{LG}^{GewSt} = 400\%$ und einem Einkommensteuersatz $s_{LG}^{ESt} = 50\%$ in der Vor-Steuern-Welt auf 11.4%. (Beispiel aus [Buhl94], S. 225).
[76] Dieser Ansatz geht zurück auf [BuEr91].

auf einen Zeitpunkt $l+1$ verschoben werden kann. Eine Zahlungsverschiebung von l nach $l+1$ ist aus Nach-Steuern-Barwert-Sicht für mindestens einen Vertragspartner vorteilhaft, ohne daß der andere schlechter gestellt wird, wenn der Verschiebungszins des Leasinggebers niedriger ist als der des Nutzers und die Zahlungsverschiebung mit einem Zins $i_v^{l \to l+1}$ kalkuliert wird, für den gilt $i_{LG}^{l \to l+1} \leq i_v^{l \to l+1} \leq i_N^{l \to l+1}$. Umgekehrt kann der Nach-Steuern-Barwert mindestens eines Vertragspartners erhöht werden, ohne daß der andere schlechter gestellt wird, wenn die Leasingzahlung vorgezogen wird und der Verschiebungszins des Leasinggebers höher ist als der des Nutzers.

Wie Buhl und Erhard gezeigt haben, dürfen Zahlungsverschiebungen bei der Kalkulation von Leasingraten linearisierungsbedingt nicht mit einem konstanten Kalkulationszins kalkuliert werden.[77] Stattdessen ist hierfür ein Verschiebungszins heranzuziehen, dessen Höhe vom Nach-Steuern-Kalkulationszins, dem Steuersatz, der Grundmietzeit und dem Zeitpunkt der Zahlungsverschiebung abhängt. Bei korrekter Kalkulation birgt die Verschiebung von Leasingzahlungen innerhalb der Grundmietzeit ein beträchtliches Optimierungspotential steuerlich linearisierter Leasingverträge. [BuEr91] kommen daher zum Ergebnis, daß eine optimale Zahlungsstromgestaltung i.d.R. zu einer Leasingeinmalzahlung führt.

Bei [BuEr91] wird die Refinanzierung des Leasinggebers nicht explizit bei der Zahlungsstromoptimierung berücksichtigt. Gleichwohl beeinträchtigt die Refinanzierung des Leasinggebers die Vorteilhaftigkeit einer Leasingalternative, wenn die Refinanzierung mit Dauerschulden verbunden ist. Leasinggesellschaften refinanzieren sich daher häufig durch die Forfaitierung der Leasingraten. Aus finanzwirtschaftlicher Sicht wird der Erlös aus einer Forfaitierung von Leasingraten beim Leasinggeber wie eine Leasingeinmalzahlung des Nutzers an den Leasinggeber behandelt. Der Forfaitierungserlös ist, wie auch eine Leasingeinmalzahlung, steuerlich zu linearisieren. Im Rahmen dieses Abschnitts wollen wir untersuchen, wie Zahlungsverschiebungen bei der Forfaitierung von Leasingraten zu kalkulieren sind. Dabei gehen wir von folgenden Annahmen aus:

- Die Grundmietzeit des Leasingvertrags beträgt $n > 0$ Perioden. Zahlungen erfolgen ausschließlich an den $n+1$ diskreten Zeitpunkten $t = 0, 1, \ldots, n$.
- Der Leasinggeber kalkuliert mit seinem Nach-Steuern-Kalkulationszins $i_{LG}^{nS} > 0$. Der Nach-Steuern-Kalkulationszins des Forderungskäufers ist $i_F^{nS} > 0$. Sein Vor-Steuern-Kalkulationszins ist $i_F^{vS} > 0$. Der Leasinggeber unterliegt einem Ertragsteuersatz $s_{LG} \in (0,1)$. Der Steuersatz des Forderungskäufers ist $s_F \in (0,1)$.
- Der Leasinggegenstand wird wirtschaftlich dem Leasinggeber zugerechnet.
- Leasinggeber und Nutzer vereinbaren eine Leasingeinmalzahlung E, die im Zeitpunkt $t = l, l \in \{0, \ldots, n\}$ fällig ist. Der steuerlich zu linearisierende Forfaitierungserlös ist F und wird in $t = f, f \in \{0, \ldots, n-1\}$ und

---

[77] Vgl. [BuEr91].

$f < l$, gezahlt. F wird als Vor-Steuern-Barwert mit i_F^{vS} bestimmt. Der Forderungskäufer löst den von ihm auszuweisenden passiven Rechnungsabgrenzungsposten finanzmathematisch korrekt mit i_F^{vS} auf.[78]
- Das Bewertungskriterium ist der mit dem Nach-Steuern-Kalkulationszins berechnete Barwert der Zahlungsreihe nach Steuern.

Im folgenden Abschnitt 2.3.2.1 analysieren wir die Verschiebung der Leasingeinmalzahlung sowie des Forfaitierungserlöses aus Sicht des Leasinggebers. Anschließend erfolgt eine Analyse der Sichten von Forderungskäufer und Nutzer. Aus den dann bekannten Verschiebungszinsen der Vertragspartner leiten wir die optimalen Zeitpunkte für die Zahlung der Leasingrate und des Forfaitierungserlöses ab. Anschließend vergleichen wir in Abschnitt 2.3.2.2 die Forfaitierung von Leasingraten mit der Refinanzierung durch ein Darlehen.

2.3.2.1 Forfaitierung von Leasingraten. Wenn der Leasinggeber eine in $t = l$ fällige Leasingrate L verkauft und der Forfaitierungserlös F in $t = f < l$ gezahlt wird, ergibt sich ein Forfaitierungserlös in Höhe von:[79]

$$F = \frac{L}{(1 + i_F^{vS})^{l-f}} \ . \qquad (2.10)$$

Aus Sicht des Leasinggebers beträgt der Nach-Steuern-Barwert dieser forfaitierten Leasingrate L:

$$\begin{aligned}BW(L,l,f)_{LG} &= \frac{L}{(1 + i_F^{vS})^{l-f} \cdot (1 + i_{LG}^{nS})^f} \qquad (2.11) \\ &\quad - \frac{s_{LG}}{n} \cdot \frac{L}{(1 + i_F^{vS})^{l-f}} \sum_{t=1}^{n} \frac{1}{(1 + i_{LG}^{nS})^t} \\ &= \frac{L}{(1 + i_F^{vS})^{l-f}} \qquad (2.12) \\ &\quad \cdot \left(\frac{1}{(1 + i_{LG}^{nS})^f} - \frac{s_{LG}}{n} \cdot \frac{(1 + i_{LG}^{nS})^n - 1}{i_{LG}^{nS} \cdot (1 + i_{LG}^{nS})^n} \right) \ .\end{aligned}$$

Im folgenden wollen wir – analog zur Vorgehensweise von [BuEr91] – den Verschiebungszins $i_{LG}^{l \rightarrow l+1}$ bestimmen, mit dem der Leasinggeber die forfaitierte *Leasingrate* barwertneutral vom Zeitpunkt l auf den Zeitpunkt $l + 1$ verschieben kann. Der Zeitpunkt der Zahlung des Forfaitierungserlöses bleibt von der Verschiebung der Leasingrate unberührt. Der sich nach der Zahlungsverschiebung ergebende Barwert berechnet sich dann wie folgt:

---

[78] Vgl. Abschnitt 2.2.1.2.2.
[79] Vgl. Abschnitt 2.2.1.2.2.

$$BW(L, l+1, f)_{LG} = \frac{L \cdot (1 + i_{LG}^{l \to l+1})}{(1 + i_F^{vS})^{l+1-f}} \qquad (2.13)$$

$$\cdot \left(\frac{1}{(1 + i_{LG}^{nS})^f} - \frac{s_{LG}}{n} \cdot \frac{(1 + i_{LG}^{nS})^n - 1}{i_{LG}^{nS} \cdot (1 + i_{LG}^{nS})^n} \right) .$$

Wir setzen $BW(L, l, f)_{LG} = BW(L, l+1, f)_{LG}$, lösen nach $i_{LG}^{l \to l+1}$ auf und erhalten:

$$i_{LG}^{l \to l+1} = i_F^{vS} . \qquad (2.14)$$

Der Leasinggeber ist gegenüber zeitlichen Verschiebungen der Leasingrate indifferent, wenn die Verschiebung für ihn barwertneutral erfolgt. Barwertneutrale Verschiebungen müssen mit dem Verschiebungszins des Leasinggebers $i_{LG}^{l \to l+1}$ durchgeführt werden, der sich i.d.R. von seinem Kalkulationszins unterscheidet. Bei *Forfaitierung* der Leasingrate ist der Verschiebungszins des Leasinggebers wertgleich mit dem der Kalkulation des Forfaitierungserlöses zugrundegelegten Vor-Steuern-Kalkulationszins des Forderungskäufers. Dies ist allerdings keine Folge der ertragsteuerlichen Linearisierung, sondern durch die Forfaitierung der Leasingrate bedingt. Das ist leicht zu erklären, da die Zahlung der Leasingrate durch den Nutzer für den Leasinggeber nur indirekt durch den Forfaitierungserlös F barwertwirksam wird. Wir bestimmen daher den Verschiebungszins $i_{LG}^{f \to f+1}$, mit dem eine Verschiebung der *Zahlung des Forfaitierungserlöses* für den Leasinggeber barwertneutral ist. Wir vereinfachen zunächst Gleichung 2.11 zu:

$$BW(F, l, f)_{LG} = F \cdot \left(\frac{1}{(1 + i_{LG}^{nS})^f} - \frac{s_{LG}}{n} \cdot \frac{(1 + i_{LG}^{nS})^n - 1}{i_{LG}^{nS} \cdot (1 + i_{LG}^{nS})^n} \right) . \qquad (2.15)$$

Der Barwert des mit $i_{LG}^{f \to f+1}$ von $t = f < l-1$ nach $t = f+1$ verschobenen Forfaitierungserlöses F ist:

$$BW(F, l, f+1)_{LG} = F \cdot (1 + i_{LG}^{f \to f+1}) \qquad (2.16)$$

$$\cdot \left(\frac{1}{(1 + i_{LG}^{nS})^{f+1}} - \frac{s_{LG}}{n} \cdot \frac{(1 + i_{LG}^{nS})^n - 1}{i_{LG}^{nS} \cdot (1 + i_{LG}^{nS})^n} \right) .$$

Wir setzen analog zur obigen Vorgehensweise $BW(F, l, f)_{LG} = BW(F, l, f+1)_{LG}$, lösen nach $i_{LG}^{f \to f+1}$ auf und erhalten nach einigen Umformungen:

$$i_{LG}^{f \to f+1} = \frac{n \cdot i_{LG}^{nS\,2} \cdot (1 + i_{LG}^{nS})^{-(f+1)}}{n \cdot i_{LG}^{nS} \cdot (1 + i_{LG}^{nS})^{-(f+1)} - s_{LG} \cdot (1 - (1 + i_{LG}^{nS})^{-n})} \qquad (2.17)$$

Der Verschiebungszins $i_{LG}^{f \to f+1}$, mit dem der Forfaitierungserlös für den Leasinggeber barwertneutral verschoben werden kann, entspricht dem

Leasinggeber-Verschiebungszins, den [BuEr91] für die Verschiebung von Leasingzahlungen, die nicht forfaitiert, sondern direkt an den Leasinggeber gezahlt werden, hergeleitet haben. Dieser Sachverhalt ist eine Folge der identischen ertragsteuerlichen Behandlung einer Leasingeinmalzahlung und des Forfaitierungserlöses beim Leasinggeber.

Aus Sicht des Forderungskäufers stellt sich das Forfaitierungsgeschäft wie die Vergabe eines zins- und tilgungsfreien Darlehens dar:

$$BW(L,l,f)_F = \frac{-L \cdot}{(1+i_F^{vS})^{l-f} \cdot (1+i_F^{nS})^f}$$
$$\cdot \left(1 + s_F \cdot \sum_{t=1}^{l-f} \frac{(1+i_F^{vS})^t - (1+i_F^{vS})^{t-1}}{(1+i_F^{nS})^t}\right.$$
$$\left. - \left(\frac{1+i_F^{vS}}{1+i_F^{nS}}\right)^{l-f}\right) . \quad (2.18)$$

Die zu versteuernden Zinserträge des Forderungskäufers werden durch finanzmathematisch korrekte Auflösung seines passiven Rechnungsabgrenzungspostens mit seinem Vor-Steuern-Kalkulationszins bestimmt.[80] Weil der Forderungskäufer den Forfaitierungserlös annahmegemäß mit seinem Vor-Steuern-Kalkulationszins kalkuliert, erzielt er einen Barwert $BW(L,l,f)_F = 0$.

Beim Forderungskäufer entsteht – anders als beim Leasinggeber – kein Zins-Linearisierungseffekt.[81] Daher ist aus Sicht des Forderungskäufers eine barwertneutrale Verschiebung der Leasingrate von l nach $l+1$ bzw. eine barwertneutrale Verschiebung des Forfaitierungserlöses von f nach $f+1$ mit einem identischen Verschiebungszins in Höhe seines Vor-Steuern-Kalkulationszinses durchzuführen.

Eine Verschiebung der Forfaitierungszahlung von f nach $f+1$ führt zu einer um eine Periode verschobenen Vergabe des Darlehens, bei gleichzeitiger Verkürzung der Laufzeit um eine Periode. Eine Verschiebung der Leasingrate von l nach $l+1$ verlängert dagegen die Laufzeit des Darlehens bei unverändertem Vergabezeitpunkt. Daß der Forderungskäufer gegenüber Zahlungsverschiebungen, die mit seinem Verschiebungszins vorgenommen werden dennoch indifferent ist, liegt daran, daß eine zum Kauf der Leasingforderung gleichwertige Alternativanlagemöglichkeit zum Vor-Steuern-Kalkulationszins i_F^{vS} besteht und daß zwischenzeitliche Steuerzahlungen zu eben diesem Zins finanziert werden können.

Wir wollen abschließend überlegen, wie die Zahlung der Leasingrate aus Sicht des Nutzers barwertneutral verschoben werden kann: Durch die private Eigennutzung der Immobilie werden – außer ggf. in seinem Kalkulationszins[82]

---
[80] Vgl. S. 47 sowie allgemein Abschnitt 2.2.1.2.2.
[81] Zur Darstellung des Zins-Linearisierungseffekts vgl. [Buhl89].
[82] vgl. Abschnitt 2.2.1.1.

50   2. Potential von Finanzanalysen: Ein Beispiel

– keine steuerlichen Aspekte berücksichtigt. Der Nutzer ist daher gegenüber Verschiebungen der Leasingzahlung indifferent, wenn diese mit einem Verschiebungszins $i_N^{l \to l+1} = i_N$ kalkuliert werden.

Aus diesen Ergebnissen können wir Regeln für die Zahlungstromoptimierung bei Forfaitierung von Leasingraten ableiten.[83] Wir analysieren zunächst die in Abbildung 2.2 links dargestellte Verschiebung des Forfaitierungserlöses.

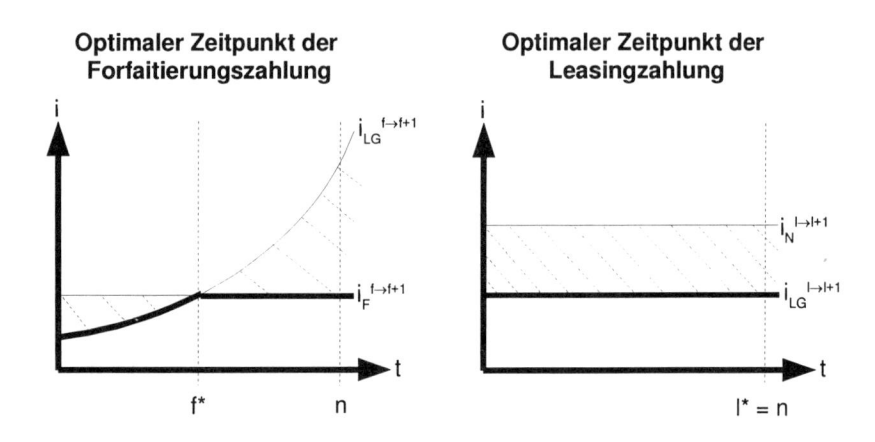

Abb. 2.2. Zahlungsstromoptimierung bei Leasingverträgen

– Solange $i_{LG}^{f \to f+1} < i_F^{f \to f+1}$ gilt, ist der Zins, den der Forderungskäufer für eine spätere Zahlung des Forfaitierungserlöses zu zahlen bereit ist, höher als der Zins, den der Leasinggeber mindestens für eine Verschiebung fordert. Daher kann der Barwert der Koalition aus Leasinggeber und Forderungskäufer erhöht werden, indem der Forfaitierungserlös später zahlungswirksam wird.
– Dementsprechend kann, solange $i_{LG}^{f \to f+1} > i_F^{f \to f+1}$ gilt, der Barwert der Koalition aus Leasingeber und Forderungskäufer durch Vorziehen der Zahlung des Forfaitierungserlöses erhöht werden.
– Für $i_{LG}^{f \to f+1} = i_F^{f \to f+1}$ ist keine weitere Barwerterhöhung durch Zahlungsverschiebungen möglich.

Den optimalen Zeitpunkt für die Zahlung des Forfaitierungserlöses f^* erhalten wir folglich, indem wir die Verschiebungszinsen $i_{LG}^{f \to f+1}$ und $i_F^{f \to f+1}$ gleichsetzen und nach f auflösen.

$$i_F^{f \to f+1} = i_{LG}^{f \to f+1} \tag{2.19}$$

---
[83] Vgl. dazu auch die analoge Argumentation bei [BuEr91].

2.3 Berücksichtigung von Steuerwirkungen

$$\Leftrightarrow \quad i_F^{vS} = \frac{n \cdot i_{LG}^{nS\,2} \cdot (1 + i_{LG}^{nS})^{-(f+1)}}{n \cdot i_{LG}^{nS} \cdot (1 + i_{LG}^{nS})^{-(f+1)} - s_{LG} \cdot (1 - (1 + i_{LG}^{nS})^{-n})} \quad (2.20)$$

Unter der Voraussetzung $i_{LG}^{nS} < i_F^{vS}$ kann der optimale Zeitpunkt für die Zahlung des Forfaitierungserlöses f^* so wie in Gleichung 2.21 angegeben, bestimmt werden. Dies wird in den meisten Fällen gegeben sein, da i_{LG}^{nS} ein Nach-Steuern-Kalkulationszins und i_F^{vS} ein Vor-Steuern-Kalkulationszins ist, der zudem i.d.R. noch einen Risikozuschlag enthält.

$$f^* = \frac{1}{\ln(1 + i_{LG}^{nS})} \cdot \ln\left(\frac{n \cdot i_{LG}^{nS} \cdot (i_F^{vS} - i_{LG}^{nS})}{i_F^{vS} \cdot s_{LG} \cdot (1 - (1 + i_{LG}^{nS})^{-n})}\right) - 1 \; . \quad (2.21)$$

Beispiel 2.3.1. Gegeben seien die folgenden Daten:[84]

i_N :	7.3%
i_F^{vS} :	6.7%
i_{LG}^{nS} :	3.0%
s_{LG}, s_F :	55.8%
n :	20 Jahre

Wir betrachten zunächst die in der Praxis übliche Vorgehensweise. Leasinggeber und Nutzer vereinbaren eine jährliche konstante Leasingrate $L = 100\,000$ DM. Alle Leasingraten werden forfaitiert. Der Forfaitierungserlös wird in $t = 0$ gezahlt. Daraus folgt ein Forfaitierungserlös $F = 1\,084\,559$ DM. Der Leasinggeber erzielt einen Barwert in Höhe von 634 191 DM. Der Barwert des Nutzers beträgt $-1\,035\,142$ DM. Der Forderungsverkäufer erzielt einen Barwert von 0 DM, da er den Forfaitierungserlös mit seinem Vor-Steuern-Kalkulationszins berechnet.

Wir optimieren nun den Zeitpunkt der Zahlung des Forfaitierungserlöses. Wenn die Zahlung des Forfaitierungserlöses für den Forderungskäufer barwertneutral mit i_F^{vS} von $t = 0$ nach $f^* = 9$ verschoben wird, folgt daraus ein Forfaitierungserlös von 1 944 165. Der Barwert des Leasinggebers vergrößert sich auf 682 717 DM, was einer Verbesserung um 7.65% entspricht. Der Nutzer ist gegenüber *dieser* Verschiebung des Forfaitierungserlöses indifferent, da sie ohne Einfluß auf die Leasingraten ist. Der Nutzer kann jedoch an den Barwertvorteilen der Zahlungsstromoptimierung partizipieren, wenn der Leasinggeber einen Teil seines Barwertvorteils durch niedrigere Leasingraten an den Nutzer weitergibt.

Die in der Praxis übliche, sofort zu Vertragsbeginn erfolgende Zahlung des Forfaitierungserlöses, ist in den meisten Fällen finanzwirtschaftlich suboptimal. Dies liegt an der ertragsteuerlichen Linearisierung des Forfaitierungserlöses. Im folgenden erweitern wir die Zahlungsstromoptimierung zu einer Simultanoptimierung von Forfaitierungserlös *und* Leasingrate.

Den optimalen Zeitpunkt für die Zahlung der Leasingrate erhalten wir durch den in Abbildung 2.2 rechts dargestellten Vergleich von $i_{LG}^{l \to l+1}$ und $i_N^{l \to l+1}$:

---

[84] Die unten angegebenen Grenzsteuersätze entsprechen einem Körperschaftsteuersatz von 45% und einem Gewerbesteuerhebesatz von 490%. Der Solidaritätszuschlag bleibt wegen des zu erwartenden Wegfalls unberücksichtigt.

- Für $i_N^{l \to l+1} > i_{LG}^{l \to l+1} = i_F^{vS}$ ist eine Leasingeinmalzahlung am Ende der Grundmietzeit zu wählen, da aus Sicht des Nutzers die Kosten für die indirekte Finanzierung durch den Forderungskäufer unter seinen Opportunitätskosten liegen.
- Für $i_N^{l \to l+1} < i_{LG}^{l \to l+1} = i_F^{vS}$ sollte von einer Forfaitierung der Leasingraten abgesehen werden, da die Finanzierung des Leasingvertrags zum Kalkulationszins des Nutzers günstiger ist.
- Für $i_N^{l \to l+1} = i_{LG}^{l \to l+1} = i_F^{vS}$ kann ein beliebiger Zeitpunkt für die Zahlung der Leasingrate vereinbart werden.

Beispiel 2.3.2. Mit den Daten des Beispiels 2.3.1 ergeben sich als optimale Zahlungszeitpunkte $f^* = 9$ und $l^* = 20$. Eine für den Leasinggeber barwertneutral mit i_F^{vS} kalkulierte Verschiebung aller Leasingraten nach l^* ergibt eine Leasingeinmalzahlung in Höhe von 3 967 726 DM. Der Forderungskäufer ist gegenüber der Zahlungsverschiebung ebenfalls indifferent, da sie mit seinem Vor-Steuern-Kalkulationszins kalkuliert wird. Der Barwert des Nutzers vergrößert sich durch die Zahlungsstromoptimierung auf −969 499 DM, was einer Verbesserung um 6.34% entspricht. Auch dieser Barwertvorteil kann durch die Höhe der Leasingeinmalzahlung zwischen Leasinggeber und Nutzer aufgeteilt werden.

Durch die simultane Zahlungsstromoptimierung können Leasinggeber *und* Nutzer erhebliche Barwertvorteile erzielen. Die Verteilung des für die Koalition aus Leasinggeber und Leasingnehmer insgesamt entstehenden Barwertvorteils auf die Vertragspartner kann durch die vereinbarte Höhe der Leasingrate gesteuert werden. Die in der Praxis verbreitete Vorgehensweise ist finanzwirtschaftlich suboptimal: Es wird nicht nur auf die Vorteile der optimierten Leasingeinmalzahlung verzichtet, sondern zusätzlich wird bei Forfaitierung der Leasingraten ein besonders ungünstiger Zeitpunkt für die Zahlung des Forfaitierungserlöses gewählt.

In diesem Abschnitt haben wir gezeigt, wie ein Leasingvertrag optimal zu gestalten ist, wenn bereits eine Entscheidung für die Forfaitierung der Leasingrate getroffen wurde. Im folgenden Abschnitt geben wir diese Annahme auf und vergleichen die Forfaitierung von Leasingraten mit der Refinanzierung durch ein Darlehen.

2.3.2.2 Optimale Refinanzierung von Leasingverträgen. Bei hinzurechnungspflichtigen Darlehen, ist ein Vergleich mit anderen Refinanzierungsalternativen in der Vor-Steuern-Welt erst möglich, wenn die Wirkungen der gewerbesteuerlichen Hinzurechnungen im Darlehenszins berücksichtigt sind.[85] Im folgenden bezeichnen wir mit i_D den – gegebenenfalls um den Hinzurechnungseffekt korrigierten – Zins des Darlehens.

Die Zahlungsstromoptimierung basiert auf der konsequenten Nutzung von Zinsvorteilen. Die günstigste Finanzierung eines Leasingvertrags wird dann erreicht, wenn die Verschiebungszinsen zu jedem Zeitpunkt minimal sind. Dies ist in Abbildung 2.3 für den Fall dargestellt, daß die Forfaitierung

---

[85] Vgl. Abschnitt 2.3.1.2.

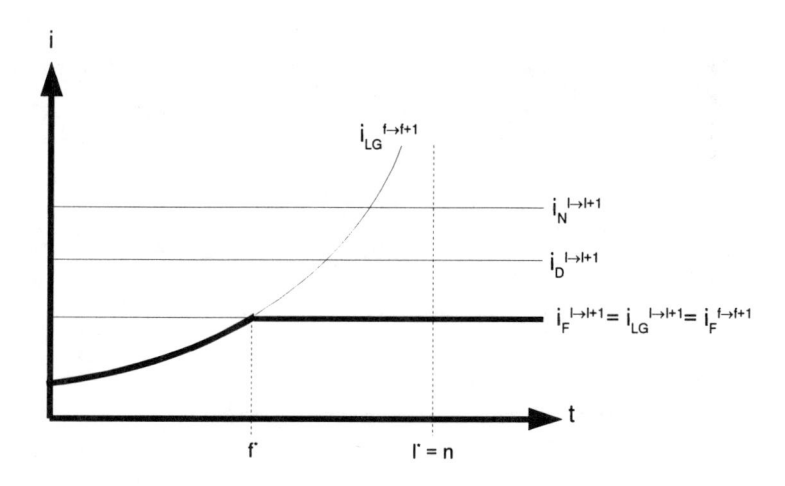

Abb. 2.3. Forfaitierung von Leasingraten als optimale Refinanzierung

der Leasingraten günstiger ist, als die alternative Finanzierung zum Darlehenszins i_D bzw. zum Verschiebungszins des Nutzers. Da der Leasinggeber sich in diesem Fall für die Forfaitierung der Leasingraten entscheidet, entspricht der Verschiebungszins $i_{LG}^{l \to l+1}$, mit dem der Leasinggeber Verschiebungen der *Leasingraten* kalkuliert, dem Vor-Steuern-Kalkulationszins des Forderungskäufers.[86] Verschiebungen des *Forfaitierungserlöses* muß der Leasinggeber dagegen mit dem Verschiebungszins $i_{LG}^{f \to f+1}$ kalkulieren.[87] Die fett hervorgehobene Linie zeigt die günstigste Finanzierung des Leasingvertrags. Leasinggeber und Nutzer vereinbaren eine Leasingeinmalzahlung im Zeitpunkt $l^* = n$. Leasinggeber und Forderungskäufer vereinbaren eine Zahlung des Forfaitierungserlöses im Zeitpunkt f^*. Bis dahin wird das Leasinggeschäft über die Referenzalternative des Leasinggebers finanziert.

Abbildung 2.4 zeigt die optimale Vertragsgestaltung für den Fall, daß die Darlehensfinanzierung – unter Berücksichtigung eventueller gewerbesteuerlicher Hinzurechnungen – günstiger ist, als die Forfaitierung der Leasingraten. In dieser Situation muß der Leasinggeber die Verschiebung der Leasingraten mit dem von [BuEr91] hergeleiteten Veschiebungszins kalkulieren. Dieser Verschiebungszins ist identisch mit dem Leasinggeber-Verschiebungszins für den Forfaitierungserlös. Als optimaler Zeitpunkt für die Leasingzahlung ergibt sich l^*. Das Darlehen wird in d^* aufgenommen. Bis dahin erfolgt die Finanzierung des Leasinggeschäfts über die Referenzalternative des Leasinggebers.

---

[86] Vgl. Gleichung 2.14 und Abbildung 2.2.
[87] Vgl. Gleichung 2.17 und Abbildung 2.2.

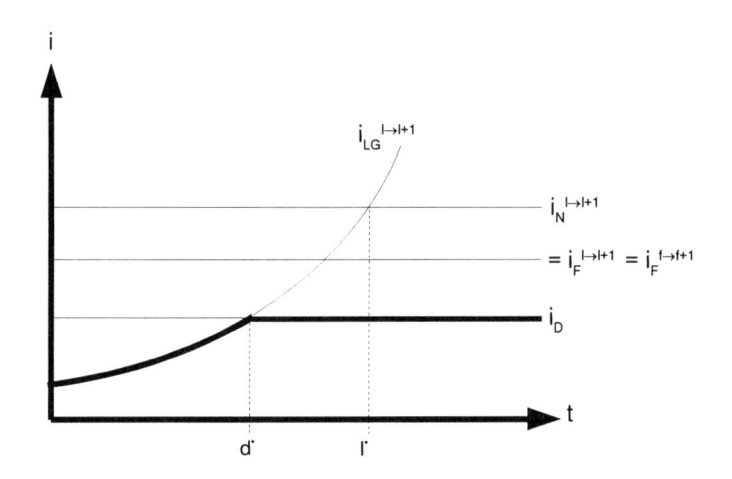

54   2. Potential von Finanzanalysen: Ein Beispiel

Abb. 2.4. Darlehensfinanzierung als optimale Refinanzierung

Als dritte Situation ist der Fall denkbar, daß das Leasinggeschäft weder durch Forfaitierung der Leasingraten noch durch ein Darlehen, sondern vollständig über die Referenzalternativen von Leasinggeber und Nutzer finanziert wird. Dieser Fall ist in Abbildung 2.5 dargestellt. Es erfolgt eine Leasingeinmalzahlung im Zeitpunkt l^*. Bis dahin wird das Leasinggeschäft mit der Referenzalternative des Leasinggebers finanziert. Ab diesem Zeitpunkt erfolgt die Finanzierung mit der Referenzalternative des Nutzers.

Die vorangegangenen Ausführungen zeigen die große Bedeutung betriebswirtschaftlich fundierter Finanzanalysen. Es hat sich dabei gezeigt, daß durch Zahlungsstromoptimierungen beträchtliche Leasingvorteile realisierbar sind. In Abschnitt 2.4 werden wir diese Ergebnisse auf die Finanzierung von zu eigenen Wohnzwecken genutzten Immobilien anwenden.

2.4 Ein Kauf/Leasing-Entscheidungsmodell

In diesem Abschnitt entwickeln wir ein Entscheidungsmodell für das private Immobilienleasing. Bei diesem Kauf/Leasing-Vergleich berücksichtigen wir nur solche Leasingkonditionen, die sich auch für den Leasinggeber lohnen, da anderenfalls keine vertragliche Einigung erzielt werden kann. Gegenstand der Analyse sind Leasingverträge mit optimierten, forfaitierten Einmalzahlungen und das konventionelle Leasing mit linearem Ratenverlauf und Forfaitierung der Leasingraten mit sofortiger Zahlung des Forfaitierungserlöses. Für diese Varianten vergleichen wir anhand eines Beispiels ihre jeweilige Vorteilhaftigkeit im Vergleich zum Kauf. Wir erstellen unser Entscheidungsmodell zunächst für das konventionelle Leasing. Anschließend modifizieren wir das

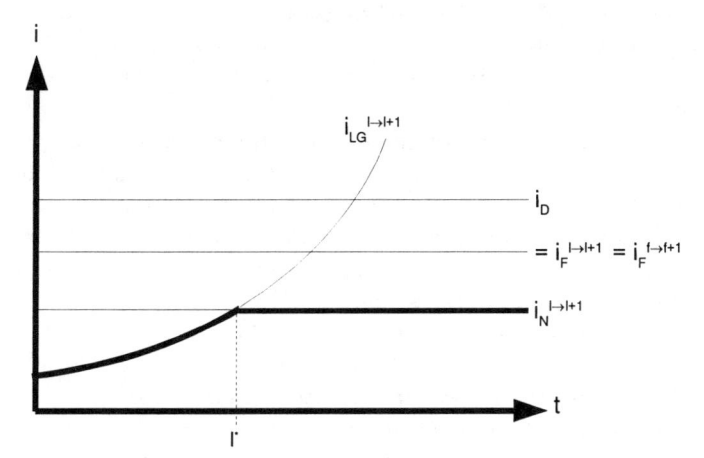

Abb. 2.5. Referenzalternative als optimale Refinanzierung

Modell für zahlungsstromoptimierte Leasingverträge. Dabei gelten für beide Modelle die folgenden Annahmen:

Planungszeitraum: Der Planungszeitraum beginnt in $t = 0$ und endet nach n aufeinanderfolgenden, gleich langen Perioden in $t = n$. Die Periodenlänge beträgt ein Jahr. Zahlungen erfolgen ausschließlich in den $n+1$ diskreten Zeitpunkten $t = 0, 1, 2, \ldots, n$.

Leasingszenario: Die Immobilie wird durch einen gewerblichen Bauträger errichtet und an einen gewerblichen Leasinggeber verkauft. Der Leasinggeber verleast die Immobilie an einen privaten Nutzer, der die Immobilie ausschließlich zu eigenen Wohnzwecken verwendet.[88]

Kaufszenario: Die Immobilie wird durch einen gewerblichen Bauträger errichtet und an den privaten Nutzer verkauft.

Vertragsgegenstand: Die Immobilie besteht aus einem Grundstück und einem aufstehenden Gebäude. Der Preis, zu dem der Bauträger die Immobilie – ohne Ansehen der Person des Käufers – verkauft, beträgt P_G Geldeinheiten für das Gebäude und P_B Geldeinheiten für das Grundstück. Wir bezeichnen mit $\gamma := \frac{P_G}{P_G + P_B}$ den Gebäudeanteil der Immobilie.

Grunderwerbsteuer: Die beim Verkauf der Immobilie entstehende Grunderwerbsteuerschuld wird vollständig durch den Käufer gezahlt. Der Grunderwerbsteuertarif sei $g = 0.035$. Wir bezeichnen mit AHK die Anschaffungskosten des Leasinggebers bzw. im Kaufszenario des Nutzers, die wie folgt berechnet werden:

$$AHK = (1 + g) \cdot (P_B + P_G). \tag{2.22}$$

---
[88] Dieses Szenario beinhaltet implizit auch den sale and leaseback-Fall, wenn der Bauträger kein Unternehmer, sondern personengleich mit dem Nutzer ist. Vgl. Abbildung 2.1.

Grund- und Umsatzsteuer: Die Grundsteuer kann im Rahmen des Kauf/Leasing-Entscheidungsmodells vernachlässigt werden. Die Umsatzsteuer ist weder für die Kauf- noch für die Leasing-Alternative relevant.[89]

Leasingvertrag: Der Leasingvertrag ist so gestaltet, daß die Immobilie wirtschaftlich dem Leasinggeber zugerechnet wird. Wir unterstellen einen Teilamortisationsvertrag mit einer unkündbaren Grundmietzeit, die der Vertragslaufzeit entspreche, von n Jahren. Dabei gilt $n \leq 45$, d.h. die Grundmietzeit beträgt nicht mehr als 90 % der betriebsgewöhnlichen Nutzungsdauer von 50 Jahren des zu Wohnzwecken genutzten, aber in einem Betriebsvermögen befindlichen Gebäudes.[90]

Der Leasingnehmer erhält eine Kaufoption mit einem Optionspreis KO_n in Höhe des linearen Restbuchwerts der Immobilie $AHK \cdot (1 - \gamma \cdot \frac{n}{50})$, die er nach Ablauf der Vertragslaufzeit ausübt.

Die im folgenden zu untersuchenden Leasingvarianten unterscheiden sich jeweils durch die Gestaltung der Leasingraten. Diese wird in den jeweiligen Abschnitten beschrieben.

Darlehen: Wenn im Kaufszenario der Kauf der Immobilie über ein Darlehen finanziert wird, erfolgt dessen Auszahlung ohne Disagio. Die Zahlungsreihe des Darlehens wird nicht explizit modelliert, sondern der Darlehenszins wird im Kalkulationszins des Nutzers $i_N \in (0,1)$ berücksichtigt.

Kalkulationsgrundlagen des Leasinggebers: Der Leasinggeber kann sich hinzurechnungsfrei refinanzieren. Die sonstigen Gewerbesteuerwirkungen werden in einem kombinierten Ertragsteuersatz $s_{LG} \in (0,1)$ berücksichtigt.[91] Zwischenzeitliche Projektverluste kann der Leasinggeber durch Gewinne aus anderen Aktivitäten ausgleichen.[92]

Der Leasinggeber schreibt den Gebäudeanteil der Immobilie $\gamma \cdot AHK$ mit jährlichen Abschreibungssätzen a_t ab. Die Abschreibungssätze a_t berechnen sich nach den Vorschriften des §7 V EStG wie in Tabelle 2.1 angegeben.

Den Restbuchwert der Immobilie (Gebäude mit Grund und Boden) im Zeitpunkt t bezeichnen wir mit RBW_t. Der Leasinggeber kalkuliert mit seinem *Nach-Steuern-Kalkulationszins* $i_{LG}^{nS} > 0$.

---

[89] Vgl. Abschnitte 2.2.3.2 und 2.2.2.2.
[90] Diese Annahme folgt aus dem Teilamortisationserlaß für das Immobilienleasing aus dem Jahre 1991. Vgl. [BMF91]. Anm.: Die in der Praxis übliche Grundmietzeit im Immobilienleasing beträgt 15–22 Jahre, wobei diese Verträge hauptsächlich gewerblich genutzte Immobilien zum Gegenstand haben, bei denen die betriebsgewöhnliche Nutzungsdauer nur 25 Jahre beträgt. Vgl. [HoFr93], S. 163.
[91] Vgl. Abschnitt 2.2.1.2. Von einer Berücksichtigung des Solidaritätszuschlags wird in den Beispielrechnungen wegen des zu erwartenden Wegfalls abgesehen.
[92] Zur Berücksichtigung von Verlustsituationen in dynamischen Investitionsrechenverfahren vgl. [Hein96], S. 38 ff.

t	a_t
1 .. 8	0.05
9 .. 14	0.025
15 .. 50	0.0125

Tabelle 2.1. Degressive Abschreibung von Wohngebäuden

Kalkulationsgrundlagen des Leasingnehmers: Der Leasingnehmer überschreitet die Einkunftsobergrenze des Eigenheimzulagengesetzes und kann daher weder Eigenheimzulage in Anspruch nehmen noch Sonderausgaben nach §10i EStG absetzen. Der Leasingnehmer kalkuliert mit seinem *Kalkulationszins* $i_{LN} > 0$, der entsprechend seiner Eigenkapitalausstattung bestimmt wird.[93]

Entscheidungskriterium: Leasinggeber und Leasingnehmer entscheiden anhand des Barwertes ihrer jeweiligen Cash Flows nach Steuern.

Zahlungsreihe: Einzahlungen besitzen ein positives, Auszahlungen ein negatives Vorzeichen.

2.4.1 Leasing mit konventioneller Vertragsgestaltung

Im Rahmen dieses Abschnitts unterstellen wir einen linearen Verlauf der Leasingraten. Die Leasingraten werden forfaitiert. Die Zahlung des Forfaitierungserlöses erfolgt sofort in $t = 0$. Der Forfaitierungserlös wird durch Diskontierung der Leasingraten mit dem Vor-Steuern-Kalkulationszins des Forderungskäufers bestimmt. Zunächst leiten wir Bedingungen für die Leasingeinmalzahlung ab, die erfüllt sein müssen, damit ein Leasingvertrag zustande kommen kann.

In einer gegebenen Entscheidungssituation kann für den Nutzer eine kritische Leasingrate L_{max} bestimmt werden, bei der er indifferent zwischen Kauf und Leasing ist. Ebenso kann für den Leasinggeber eine kritische Leasingrate L_{min} bestimmt werden, bei der er indifferent zwischen Abschluß des Leasingvertrags und Unterlassen des Geschäfts ist. Eine vertragliche Einigung ist rational nur für Leasingraten L möglich, für die gilt: $L_{min} \leq L \leq L_{max}$. Wir bezeichnen das Intervall $[L_{min}, L_{max}]$ daher als Einigungsintervall. Im folgenden bestimmen wir die Grenzen des Einigungsintervalls für konventionelle Leasingverträge mit forfaitierten, linearen Leasingraten und sofortiger Zahlung des Forfaitierungserlöses.

Der Nutzer bestimmt die Obergrenze des Einigungsintervalls. Er entscheidet sich für das Leasing und gegen den Kauf der Immobilie oder ist indifferent zwischen beiden Handlungsmöglichkeiten, wenn der Barwert der Leasingfinanzierung mindestens so hoch ist wie der Barwert des Kaufs.[94] Für einen Leasingvertrag mit linearer Leasingrate L gilt daher:

---

[93] Vgl. Abschnitt 2.2.1.1.
[94] Der Nutzer erzielt in diesem Modell negative Barwerte. Wir können die obige Bedingung auch wie folgt formulieren: Wenn der Betrag des Barwerts der Lea-

2. Potential von Finanzanalysen: Ein Beispiel

$$-L \cdot \frac{(1+i_N)^n - 1}{i_N \cdot (1+i_N)^n} - \frac{(1+g) \cdot (1 - \gamma \cdot \frac{n}{50}) \cdot AHK}{(1+i_N)^n} \geq -AHK \ . \quad (2.23)$$

Für die Höhe der linearen Leasingrate folgt daraus aus Sicht des Nutzers:

$$L \leq AHK \cdot \left(1 - \frac{(1+g) \cdot (1 - \gamma \cdot \frac{n}{50})}{(1+i_N)^n}\right) \cdot \frac{i_N \cdot (1+i_N)^n}{(1+i_N)^n - 1} := L_{max} \ . (2.24)$$

Damit die Leasingalternative für den Nutzer besser ist als Kauf, darf die lineare Leasingrate einen Betrag von L_{max} nicht übersteigen. Die untere Grenze des Einigungsintervalls wird durch den Leasinggeber bestimmt. Für den Leasinggeber lohnt sich der Abschluß des Leasingvertrags oder er ist indifferent zwischen Tätigung und Unterlassung des Geschäfts, wenn dessen Barwert nicht negativ ist. Bei der Barwertberechnung muß der Leasinggeber folgende Einflußfaktoren berücksichtigen:

1. Den in $t = 0$ gezahlten Forfaitierungserlös in Höhe des mit i_F^{vS} kalkulierten Barwertes der Leasingraten und die Steuern auf den linearisierten Forfaitierungserlös in den Zeitpunkten $t = 1, 2, \ldots, n$.
2. Die Anschaffungskosten der Immobilie und die Steuerersparnisse durch die degressive Abschreibung der Immobilie in den Zeitpunkten $t = 1, 2, \ldots, n$.
3. Den Verkaufserlös am Ende der Vertragslaufzeit und die Steuern auf den außerordentlichen Ertrag, der dadurch entsteht, daß der Kaufoptionspreis KO_n (=linearer Restbuchwert) den Restbuchwert RBW_n übersteigt.

$$\underbrace{L \cdot \frac{(1+i_F^{vS})^n - 1}{i_F^{vS} \cdot (1+i_F^{vS})^n} \cdot \left(1 - \frac{1}{n} \cdot \sum_{t=1}^{n} \frac{s_{LG}}{(1+i_{LG}^{nS})^t}\right)}_{zu\ 1.} \cdot$$

$$\underbrace{+ AHK \cdot \left(\sum_{t=1}^{n} \frac{s_{LG} \cdot \gamma \cdot a_t}{(1+i_{LG}^{nS})^t} - 1\right)}_{zu\ 2.} \quad (2.25)$$

$$\underbrace{+ AHK \cdot \left(\frac{1 - \gamma \cdot \frac{n}{50} - s_{LG} \cdot \gamma \cdot \sum_{t=1}^{n}(a_t - \frac{1}{50})}{(1+i_{LG}^{nS})^n}\right)}_{zu\ 3.} \geq 0 \ .$$

Aus Leasinggebersicht gilt somit für die Leasingrate:

---

singalternative kleiner ist als der Betrag des Barwerts bei Kauf, entscheidet sich ein rationaler Nutzer für das Leasing.

2.4 Ein Kauf/Leasing-Entscheidungsmodell

$$L \geq \frac{\frac{i_F^{vS} \cdot (1+i_F^{vS})^n}{(1+i_F^{vS})^n - 1} \cdot AHK \cdot \left(1 - \sum_{t=1}^{n} \frac{s_{LG} \cdot \gamma \cdot a_t}{(1+i_{LG}^{nS})^t} - \frac{1 - \gamma \cdot \frac{n}{50} - s_{LG} \cdot \gamma \cdot \sum_{t=1}^{n}(a_t - \frac{1}{50})}{(1+i_{LG}^{nS})^n}\right)}{1 - \frac{1}{n} \cdot \sum_{t=1}^{n} \frac{s_{LG}}{(1+i_{LG}^{nS})^t}} =: L_{min} \,. \quad (2.26)$$

L_{min} ist die Höhe der Leasingrate, die der Leasinggeber mindestens fordert, d.h. bei der er indifferent zwischen Tätigung und Unterlassung des Geschäfts ist.

Beispiel 2.4.1. Dieses und die weiteren Beispiele dieses Abschnitts basieren auf den in Tabelle 2.2 aufgeführten Daten.[95] Wegen der Grunderwerbsteuer betragen

i_N :	7.3%
i_F^{vS} :	6.7%
i_{LG}^{vS} :	6.0%
s_{LG} :	55.8%
n :	20 Jahre
P_B :	300 000 DM
P_G :	700 000 DM

Tabelle 2.2. Datenbasis der Beispielrechnungen

die Anschaffungskosten der Immobilie $AHK = 1\,035\,000$ DM. Damit ein Vertragsabschluß zustandekommen kann, darf die Leasingrate nicht höher sein als $L_{max} = 81\,780$ DM und einen Wert von $L_{min} = 70\,901$ DM nicht unterschreiten.

In Beispiel 2.4.1 existiert ein Einigungsintervall positiver Länge, da $L_{max} - L_{min} = 10\,879 > 0$. In einem solchen Fall ist es möglich, eine Leasingrate zu vereinbaren, durch die mindestens ein Vertragspartner besser und keiner schlechter gestellt wird als bei seiner jeweiligen Referenzalternative. Den Barwertvor- oder -nachteil, den der Nutzer durch das Leasing mit einer linearen Rate L erzielt, können wir wie folgt berechnen:

$$BV_{LN}(L) = AHK \qquad (2.27)$$
$$-L \cdot \frac{(1+i_N)^n - 1}{i_N \cdot (1+i_N)^n} - \frac{(1+g) \cdot (1 - \gamma \cdot \frac{n}{50}) \cdot AHK}{(1+i_{LN})^n} \,.$$

Den Barwertvorteil, den der Leasinggeber bei einer Rate L erwirtschaftet, berechnen wir gemäß der linken Seite von Beziehung (2.25). Die Summe

---
[95] Der Grenzsteuersatz des Leasinggebers entspricht einem Körperschaftsteuersatz von 45% und einem Gewerbesteuerhebesatz von 490%. Der Solidaritätszuschlag bleibt wegen des zu erwartenden Wegfalls unberücksichtigt.

der individuellen Barwertvorteile ergibt den Gesamtbarwertvorteil für die Koalition aus Leasingnehmer und Leasinggeber $BV_K(L)$. Für unser Beispiel erhalten wir – jeweils bei Indifferenz einer Vertragsseite – die in Tabelle 2.3 angegebenen Werte.

Lineare Leasingraten	$L_{min} = 70\,901$ DM	$L_{max} = 81\,780$ DM
$BV_N(L)$	112 610 DM	0 DM
$BV_{LG}(L)$	0 DM	67 371 DM
$\overline{BVL_K}(L)$	112 610 DM	67 371 DM

Tabelle 2.3. Barwertvorteile bei konventioneller Vertragsgestaltung

Im Vergleich zum Kauf ergibt sich ein maximal möglicher Barwertvorteil des Nutzers von 10.9%. Der Leasinggeber kann maximal einen Barwert in Höhe von 6.5% seiner Anschaffungskosten erreichen. Dieses Beispiel zeigt, daß das Leasing von zu eigenen Wohnzwecken genutzten Immobilien sogar ohne Zahlungstromoptimierung eine vorteilhafte und in der Praxis zu unrecht vernachlässigte Alternative ist. Im folgenden Abschnitt wird das Modell an die Erfordernisse einer simultanen Zahlungsstromoptimierung angepaßt, um die dann möglichen Barwertvorteile zu quantifizieren.

2.4.2 Leasing mit Zahlungsstromoptimierung

Bei der im Rahmen dieses Abschnitts durchzuführenden Anpassung des Entscheidungsmodells liegt den Zahlungsverpflichtungen des Nutzers eine forfaitierte Leasingeinmalzahlung E im Zeitpunkt $l \in \{0, n\}$ zugrunde. Der Forfaitierungserlös wird durch Diskontierung der Leasingeinmalzahlung mit dem Vor-Steuern-Kalkulationszins des Forderungskäufers vom Zeitpunkt l auf den Zeitpunkt $f \in \{0, n-1\}$ und $f < l$ bestimmt. Wir bestimmen zunächst das Einigungsintervall $[E_{min}, E_{max}]$. Dabei ändert sich die Ausgangsgleichung für den Nutzer in:

$$-\frac{E}{(1+i_N)^l} - \frac{(1+g)\cdot(1-\gamma\cdot\frac{n}{50})\cdot AHK}{(1+i_N)^n} \geq -AHK \ . \quad (2.28)$$

Für die Obergrenze des Einigungsintervalls folgt daraus:

$$E \leq (1+i_N)^l \cdot AHK \cdot \left(1 - \frac{(1+g)\cdot(1-\gamma\cdot\frac{n}{50})}{(1+i_N)^n}\right) := E_{max}. \quad (2.29)$$

Beim Leasinggeber ändert sich der erste Term in Beziehung (2.25) in:

$$\frac{E}{(1+i_F^{vS})^{l-f}} \cdot \left(\frac{1}{(1+i_{LG}^{nS})^f} - \frac{1}{n}\cdot\sum_{t=1}^{n}\frac{s_{LG}}{(1+i_{LG}^{nS})^t}\right) \quad (2.30)$$

Für die Untergrenze des Einigungsintervalls gilt daher:

2.4 Ein Kauf/Leasing-Entscheidungsmodell

$$E \geq \frac{(1+i_F^{vS})^{l-f} \cdot AHK \cdot \left(1 - \sum_{t=1}^{n} \frac{s_{LG} \cdot \gamma \cdot a_t}{(1+i_{LG}^{nS})^t} - \frac{1 - \gamma \cdot \frac{n}{50} - s_{LG} \cdot \gamma \cdot \sum_{t=1}^{n}(a_t - \frac{1}{50})}{(1+i_{LG}^{nS})^n}\right)}{\frac{1}{(1+i_{LG}^{nS})^f} - \frac{1}{n} \cdot \sum_{t=1}^{n} \frac{s_{LG}}{(1+i_{LG}^{nS})^t}}$$

$$=: E_{min} . \qquad (2.31)$$

Im nachfolgenden Beispiel gelten die Daten aus Beispiel 2.4.1.

Beispiel 2.4.2. Wegen $i_N > i_F^{vS}$ erfolgt eine Leasingeinmalzahlung in $l^* = 20$. Diese Einmalzahlung darf nicht höher sein, als $E_{max} = 3\,464\,512$ DM und darf einen Wert von $E_{min} = 2\,445\,428$ DM nicht unterschreiten, damit der Leasinggeber zum Vertragsabschluß bereit ist.

Es ergeben sich – jeweils bei Indifferenz einer Vertragsseite – die in Tabelle 2.4 angegebenen Barwertvorteile.

Einmalzahlung in $l^* = 20$	$E_{min} = 2\,445\,428$ DM	$E_{max} = 3\,464\,512$ DM
$BV_N(E)$	249 009 DM	0 DM
$BV_{LG}(E)$	0 DM	182 981 DM
$BV_K(E)$	249 009 DM	182 981 DM

Tabelle 2.4. Barwertvorteile bei simultaner Zahlungsstromoptimierung

Die simultane Zahlungsstromoptimierung ermöglicht eine deutliche Vergrößerung der durch das Leasing erzielbaren Barwertvorteile: Verglichen mit dem Kauf ermöglicht das zahlungsstromoptimierte Leasing dem Nutzer einen Barwertvorteil von bis zu 24.1%! Bei Indifferenz des Nutzers erzielt der Leasinggeber einen Barwert von 17.7% der Anschaffungskosten.

Die erzielbaren Barwertvorteile können durch die Höhe der Leasingrate zwischen Nutzer und Leasinggeber aufgeteilt werden. Für die praktische Vertragsgestaltung stellt sich deshalb die Frage, welche Höhe für die Leasingeinmalzahlung konkret zu wählen ist. Dazu muß bekannt sein, wie sich die Barwertvorteile der Vertragspartner in Abhängigkeit von der Höhe der Leasingeinmalzahlung entwickeln. Dies untersuchen wir am Gesamtbarwertvorteil der Koalition.

Der Barwertvorteil der Koalition $BV_K(E)$ ergibt sich als Summe aus dem Barwertvorteil des Nutzers

$$BV_N(E) = AHK - \frac{E}{(1+i_N)^l} - \frac{(1+g) \cdot (1 - \gamma \cdot \frac{n}{50}) \cdot AHK}{(1+i_N)^n} . \qquad (2.32)$$

und dem Barwert des Leasinggebers. Wir differenzieren $BV_K(E)$ zwei mal nach E und erhalten:[96]

---
[96] Zur Ableitung des Leasinggeberbarwertvorteils vgl. Formel (2.30).

$$\frac{\delta BV_K}{\delta E} = \underbrace{\frac{1}{(1+i_F^{vS})^{(l-f)}} \cdot \left(\frac{1}{(1+i_{LG}^{nS})^f} - \frac{1}{n} \cdot \sum_{t=1}^{n} \frac{s_{LG}}{(1+i_{LG}^{nS})^t} \right)}_{\frac{\delta BV_{LG}}{\delta E}} \quad (2.33)$$

$$- \underbrace{\frac{1}{(1+i_N)^l}}_{\frac{\delta BV_N}{\delta E}}$$

$$\frac{\delta^2 BV_K}{\delta E^2} = 0 \ . \tag{2.34}$$

Der Barwert des Leasinggebers steigt unter den getroffenen Annahmen linear mit der Einmalzahlung. Der Barwertvorteil des Nutzers fällt dagegen linear mit der Einmalzahlung. Somit verläuft der Gesamtbarwertvorteil der Koalition ebenfalls linear. Ob dieser steigt, fällt oder konstant verläuft, kann nicht allgemein, sondern nur in Kenntnis des jeweiligen Einzelfalls beurteilt werden. Diesen Zusammenhang zeigt Abbildung 2.6 für einen mit der Einmalzahlung fallenden Gesamtbarwertvorteil.[97]

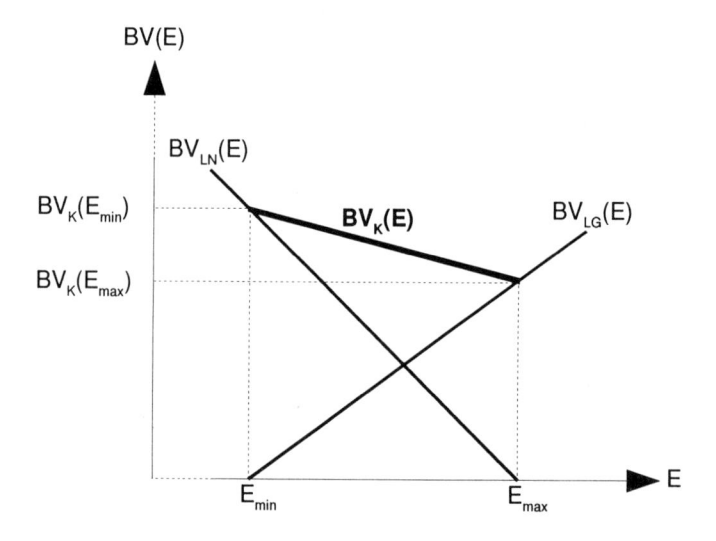

Abb. 2.6. Der Barwertvorteil des Leasing

Die gesamtbarwertmaximale Leasingrate ist immer – mit Ausnahme eines konstanten Gesamtbarwertverlaufs – eine Randlösung. Die Verteilung des

---

[97] Dies ist der für das Leasing von zu eigenen Wohnzwecken genutzten Immobilien typische Verlauf.

Gesamtbarwertvorteils auf Leasinggeber und Nutzer ist deshalb i.d.R. kein Null-Summenspiel, sondern induziert Barwertwirkungen, die bei Vertragsverhandlungen zu berücksichtigen sind.

2.5 Fazit

Die Ergebnisse dieses Abschnitts zeigen das große, brachliegende Potential des privaten Immobilienleasing. Die Nichtbeachtung dieser Finanzierungsalternative ist überraschend, da selbst bei Verzicht auf Zahlungstromoptimierungen deutliche Vorteilhaftigkeitspotentiale bestehen. Die durch das Leasing erzielbaren Barwertvorteile können durch eine simultane Zahlungstromoptimierung – die sowohl das Vertragsverhältnis zwischen Leasinggeber und Nutzer als auch die Refinanzierung des Leasinggebers berücksichtigt – noch erheblich gesteigert werden. Dies zeigt die besondere Bedeutung betriebswirtschaftlich fundierter Finanzanalysen für die Investitions- und Finanzierungsberatung, da innovative Lösungen finanzwirtschaftlicher Probleme ohne Finanzanalysen nicht möglich sind. Zugleich verdeutlicht die betriebswirtschaftliche und steuerliche Komplexität des Modells und des erforderlichen Hintergrundwissens die hohen Ansprüche, die für eine hohe Beratungsqualität an die Leistungsfähigkeit und Flexibilität von Finanzanalysesystemen zu stellen sind. Eine ausführliche Analyse der Anforderungen an Finanzanalysesysteme ist daher Gegenstand des folgenden Kapitels.

3. Entwicklung von Finanzanalysesystemen

Die Entwicklung problemadäquater Finanzanalysesysteme erfordert eine präzise Spezifikation der Anforderungen. Anforderungen sind „Aussagen über die *Leistungen*, die von einem System zu erbringen sind, sowie über dessen qualitative und quantitative *Eigenschaften*."[1]. Der Prozeß der Anforderungsanalyse wird als Requirements Engineering bezeichnet und soll zu einer „vollständigen, konsistenten und eindeutigen Spezifikation, in der beschrieben wird, was ein Softwareprodukt tun soll (aber nicht wie)"[2], führen.

Bei der Analyse von Anforderungen an Finanzanalysesysteme muß die jeweilige Nutzungssituation berücksichtigt werden, da eine problemadäquate Systemgestaltung sonst nicht möglich ist. Abbildung 3.1 verdeutlicht auf humorvolle Weise die Bedeutung von Anforderungen für den Entwurf und die Implementation von Anwendungssystemen im allgemeinen und damit auch für Finanzanalysesysteme.

Bei der Anforderungsanalyse wird i.d.R. zwischen funktionalen Anforderungen, Qualitätsanforderungen, Anforderungen zur Systemrealisierung und Kontrollanforderungen unterschieden.[3] Diese Einteilung ist für die Anforderungsanalyse in konkreten Systementwicklungsprojekten gedacht und für das Untersuchungsziel dieser Arbeit nicht zweckmäßig. Um die Anforderungsanalyse auf das Wesentliche zu konzentrieren, gliedern wir in Anforderungen an den betriebswirtschaftlichen Inhalt einer Finanzanalyse und die Fähigkeiten eines Finanzanalysesystems zur Aufbereitung von Informationen, Anforderungen an die Erweiterungs- und Wartungsfähigkeit eines Finanzanalysesystems, Anforderungen an die Benutzungsoberfläche sowie Anforderungen an die Systemsicherheit. Dabei berücksichtigen wir – wo erforderlich – Unterschiede, z.B. in der Gewichtung einzelner Anforderungen, die sich aus den in Abschnitt 1.2.2 identifizierten Nutzungssituationen ergeben. Anhand der erarbeiteten Anforderungen unterziehen wir anschließend konventionelle Ansätze zur Realisierung von Finanzanalysesystemen einer kritischen Bewertung.

---

[1] Siehe [Karg90], S. 94.
[2] Siehe [Part91], S. 26.
[3] Vgl. [Dumk93], S. 131 f. oder ähnlich [Kolb92].

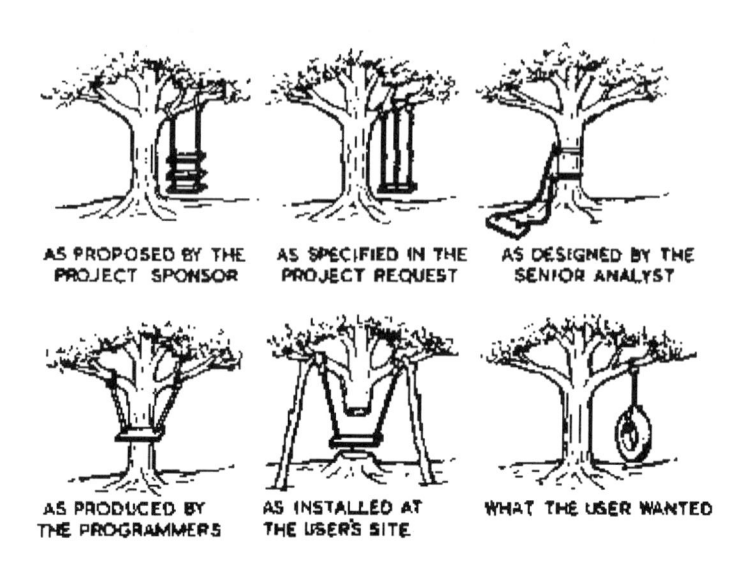

Abb. 3.1. Bedeutung von Anforderungen für die Systemgestaltung
(Quelle: [Part91], S. 12.)

3.1 Anforderungen an Finanzanalysesysteme

Eine Finanzanalyse soll entscheidungsrelevante Informationen über die monetären Zielwirkungen alternativer Investitions- und Finanzierungsprojekte liefern. Damit Finanzanalysesysteme problemadäquat gestaltet werden können, ist das Verständnis grundlegender Zusammenhänge zwischen Informationsbedarf, -angebot und -nachfrage notwendig. Abbildung 3.2 zeigt – angelehnt an die in der Betriebswirtschaftslehre verbreitete Darstellung von Berthel[4] – die Kernprobleme einer problemadäquaten Gestaltung von Finanzanalysesystemen anhand der Schnitt- und Restmengen von Informationsbedarf, -angebot und -nachfrage.

Als Informationsbedarf bezeichnen wir die Menge der Informationen, die nach dem aktuellen Stand der Wissenschaft für eine betriebswirtschaftlich fundierte und angemessene Berücksichtigung monetär quantifizierbarer Folgen einer Investitions- und Finanzierungsentscheidung zur Entscheidungsfindung erforderlich ist.[5] Die Informationsnachfrage ist die von einem Entscheidungsträger subjektiv gewünschte Menge an Informationen. Das Informati-

---

[4] Vgl. [Bert75], S. 30, [Wiet95], S. 37 und [Lix95], S. 186. Abbildung 3.2 zeigt die Schnitt- und Restmengen, die prinzipiell möglich sind. Aus der Größe der dargestellten Schnitt- und Restmengen darf daher nicht auf entsprechende Realweltverhältnisse geschlossen werden.

[5] Der Autor ist sich der geringen Trennschärfe dieser Definition bewußt. Für den hier verfolgten Zweck ist dies aber nicht schädlich.

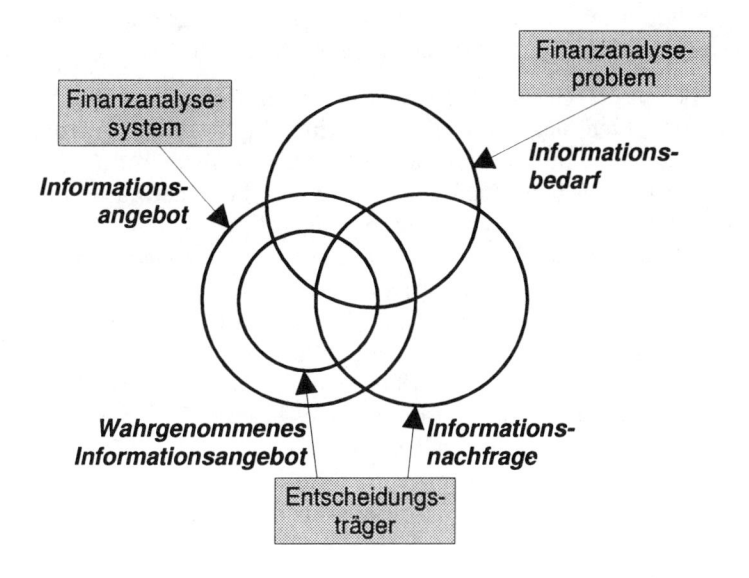

Abb. 3.2. Informationsangebot, -nachfrage und -bedarf

onsangebot ist die von einem Finanzanalysesystem bereitgestellte Menge an Informationen. Das vom Entscheidungsträger wahrgenommene Informationsangebot ist eine Teilmenge des Informationsangebots eines Finanzanalysesystems.

Mit den in Abbildung 3.2 visualisierten Schnitt- und Restmengen können Probleme identifiziert werden, die zum Teil durch die Gestaltung von Finanzanalysesystemen, zum Teil aber auch nur durch organisatorische Maßnahmen gelöst werden können:

– Das Informationsangebot eines Finanzanalysesystems sollte mit dem Informationsbedarf des Finanzanalyseproblems übereinstimmen. Dies erfordert ein tiefes Verständnis der betriebswirtschaftlichen Problemstellung durch den Systementwickler.
– Das wahrgenommene Informationsangebot sollte mit dem vorhandenen Informationsangebot übereinstimmen. Dies erfordert eine an die Nutzungssituation angepaßte Benutzungsoberfläche des Finanzanalysesystems. Schwächen der Benutzungsoberfläche können nur durch Lernprozesse des Anwenders kompensiert werden – z.B. autodidaktisch oder mit Schulungsmaßnahmen – und sollten von vornherein durch eine adäquate Gestaltung vermieden werden.
– Die Informationsnachfrage eines Entscheidungsträgers sollte mit dem Informationsbedarf übereinstimmen. Dies erfordert einen Entscheidungsträger, der über das entsprechende betriebswirtschaftliche Wissen verfügt. Dies-

bezügliche Defizite müssen durch Lernprozesse ausgeglichen werden, was aber nicht Aufgabe eines Finanzanalysesystems sein kann.[6]

Die Akzeptanz eines Finanzanalysesystems durch den Entscheidungsträger hängt wesentlich von der Übereinstimmung des wahrgenommenen Informationsangebots mit der Informationsnachfrage ab. Selbst ein im Hinblick auf den Informationsbedarf und die Benutzungsoberfläche gut gestaltetes Finanzanalysesystem kann vom Entscheidungsträger abgelehnt werden, wenn es dessen Informationsnachfrage nicht befriedigt. Der Gestalter – und insbesondere der Anbieter – eines Finanzanalysesystems befindet sich hier im Spannungsfeld zwischen Wissenschaft (Informationsbedarf) und Praxis (Informationsnachfrage). Dies gilt besonders für den Methodenvorrat eines Finanzanalysesystems, da die durch Entscheidungsträger angewendeten Methoden häufig nicht dem aktuellen Stand der Wissenschaft entsprechen. Im folgenden unterstellen wir einen Entscheidungsträger, dessen Informationsnachfrage dem Informationsbedarf entspricht. Gleichwohl muß bei der Gestaltung marktlich angebotener Finanzanalysesysteme diese Annahme kritisch hinterfragt und im Einzelfall modifiziert werden.

Nach diesen Vorbemerkungen werden wir nun in den folgenden Abschnitten die spezifischen Anforderungen an Finanzanalysesysteme konkretisieren.

3.1.1 Betriebswirtschaftlicher Inhalt und Informationsverdichtung

Wie das Beispiel des privaten Immobilienleasing[7] gezeigt hat, ist die umfassende Berücksichtigung steuerlicher Regelungen und Subventionen für eine qualitativ hochwertige Finanzanalyse unverzichtbar. Damit dies in der gebotenen Weise möglich ist, müssen alle relevanten Ebenen des betrieblichen Rechnungswesens berücksichtigt und korrekt gegeneinander abgegrenzt werden. Dies gilt insbesondere für die Ebene des Geldvermögens sowie die Ebene der Aufwendungen und Erträge.

Zudem muß das Finanzanalysesystem auf jeder Ebene eine hinreichend tiefe Untergliederung der zu planenden Wertgrößen ermöglichen, wie die folgenden Beispiele zeigen:

– Es ist nicht anforderungsgerecht, alle Gegenstände des Anlagevermögens in einer Position „Anlagevermögen" zusammenzufassen, wenn das Entscheidungsproblem eine tiefere Untergliederung erfordert. Z.B. muß für die Planung steuerlicher Abschreibungen zwischen Mobilien, Gebäuden sowie Grund und Boden unterschieden werden.

---

[6] Die Systemunterstützung von Lernprozessen würde in den Bereich des Computer Based Training (CBT) führen. Siehe dazu [Danz94].
[7] Vgl. Kapitel 2.

– Eine sinnvolle Liquiditätsplanung ist nur möglich, wenn auf der Ebene des Geldvermögens zwischen Einnahmen und Einzahlungen sowie Ausgaben und Auszahlungen unterschieden wird.[8]

Bei der Planungsrechnung darf die Periodenlänge die aus dem Informationsbedarf folgende Dauer nicht überschreiten. Z.B. ist ein Finanzanalysesystem nicht anforderungsgerecht, wenn eine Planungsrechnung auf Monatsbasis notwendig – aber nur eine Planungsrechnung auf Jahresbasis möglich ist. Eine kürzere Periodenlänge ist dagegen unschädlich, wenn die Methoden des Finanzanalysesystems eine Aggregation auf die erforderliche Periodenlänge ermöglichen.

Eine detailreiche Finanzanalyse erzeugt eine „Flut" von Informationen, die als Folge der begrenzten menschlichen Wahrnehmungsfähigkeit zu aussagekräftigen betriebswirtschaftlichen und statistischen Kennzahlen aggregierbar sein muß.[9] Diese Aggregation erfolgt durch die Anwendung betriebswirtschaftlicher und statistischer Methoden. Ein am Informationsbedarf orientierter Methodenvorrat ist für ein Finanzanalysesystem deshalb unerläßlich.

Die Anwendbarkeit von Methoden, z.B. dynamischen Investitionsrechenverfahren, ist i.d.R. nicht an einen bestimmten Alternativentyp gebunden. Diese Orthogonalität von Alternativentypen und Methoden sollte ein Finanzanalysesystem prinzipiell auch bieten, d.h. alle Methoden sollten – sofern betriebswirtschaftlich sinnvoll und mit den vorhandenen Informationen möglich – mit allen Planungsmodellen verwendet werden können. Dabei sollte ein ideales Finanzanalysesystem den Anwender in der Auswahl der Methoden unterstützen und ggf. vor dem Einsatz einer Methode warnen, wenn deren Anwendungsvoraussetzungen nicht gegeben sind.[10]

Für die Akzeptanz eines Finanzanalysesystems ist es unerläßlich, daß der Anwender die Ergebnisse der Finanzanalysen vollständig nachvollziehen kann. Dafür muß das Finanzanalysesystem eine zielgerichtete Disaggregation von Informationen auf beliebigen (Dis-)Aggregationspfaden ermöglichen. Dies wollen wir anhand eines Beispiels verdeutlichen.

Beispiel 3.1.1. Ein Entscheidungsträger wundert sich über den von einem Finanzanalysesystem berechneten Kapitalwert eines Aktionsprogramms, der deutlich von seinen Erwartungen abweicht (z.B. bei privatem Immobilienleasing). Deshalb selektiert er alle Steuerzahlungen aus der zugrundeliegenden Zahlungsreihe – alle

---

[8] Einnahmen und Ausgaben beinhalten Änderungen in *allen* Positionen des Geldvermögens. Dazu gehören auch Forderungen und Verbindlichkeiten. Deshalb führt nicht jeder Zahlungsvorgang zu einer Veränderung des Geldvermögens und umgekehrt. Siehe dazu [FrHa88], S. 29.
[9] Zur menschlichen Informationsverarbeitung in Entscheidungsprozessen vgl. [Wiet95], S. 38 f. Zur kennzahlengestützten Informationsaufbereitung vgl. z.B. [Hoff93], S. 32 ff. und [Henn95], S. 72 ff.
[10] Diese Funktionalität wird von Methodenbanken bereitgestellt, die neben einer Palette von Methoden zusätzliche Mechanismen für die Organisation, Benutzung und Sicherung der Methodenbank enthalten. Vgl. [MeGr93], S. 24 ff.

anderen Zahlungen und sonstigen Informationen bleiben ausgeblendet. Die letzte Steuerzahlung des Planungszeitraums erscheint ihm zu hoch, daher ruft er die zugrundeliegende Gewinn- und Verlustrechnung ab ...

Die Disaggregation von Informationen entlang ausgewählter Äste einer baumartigen Kennzahlenhierarchie wird in EIS als „Drill Down-Analyse" bezeichnet.[11] Ein bekanntes – und besonders beliebtes – Beispiel für ein derartiges Kennzahlensystem ist die ROI-Analyse (ROI – Return on Investment) anhand des DuPont-Schemas.[12] Eine derartige Funktionalität ist auch für Finanzanalysesysteme erforderlich. Eine Beschränkung auf vorgegebene Abfragemöglichkeiten kann jedoch nicht befriedigen. Die Transparenz einer Finanzanalyse erfordert zusätzlich eine einfache Möglichkeit, Informationen aus der Planungsrechnung unverdichtet anhand beliebiger Kriterien selektieren zu können. Die Präsentation der Informationen sollte dabei graphisch und tabellarisch möglich sein und bei Bedarf die verwendeten Methoden und das zugrundeliegende Methodenwissen offenlegen.

Das betriebswirtschaftliche Wissen eines menschlichen Experten beschränkt sich nicht auf das bisher angesprochene Planungs- und Methodenwissen. Ein menschlicher Experte ist in der Lage, aus den betriebswirtschaftlichen Zusammenhängen zwischen den Kennzahlen weitere Informationen zu folgern, die ggf. entscheidend sein können. Derartiges Wissen sollte in einem Finanzanalysesystem ebenfalls repräsentiert sein. So kann das Finanzanalysesystem den Entscheidungsträger aktiv auf möglicherweise vorhandene Chancen oder Risiken einer Alternative hinweisen.[13] Zudem wird so das i.d.R. knappe Wissen eines solchen Experten einer großen Zahl von Entscheidungsträgern zugänglich gemacht – was in abgeschwächter Form natürlich grundsätzlich für den Einsatz von Finanzanalysesystemen gilt.[14]

Eine weitere wichtige Funktionalität von Finanzanalysesystemen ist die „What if"-Analyse. Sie liefert Informationen über die Zielwirkungen einer Alternative bei unterschiedlichen Rahmenbedingungen.[15] Dafür werden die Alternativen mit jeweils unterschiedlichen Parametern auf der Basis quasisicherer Erwartungen durchgerechnet. Bei systematischer Parametervariation wird dieses Vorgehen als Sensitivitätsanalyse bezeichnet. In Verbindung mit Annahmen über die Eintrittswahrscheinlichkeiten der analysierten Parameterkonstellationen sind Entscheidungen unter Berücksichtigung der Risikoeinstellung des Entscheidungsträgers möglich.[16]

In der einschlägigen Literatur zu DSS werden häufig zusammen mit „What if"-Analysen die sogenannten „How to achieve"-Analysen diskutiert.[17]

---

[11] Vgl. z.B. [Turb95], S. 409 oder [Humm95], S. 271.
[12] Vgl. z.B. [Schi87], S. 61.
[13] Dies kann durch die Integration wissensbasierter Technologie in ein Finanzanalysesystem erreicht werden. Vgl. überblicksartig [MaPo92], S. 288–299.
[14] Vgl. [Schn96], S. 198 und [Wern92], S. 161 f.
[15] Vgl. [BeSc93a], S. 9.
[16] Vgl. [FrHa88], S. 183 ff. und [Schi87], S. 345 ff.
[17] Z.B. bei [Humm95], S. 267 f. und [BeSc93a], S. 9.

Diese fallen in den Bereich der Alternativensuche und können daher nicht zur Funktionalität eines Finanzanalysesystems im Sinne dieser Arbeit gezählt werden.[18]

3.1.2 Erweiterung und Wartung von Modellen und Methoden

Die typspezifischen Planungsmodelle sowie die betriebswirtschaftlichen und statistischen Methoden eines Finanzanalysesystems enthalten einen wesentlichen Teil des für fundierte Finanzanalysen erforderlichen Wissens. Daraus resultieren zwei Problemkreise:

Erweiterung: Das Finanzanalysesystem muß das „richtige" Wissen enthalten, d.h. zu jeder Alternative eines Finanzanalyseproblems muß ein zugehöriges typspezifisches Planungsmodell existieren. Damit ein Finanzanalysesystem auch für neuartige Typen von Handlungsalternativen verwendet werden kann, muß die Palette der typspezifischen Planungsmodelle einfach erweitert werden können. Dies gilt für den Methodenvorrat sinngemäß.

Wartung: Ein typspezifisches Planungsmodell muß das erforderliche Planungswissen vollständig und korrekt – d.h. mit der Realwelt übereinstimmend – enthalten. Daher müssen Fehler, die bei der Implementation der Planungsmodelle aufgetreten sind, auf einfache Weise korrigiert werden können. Ebenso einfach müssen Änderungen der Realwelt – z.B. steuerlicher Art – in den typspezifischen Planungsmodellen nachvollzogen werden können. Auch dies gilt für den Methodenvorrat sinngemäß.

Erweiterungsbedarf für ein Finanzanalysesystem entsteht häufig ad hoc in Beratungssituationen – mit entsprechenden zeitlichen Restriktionen.[19] Kurze Entwicklungszeiten scheinen darüber hinaus allgemein ein kritischer Erfolgsfaktor für führungsunterstützende Systeme zu sein.[20] Erweiterungen müssen daher – um einem Anwendungsstau möglichst zu entgehen – durch den Berater selbst erfolgen können. Die erforderlichen Kenntnisse müssen sich deshalb soweit wie möglich auf betriebswirtschaftliche Aspekte beschränken. Weitreichende Informatikkenntnisse – z.B. in der Entwicklung von Anwendungssystemen – dürfen nicht erforderlich sein. Dies gilt auch für die Wartung des Finanzanalysesystems.

Bei Erweiterungen und Wartungsmaßnahmen muß gewährleistet sein, daß Änderungen an einer Stelle des Finanzanalysesystems keine unerwünschten – bzw. unerwarteten – Wirkungen an anderer Stelle des Finanzanalysesystems (Seiteneffekte) zeigen. Auch muß für die Erstellung konsistenter Finanzanalysen die Konsistenz des Finanzanalysewissens nicht nur innerhalb

---

[18] Vgl. Abschnitt 1.1.4.
[19] Dies wird z.B. bei der Erstellung kundenindividueller Allfinanzprodukte häufig der Fall sein. Zur Erstellung derartiger Problemlösungen vgl. [Will95].
[20] Vgl. hierzu [YoWa95].

eines Planungsmodells, sondern auch planungsmodellübergreifend, gesichert sein. Um dieses zu gewährleisten, müssen die Modelle und Methoden eines Finanzanalysesystems frei sein von unkontrollierter Redundanz.

3.1.3 Benutzungsoberfläche

Die Nutzung eines Finanzanalysesystems durch ungeübte Anwender erfordert eine weitgehend selbsterklärende Bedienung. Dies ist unabdingbar, wenn ein Berater ein Finanzanalysesystem zur Nutzung durch „Selbstbedienungskunden" bereitstellt, zugleich verringert dies aber auch den Einarbeitungsaufwand für neue Mitarbeiter in der Nutzungssituation traditioneller Investitions- und Finanzierungsberater. Schwierigkeiten in der Anwendung eines Finanzanalysesystems sind auf zwei Ebenen denkbar:

- Die Benutzungsschnittstelle selbst kann die Ursache von Bedienschwierigkeiten sein, wenn sie nicht an die Nutzungssituation angepaßt ist[21] oder sich an einem falschen Benutzermodell orientiert.
- Schwierigkeiten entstehen auch, wenn die betriebswirtschaftliche Semantik der für die Finanzanalyse einzugebenden und insbesondere der vom System für die Alternativenbewertung bereitgestellten Informationen nicht ersichtlich ist.

Ein Finanzanalysesystem muß im Hinblick auf beide Problemfelder weitgehend selbsterklärend sein.[22] Dafür muß in einer geeigneten Interaktionsform eine angemessene Dialoggestaltung gefunden werden. Die wichtigsten Interaktionsformen sind formale und natürliche Sprachen, Menüsysteme sowie die sogenannte direkte Manipulation.[23]

Bei der Verwendung von formalen Sprachen – meistens in Form von Kommandosprachen – werden Zeichenfolgen durch den Anwender eingegeben, die bestimmten lexikalischen und syntaktischen Anforderungen genügen müssen. Die auf dieser Sprache definierte Semantik beschreibt die Wirkungen der eingegebenen Zeichenfolgen im System. Bekannte Vertreter dieser Art sind die Kommandozeilenschnittstellen wichtiger Betriebssysteme, z.B. DOS, OS/2

---

[21] Ein besonders tragisches Beispiel für Fehler, die daraus entstehen können, ist der Abschuß eines iranischen Verkehrsflugzeugs durch einen amerikanischen Kreuzer im persischen Golf, der – zumindest teilweise – auf die Komplexität der auf vier alphanumerische Bildschirme verteilten Benutzungsschnittstelle zurückzuführen ist. Vgl. [Klae94].
[22] Vgl. [Herc94], S. 31 ff.
[23] Letztere erfolgt durch „Ziehen und Ablegen" von Symbolen, z.B. indem für Druckvorgänge ein Dokumentsymbol auf ein Druckersymbol gezogen und dort abgelegt wird. Die direkte Manipulation wird daher häufig auch als „drag and drop" bezeichnet. Für eine ausführliche Darstellung dieser Interaktionsformen vgl. [Herc94], S. 85 ff.

3.1 Anforderungen an Finanzanalysesysteme 73

oder UNIX.[24] Formale Sprachen sind aufgrund des erforderlichen Lernaufwands nur für regelmäßige Anwender von Finanzanalysesystemen geeignet. Insbesondere für „Selbstbedienungskunden" scheidet diese Interaktionsform aus, da diese selbst für eine nur einmalige Nutzung des Finanzanalysesystems zunächst die zur Verfügung stehenden Befehle, Parameter und Trennzeichen erlernen müßten.[25]

Im Gegensatz zu formalen Sprachen ist natürliche Sprache für Gelegenheitsnutzer im Prinzip einfach anwendbar. Interaktion in natürlicher Sprache ist über geschriebenen oder gesprochenen Text möglich. Allerdings ist die Eingabe langer Texte über die Tastatur eine wenig attraktive und zugleich fehleranfällige Interaktionsform und die Interaktion in gesprochener natürlicher Sprache ist technisch derzeit noch nicht ausgereift genug, um als vollwertiger Ersatz für traditionelle Interaktionsformen gelten zu können.[26] Ebenso gegen einen Einsatz gesprochener Sprache spricht die Scheu vieler Anwender, mit einer Maschine zu sprechen.[27] Zudem sind komplexe Sachverhalte oft nur umständlich und mit der inhärenten Gefahr von Mehrdeutigkeiten darstellbar.[28]

In Menüsystemen erfolgt die Interaktion des Anwenders mit dem System durch die Auswahl von grafisch oder textuell visualisierten Operationen. Die direkte Manipulation ist eine Weiterentwicklung von Menüsystemen in graphischen Benutzungsschnittstellen. Dabei wird die Funktionalität des Systems durch graphische Symbole – z.B. für Dokumente, Drucker und Aktenvernichter – visualisiert. Aktionen werden durch Verschieben von Symbolen ausgelöst, z.B. indem ein Dateisymbol auf ein Druckersymbol gezogen wird (drag and drop).[29] Bei diesen Systemen entfällt der Lernaufwand für eine

---

[24] Weitere Beispiele für den Einsatz formaler Sprachen an einer Benutzungsschnittstelle sind Programmiersprachen, wie sie von verschiedenen Betriebs- (z.B. diverse Job Control Languages in UNIX und OS/2) und Anwendungssystemen (z.B. Makrosprachen in Textverarbeitungsprogrammen), zur Beschreibung komplexer Aktionsfolgen angeboten werden. Auch die Datenbankabfragesprache SQL (Structured Query Language) fällt in diese Kategorie.
[25] Vgl. zu dieser Interaktionsform auch [MaPe93], S. 24.
[26] Dies kann sich auf absehbare Zeit jedoch ändern. Die Version 4.0 des Betriebssystems OS/2 bietet erstmals standardmäßig die Möglichkeit, in gesprochener Sprache mit dem System zu kommunizieren. Dabei sind zwei Subsysteme des OS/2-Spracherkennungssystems voneinander zu unterscheiden: „Voice Type Navigation" ist eine Ergänzung der graphischen Benutzungsoberfläche dieses Betriebssystems (Workplace Shell) um eine akustische Eingabemöglichkeit. Dabei werden Objekte und Aktionen mit Wortfolgen hinterlegt, die sprecherunabhängig und in stetiger Sprache – d.h. ohne Zwangspausen zwischen den Worten – aufgerufen werden können. „Voice Type Dictation" ist ein sprecherabhängiges Erkennungssystem für beliebige Texte, die allerdings in diskreter Sprache einzugeben sind.
[27] Diese ist häufig schon im Umgang mit Telefonanrufbeantwortern beobachtbar. Vgl. [Herc94], S. 33.
[28] Vgl. [Herc94], S. 92.
[29] Vgl. [MaPe93], S. 23 ff. Verbreitete Beispiele für direkt manipulative Systeme sind die Workplace Shell des Betriebssystems OS/2 und die Benutzungs-

74   3. Entwicklung von Finanzanalysesystemen

formale Sprache, daher ist eine intuitive Bedienung grundsätzlich möglich – aber nicht zwangsläufig gegeben. Damit eine intuitive Bedienbarkeit auch tatsächlich erreicht wird, ist zusätzlich eine geeignete Dialoggestaltung notwendig. Hierfür beschreibt die DIN Norm 66234 Teil 8 fünf Gestaltungsgrundsätze:[30]

Aufgabenangemessenheit: „Ein Dialog ist aufgabenangemessen, wenn er die Erledigung der Arbeitsaufgabe des Benutzers unterstützt, ohne ihn durch Eigenschaften des Dialogsystems unnötig zu belasten."[31]

Selbstbeschreibungsfähigkeit: Ein Dialog ist selbstbeschreibungsfähig, wenn sein Zweck, Leistungsumfang und die Verwendungsweise unmittelbar oder auf Anforderung ersichtlich ist. Die Dialoggestaltung muß demnach die betriebswirtschaftliche Terminologie des zu analysierenden Alternativentyps berücksichtigen. Zusätzlich ist ein kontextbezogenes Hilfesystem – ebenfalls in der Fachsprache – erforderlich.

Erwartungskonformität: Ein Dialog ist erwartungskonform, wenn er den Erfahrungen aus den bisherigen Arbeitsläufen entspricht. Eine wichtige Voraussetzung hierfür ist die konsequente Umsetzung der für das jeweils verwendete Betriebssystem gültigen Styleguides[32], die eine konsistente Bedienbarkeit des Finanzanalysesystems ermöglicht.

Fehlerrobustheit: Bedienungsfehler und Fehleingaben dürfen nicht zu undefinierten Zuständen oder Systemabstürzen führen. Das Finanzanalysesystem muß Bedienfehler erkennen und den Anwender – ggf. mittels weiterführender Erläuterungen – in die Lage versetzen, den Fehler entsprechend zu korrigieren.

Steuerbarkeit: Nach der Verteilung der Initiative wird zwischen system- und benutzergesteuerten Dialogen unterschieden. I.d.R. überwiegen in Anwendungssystemen hybride Steuerungsformen.[33] So sollte auch die Steuerbarkeit eines Finanzanalysesystems problemadäquat anhand der Kriterien Aufgabenangemessenheit, Erwartungskonformität und Fehlerrobustheit gestaltet werden.

---

schnittstellen von Windows NT und Windows 95. Menüsysteme und direktmanipulative Systeme werden zusammenfassend auch als „deiktische" Interaktionsformen bezeichnet (vgl. [Herc94], S. 115 ff). Die sogenannte „virtual reality" geht noch einen Schritt weiter, indem der Anwender mit speziellen Ein- und Ausgabegeräten (Displayhelm und Datenhandschuh) direkt *innerhalb* einer virtuellen Welt agiert (vgl. [Maas93], S. 193 und ausführlich). Auf dem heutigen Stand der Technik bietet diese Interaktionsform aber noch keine speziellen Vorteile, die den – aufwendigen – Einsatz in Finanzanalysesystemen rechtfertigen würden und kann daher im Rahmen dieser Arbeit vernachlässigt werden.

[30] Vgl. im folgenden [Herc94], S. 104 ff.
[31] Vgl. DIN 66234 Teil 8 zitiert nach [Herc94], S. 106.
[32] Dies sind Empfehlungen oder Vorschriften für die Gestaltung von Benutzungsschnittstellen.
[33] Vgl. [Herc94], S. 109.

Durch eine Kombination von Menüsystem und direkter Manipulation sowie konsequenter Orientierung der Dialoggestaltung an der beabsichtigten Nutzungssituation ist eine weitgehend intuitive Bedienbarkeit von Finanzanalysesystemen realisierbar. Zusätzlich sollten für geübte Anwender Wiederholfunktionen, Kurzbefehle für bestimmte Aktionen und Aktionsfolgen (Hotkeys) sowie Kommando- oder Makrosprachen bereitstehen, um deren Arbeitsgeschwindigkeit nicht durch den ausführlichen Dialog einer intuitiven Benutzungsoberfläche herabzusetzen. Die vorgegebene Interaktionsform und die Dialoggestaltung sollten an die persönliche Arbeitsweise des Beraters angepaßt werden können.[34]

Bisher stand die Frage der Bedienbarkeit von Finanzanalysesystemen im Vordergrund unserer Ausführungen. Darüberhinaus muß ein Finanzanalysesystem den Anwender auch in der betriebswirtschaftlichen Interpretation der als Input einzugebenden sowie der als Output erzeugten Informationen unterstützen.[35] Terminologische Aspekte können dabei durch ein kontextsensitives Hilfesystem abgedeckt werden. Zusätzlich sind Erläuterungen erforderlich, welche die betriebswirtschaftliche Interpretation der Ergebnisse erleichtern und deren Zustandekommen transparent machen. Diese Erläuterungen sollten daher nicht allgemein auf den Typ der Handlungsalternative bezogen sein, sondern speziell auf die vorliegende Instanz.

3.1.4 Sicherheitsanforderungen

Ein Zustand, in dem „Daten, Programme, Verfahren und Anlagen gegen Mißbrauch, Verfälschung, Verlust bzw. Zerstörung gefeit sind"[36] wird als *Datensicherheit* bezeichnet. Datensicherheit beinhaltet verschiedene Aspekte:[37]

– *Datenschutz* bezieht sich auf die Vertraulichkeit der Daten. Hierunter wird der Schutz vor unberechtigtem Informationsgewinn verstanden. Bei Finanzanalysesystemen muß darüberhinaus auch das systeminterne Wissen vor unberechtigter Kenntnisnahme – insbesondere durch Konkurrenten – geschützt sein.
– *Datensicherung* stellt auf die Integrität und Verfügbarkeit – d.h. den Schutz vor beabsichtigter oder unbeabsichtigter Verfälschung und Verlust – der Daten ab.

Die Verfügbarkeit seines Finanzanalysesystems sowie die Integrität und Vertraulichkeit seiner Planungsinformationen sind für einen Berater von erheblicher Bedeutung. Daraus resultieren hohe Anforderungen an die Datensicherheit eines Finanzanalysesystems. Die Sicherheitsproblematik gewinnt

---

[34] Siehe dazu auch [Wern92], S. 115 ff.
[35] Vgl. S. 72
[36] Vgl. [Ehma93], S. 72.
[37] Vgl. [PoWe93a], S. 16 und [MeBo96], S. 63 sowie zum Zusammenhang zwischen Sicherheit und Verfügbarkeit von Informationssystemen ausführlich [Glas93].

noch zusätzlich an Brisanz, wenn ein Finanzanalysesystem nicht nur in den Räumlichkeiten des Beraters zugänglich ist, sondern auch über öffentliche Datennetze, z.B. das Internet, erreicht werden kann. Potentielle Bedrohungen für ein Finanzanalysesystem – und dessen Betreiber – sind z.B.:[38]

– Spionage – z.B. durch konkurrierende Unternehmungen,
– Sabotage – z.B. durch eigene Mitarbeiter, konkurrierende Unternehmungen oder als Selbstzweck (Hacker), sowie
– technische Defekte und höhere Gewalt.

Datensicherheit kann nur durch abgestimmte technische und organisatorische Vorkehrungen erreicht werden. Organisatorische Regelungen sind Elemente des Umsystems von Finanzanalysesystemen und deshalb nicht Gegenstand dieser Anforderungsanalyse. Ein Finanzanalysesystem sollte jedoch durch ein Zugangskontrollsystem geschützt sein. Die Zugangskontrolle erfolgt i.d.R. in drei Schritten:[39]

1. Die *Identifikation* des Anwenders am System. Dies erfolgt i.d.R. durch die Eingabe einer personenbezogenen Benutzerkennung.[40]
2. Die *Authentisierung* des Anwenders, d.h. die Falsifizierung der Identitätsangabe. Dies geschieht meist durch Eingabe eines personenbezogenen, (nicht immer) geheimen Kennworts.[41]
3. Die *Autorisierung* des Anwenders, d.h. die Ausstattung des Anwenders mit Zugriffsrechten.

Von ebenso großer Bedeutung für die Datensicherheit ist die regelmäßige Erstellung physischer Kopien der Daten (Backup). Dies gibt die Möglichkeit zur Rekonstruktion alter Datenbestände (Recovery) nach Angriffen oder Systemfehlern.[42] Darüberhinaus muß das Finanzanalysesystem den parallelen Zugriff mehrerer Anwender auf gemeinsam benutzte Datenbestände steuern (Concurrency Control), da anderenfalls die Gefahr unbeabsichtigter Datenverluste (Lost Updates) besteht.[43]

Die Anforderungsanalyse ließe sich beliebig vertiefen. Wir wollen uns jedoch auf die – nach unserer Ansicht wichtigsten – dargestellten Punkte beschränken. Die Ergebnisse unserer Analyse verwenden wir im weiteren Verlauf dieses Kapitels, um die Eignung wichtiger Ansätze zur Realisierung von Finanzanalysesystemen durch Investitions- und Finanzierungsberater zu untersuchen.

---
[38] Eine ausführliche Bedrohungsanalyse geben [ChZw96], S. 3 ff.
[39] Vgl. [Weck93], S. 150 ff.
[40] Mitunter werden zur Identifikation auch Hardware-basierte Verfahren eingesetzt, bei denen der Anwender über bestimmte Objekte – z.B. einen Schlüssel oder eine Chipkarte – verfügen muß.
[41] Inzwischen existieren Systeme, die auf die Authentisierung verzichten können, indem der Anwender direkt anhand persönlicher, unveränderbarer Merkmale – z.B. seiner Fingerabdrücke – identifiziert wird.
[42] Zu dieser Thematik siehe z.B. [ScSt83], S. 333 f.
[43] Vgl. z.B. [RoCo95], S. 359 ff.

3.2 Realisierungsansätze für Finanzanalysesysteme

Ein Investitions- und Finanzierungsberater hat grundsätzlich die Wahl zwischen der Eigenerstellung und dem Fremdbezug seines Finanzanalysesystems. Ein fremdbezogenes Finanzanalysesystem kann Standard- oder Individualsoftware sein. Ein durch den Berater selbst erstelltes Finanzanalysesystem ist i.d.R. Individualsoftware.[44]

Standardsoftware wird von ihrem Hersteller für einen bestimmten Anwendungszweck, aber ohne Berücksichtigung individueller Anforderungen einzelner Anwender entwickelt. Standardsoftware kann nur im Rahmen der vom Hersteller vorgesehenen Konfigurationsmöglichkeiten an individuelle Anforderungen angepaßt werden.[45] Die Entwicklung von Individualsoftware erfolgt speziell im Hinblick auf die individuellen Anforderungen des Anwenders.

Am Markt wird eine große Zahl von Standard-Finanzanalysesystemen angeboten. Dies sind meist spezialisierte Systeme, mit denen i.d.R. nur eine begrenzte Zahl von Alternativentypen – z.B. bestimmte Finanzierungsformen oder Anlageprodukte – analysiert werden können.[46] Prinzipbedingter Nachteil dieser Systeme sind die mehr oder weniger engen Grenzen, die der Wartung und Erweiterung des Finanzanalysewissens durch den Berater gesetzt sind. Neue Alternativentypen oder eine geänderte Rechtslage können i.d.R. erst mit einem neuen Release des Finanzanalysesystems oder mit dem Erscheinen eines neuen Standard-Finanzanalysesystems berücksichtigt werden.[47]

Wenn ein Finanzanalysesystem fremdbezogene Individualsoftware ist, kann es durch ein externes Softwarehaus angepaßt oder erweitert werden. Dies ist allerdings oft nur in Zusammenarbeit mit dem Softwarehaus möglich, das das Finanzanalysesystem erstellt hat, weil entweder vertragliche Gründe oder die Komplexität des – ggf. noch schlecht dokumentierten – Finanzanalysesystems der beliebigen Austauschbarkeit der Softwarehäuser entgegenstehen. Die daraus resultierende Abhängigkeit ist dann besonders schwerwiegend, wenn das Softwarehaus die erforderlichen Wartungs- und Erweiterungsmaßnahmen nicht so kurzfristig durchführen kann, wie es für die Kunden des Beraters erforderlich ist. Als möglicher Ausweg verbleibt die Eigenentwicklung mittels geeigneter Entwicklungswerkzeuge.[48]

Wir stellen deshalb im folgenden mit der konventionellen und der wissensbasierten Systementwicklung sowie Tabellenkalkulationssystemen und

---
[44] Ein betriebswirtschaftlicher Vorteilhaftigkeitsvergleich von Eigenerstellung und Fremdbezug von Anwendungssystemen soll hier nicht durchgeführt werden. Siehe dazu [Buhl93a] und [Buhl93b].
[45] Dieser Vorgang ist zum Teil hochkomplex, wie z.B. die große Zahl von Beratungsunternehmungen im SAP-Umfeld zeigt. Die Konfiguration komplexer Standardsoftwaresysteme kann daher selbst Gegenstand einschlägiger Systemunterstützung sein. Vgl. [Piet93] und [LuMe93].
[46] Einen Überblick geben [BuHa93].
[47] Vgl. [Schn96], S. 198.
[48] Vgl. [Schn96], S. 198.

Planungssprachen die wichtigsten Realisierungsansätze für Finanzanalysesysteme vor. Diese werden mit Blick auf ihre Eignung als Entwicklungswerkzeuge für Investitions- und Finanzierungsberater bewertet. Die Ergebnisse dieses Abschnitts sind aber auch für Softwarehäuser interessant, die Finanzanalysesysteme als Standard- oder Individualsoftware erstellen.

3.2.1 Konventionelle Systementwicklung

Bei der konventionellen Entwicklung von Finanzanalysesystemen wird das Finanzanalysesystem vollständig in einem oder mehreren konventionellen Programmen realisiert. Konventionelle Programme sind Algorithmen in einer durch Computer ausführbaren Form. Sie bestehen aus einer endlichen Menge von Anweisungen zur Manipulation von Daten, die zur Erstellung einer Finanzanalyse erforderlich ist. Darin enthalten ist die Definition der Daten, die zur Laufzeit des Programms eingegeben werden müssen, die innerhalb des Algorithmus verwendet werden und die als Lösung ausgegeben werden.[49] Dies bezeichnen wir im folgenden als Ablaufschema des Programms. Bei konventionellen Programmen ist das Finanzanalysewissen demnach implizit im Ablaufschema enthalten.

Das Ablaufschema konventioneller Programme wird mit imperativen Programmiersprachen beschrieben. Eine Programmiersprache ist ein „notationelles System zur Beschreibung von Berechnungen in durch Maschinen und Menschen lesbarer Form."[50] Eine Programmiersprache wird als imperative Programmiersprache bezeichnet, wenn Berechnungen durch eine sequentielle Manipulation von Daten erfolgen. In diese Kategorie gehören die „klassischen" prozeduralen Programmiersprachen – z.B. Pascal und C.[51] Auch die meisten objektorientierten Programmiersprachen, z.B. C++, sind im Kern imperativ.[52]

Das Ablaufschema wird mit speziellen Übersetzungsprogrammen aus der Programmiersprache in eine für den Menschen nicht mehr lesbare, aber durch einen Computer ausführbare Form transformiert:

– Bei Verwendung eines Interpreters erfolgt dies jedes mal zur Laufzeit des Programms. Das ausführbare Programm liegt lediglich transient im Hauptspeicher vor.
– Bei Einsatz eines Compilers erfolgt die Übersetzung einmalig und das ausführbare Programm wird persistent auf einem Festspeicher abgelegt.

Interpreter sind in der konventionellen Systementwicklung nur von untergeordneter Bedeutung. Daher unterstellen wir im folgenden die Verwendung

---
[49] Vgl. [Kurb90].
[50] Vgl. [Loud94], S. 3.
[51] Vgl. [Loud94], S. 14 ff.
[52] Vgl. [Lude93], S. 292

compilierender Übersetzer. Abbildung 3.3 zeigt den Aufbau eines konventionellen Programms zur Laufzeit.[53]

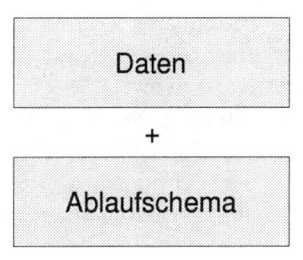

```
        Daten
          +
      Ablaufschema
```

Abb. 3.3. Konventionelle Programme
(Quelle: [Buhl96], S. 1.1.5.)

Die implizite Repräsentation des Finanzanalysewissens im Ablaufschema ermöglicht hochperformante und speicherplatzeffiziente Finanzanalysesysteme. Dabei ist das Finanzanalysewissen vor unbeabsichtigten Veränderungen und direkter Einsichtnahme geschützt. Dies ist von besonderer Bedeutung, wenn ein Finanzanalysesystem für externe Anwender bereit gestellt werden soll.[54]

Allerdings ist zur konventionellen Entwicklung von Finanzanalysesystemen ein erhebliches Maß an Systementwicklungswissen erforderlich. Die konventionelle Systementwicklung erfordert eine, als Software Engineering bezeichnete, ingenieurmäßige Vorgehensweise[55], die den gesamten Software-Lebenszyklus – von der Idee bis zur „Entsorgung" berücksichtigt. Wir stellen deshalb den Software-Lebenszyklus in seinen Grundzügen kurz dar:[56]

1. In der *Analysephase* müssen die inhaltlichen und technischen Anforderungen an das Finanzanalysesystem festgelegt werden. Zu diesem Zweck ist eine Analyse des Aufgabenbereichs, den das System bearbeiten soll, erforderlich.
2. In der *Designphase* muß eine Systemarchitektur entworfen werden, welche die Vorgaben der Systemspezifikation erfüllt.

---

[53] Vgl. dazu auch [Pupp94], S. 74.
[54] Spezielle Werkzeuge, sogenannte Disassembler, ermöglichen die Rekonstruktion des Quellcodes auf Assemblerebene. Die Extraktion der betriebswirtschaftlichen Semantik wird aber durch fehlende Bezeichner für Variablen, Konstanten, Prozeduren und Funktionen erheblich erschwert.
[55] Vgl. z.B. [Muel93] und [Goos94]. Der Begriff „Software Engineering" wurde 1968 anläßlich der „Working Conference on Software Engineering" in Garmisch-Partenkirchen eingeführt. Vgl. [Baue93].
[56] Vgl. z.B. [PoBl93], S. 17 ff., [Dumk93] und [Witz94], S. 41.

3. In der *Realisierungsphase* wird die Systemarchitektur in Programme, die durch einen Computer ausgeführt werden können, umgesetzt. Zur Realisierung gehört der Test der Programme, der Informationen über mögliche Programmfehler erzeugt.
4. Die *Einführung* des Finanzanalysesystems in den operativen Betrieb umfaßt technische und organisatorische Aspekte, z.B. die Installation des Systems und die Schulung der Anwender.[57]
5. Der *Systembetrieb* beinhaltet die Nutzung, Wartung und Pflege des Finanzanalysesystems – einschließlich des darin vorhandenen Wissens.
6. Die *Außerbetriebnahme* eines Finanzanalysesystems ist ein primär organisatorisches Problem im Zusammenhang mit der Einführung eines Nachfolgesystems.

Als Leitbilder für das Management von Systementwicklungsprojekten existieren zwei Vorgehensmodelle, die allerdings nicht alternativ, sondern komplementär zu sehen sind:[58]

Phasenorientierte Vorgehensmodelle: Die Phasen des Software-Lebenszyklus werden sequentiell durchlaufen. Jede Phase hat einen definierten Output, der den Entwicklungsprozeß durch „Meilensteine" in überschaubare Abschnitte zerlegt. Wenn in einer nachgelagerten Phase, Fehler oder Versäumnisse aus vorgelagerten Phasen erkannt werden, ist ein Rücksprung in die entsprechende vorgelagerte Phase erforderlich. Für diese Vorgehensmodelle hat sich die Bezeichnung „Wasserfallmodell" etabliert.[59]

Prototyporientierte Vorgehensmodelle: Es soll möglichst schnell ein lauffähiger Prototyp mit eng abgegrenztem Funktionsumfang verfügbar sein. Aus der Evaluation des Prototyps ergeben sich die im nächsten Schritt erforderlichen Veränderungs- und Erweiterungsmaßnahmen. Auch die Erstellung von Prototypen gliedert sich in Analyse, Design und Realisierung. Sie kann jedoch aufgrund des beschränkten Funktionsumfangs erheblich schneller erfolgen.[60]

Das für die konventionelle Entwicklung von Finanzanalysesystemen erforderliche Wissen über die Vorgehensmodelle des Software Engineering und die dabei zu verwendenden Methoden und Werkzeuge kann bei einem Investitions- und Finanzierungsberater i.d.R. nicht vorausgesetzt werden. Diesen Nachteil der konventionellen Systementwicklung wollen wir anhand einiger besonders wichtiger Probleme verdeutlichen:

– Ein wichtiger Teil der Systemanalyse besteht in der betriebswirtschaftlichen Modellierung der Alternativentypen. Betriebswirtschaftliche Modelle

---

[57] Vgl. dazu [Eber91] und [Krue90].
[58] Pomberger und Blaschek haben deshalb das „prototyping-orientierte Life-Cycle-Modell" eingeführt. Vgl. [PoBl93], S. 24.
[59] Vgl. z.B. [PoBl93], S. 17 ff. und [Dumk93], S. 130 ff.
[60] Vgl. z.B. [Dumk93], S. 145, [Wern92], S. 83 f. und protect[MeBo96], S. 159 f.

werden i.d.R. mathematisch formuliert.⁶¹ Dagegen wird die Systemanalyse im Software Engineering zunehmend mit objektorientierten Methoden durchgeführt.⁶² Der Berater muß daher fachlich in der Lage sein, das betriebswirtschaftliche Modell korrekt aus der mathematischen Formulierung in die Beschreibungssprache der verwendeten objektorientierten Analysemethode und zurück zu transformieren.

- Die Persistenz oder Transienz der Objekte – und mithin der in ihnen gekapselten Daten – ist für die objektorientierte Analyse von untergeordneter Bedeutung. Für den Entwurf der Systemarchitektur ist dies dagegen ein wesentlicher Einflußfaktor. Da die IKS-Infrastruktur der Unternehmungen durch das relationale Datenmodell dominiert wird⁶³ muß zur Überwindung dieses Paradigmenbruches ein geeignetes relationales Datenbankschema entworfen werden, auf das die Attribute der Objekte mit speziellen Transformationsregeln abgebildet werden.⁶⁴
- Das Abstraktionsniveau der Werkzeuge für die konventionelle Systementwicklung ist höher als für die Erstellung von Finanzanalysesystemen erforderlich. Die daraus resultierende Gestaltungsfreiheit führt leicht zur Uneinheitlichkeit von Subsystemen des Finanzanalysesystems mit entsprechenden Folgen:
  - Eine uneinheitliche Benutzungsoberfläche erhöht die kognitive Belastung des Anwenders.
  - Eine uneinheitliche Datenmodellierung führt zur Inkompatibilität der darauf aufbauenden Modelle und Methoden. Einfache Modelle und Methoden können nicht in komplexen Modellen und Methoden wiederverwendet werden, wenn diese datenmäßig inkompatibel sind. Dies führt zu Mehrfachentwicklungen mit
    - mehrfachem Aufwand für Analyse, Design, Codierung und Test sowie
    - der inhärenten Gefahr von Inkonsistenzen.
  - Eine uneinheitliche Datenmodellierung und Implementation der Modelle und Methoden erhöht den Aufwand für die Entwicklung der Benutzungsoberfläche erheblich.⁶⁵

---

⁶¹ Siehe Kapitel 2.
⁶² Wichtige Methoden werden z.B. in [Booc94], [RuBl91] und [CoYo91] beschrieben. Einen Vergleich liefert [Stei93].
⁶³ Sofern der Wechsel von klassischen Dateisystemen oder dem hierarchischen Datenmodell bereits vollzogen wurde.
⁶⁴ Siehe dazu [RuBl91], S. 373 ff. Dieses Problem wird auch auf absehbare Zeit bestehen bleiben, da die geringe Performanz derzeit noch gegen eine Verwendung objektorientierter Datenbanksysteme für interaktive Systeme mit hohen Anforderungen an das Antwortzeitverhalten spricht. Ein Vergleich objektorientierter und relationaler Datenbanktechnologie für eine interaktive Multimediaanwendung findet sich bei [SpHo96].
⁶⁵ Der Anteil der Benutzungsoberfläche am Gesamtaufwand eines Softwareprojekts beträgt durchschnittlich 48% (vgl. [MaPe93], S. 23)!

Konventionelle Programme sind durch die implizite Repräsentation des Finanzanalysewissens im Ablaufschema nur sinnvoll für Systeme, die während der Nutzungsphase nur selten erweitert werden müssen und deren Wartung (fast) keine Veränderungen des Programmcodes erfordert. Aber auch dann können die möglichen Vorteile der konventionellen Systementwicklung[66] i.d.R. nur dann realisiert werden, wenn ein Team aus Finanzanalyse- und Systementwicklungsexperten gebildet wird. Aufgrund der Dynamik des Fachgebiets und der großen Bedeutung zeitnaher Wartung und Erweiterung von Finanzanalysesystemen kann die konventionelle Systementwicklung deshalb nur in Ausnahmefällen als Optimallösung angesehen werden.

Im folgenden Abschnitt untersuchen wir die Eignung wissensbasierter Systeme für die Entwicklung von Finanzanalysesystemen. Im Gegensatz zu konventionellen Systemen liegt in wissensbasierten Systemen das darin enthaltene Finanzanalysewissen explizit, d.h. getrennt vom Ablaufschema, vor.

3.2.2 Wissensbasierte Systementwicklung

Bei der Erstellung eines wissensbasierten Finanzanalysesystems wird das Finanzanalysewissen explizit in einer Wissensrepräsentationsform im System abgebildet. Wichtige Wissensrepräsentationsformen sind z.B. Produktionsregeln, Frames und die Prädikatenlogik. Zur Erstellung einer Finanzanalyse wird das Finanzanalysewissen durch einen zur jeweiligen Wissensrepräsentationsform passenden Inferenzmechanismus verarbeitet. Der Inferenzmechanismus entspricht dem Ablaufschema des wissensbasierten Systems. Er wird von der Inferenzmaschine bereitgestellt, die ein Teil des Entwicklungswerkzeugs ist und nicht vom Entwickler des Finanzanalysesystems entwickelt werden muß.[67] Abbildung 3.4 zeigt das Prinzip wissensbasierter Systeme.[68]

Für die Akzeptanz wissensbasierter Systeme sind deren Fähigkeiten zur Erläuterung des Inferenzprozesses von besonderer Bedeutung. Dazu dient ein als „Erklärungskomponente" bezeichnetes Subsystem, das dem Anwender i.d.R. verschiedene Fragemöglichkeiten bereitstellt, z.B.:[69]

– Fragen nach der Bedeutung von Begriffen („*What?*"),
– Fragen nach der Herleitung abgeleiteter Fakten („*How?*") und
– Fragen nach dem Grund für Eingabeaufforderungen des Systems („*Why?*").

Analog zum Software Engineering ist auch für die Entwicklung wissensbasierter Systeme eine ingenieurmäßige Vorgehensweise erforderlich, die als Knowledge Engineering bezeichnet wird.[70] Auch im Knowledge Engineering

---

[66] Vgl. S. 79.
[67] Vgl. z.B. [Turb95], S. 449 ff.
[68] Vgl. dazu auch [Pupp94], S. 74.
[69] Vgl. [Turb95], S. 482 f. und [AlBu92], S. 217 ff.
[70] Vgl. z.B. [Hopp92], S. 30.

3.2 Realisierungsansätze für Finanzanalysesysteme

```
      Daten
        +
      Wissen
        +
    Ablaufschema
```

Abb. 3.4. Wissensbasierte Systeme
(Quelle: [Buhl96], S. 1.1.6.)

kann zwischen phasenorientierter und prototypingorientierter Vorgehensweise unterschieden werden, die analog zum Software Engineering auch kombiniert eingesetzt werden können.[71] Die folgende Aufzählung beschreibt die Kernaktivitäten im Knowledge Engineering:[72]

1. Die *Wissensakquisition* dient der Erhebung des relevanten Wissens der verfügbaren Finanzanalyseexperten.[73] Die Wissensakquisition wird mit speziellen Wissensakquisitionstechniken durchgeführt, z.B. standardisierte oder nicht-standardisierte Interviews, Dokumentenstudium und Gruppendiskussionen.[74]
2. Im Zuge der *Konzeptualisierung* des Finanzanalysewissens wird das Finanzanalyseproblem in Teilprobleme zerlegt. Als nächstes müssen die dort relevanten Objekte und Beziehungen sowie die Lösungsstrategie der Finananalyseexperten bestimmt werden.
3. Die Übertragung des Finanzanalysewissens in eine geeignete Zwischenrepräsentationsform wird als *Formalisierung* des Wissens bezeichnet. Ein Beispiel für eine Zwischenrepräsentationsform sind Entscheidungstabellen, die z.B. für die Implementation einer Regelbasis gut geeignet sind.
4. Die *Implementation* besteht in der Übertragung des formalisierten Wissens in die Wissensbasis.
5. Der *Test* des Wissens muß spätestens nach der Implementation erfolgen, ist aber auch anhand der Zwischenrepräsentation möglich und sinnvoll.

Eine wissensbasierte Entwicklung von Finanzanalysesystemen unterstützt die Erfüllung wichtiger Anforderungen:

---

[71] Vgl. [Turb95], S. 659.
[72] Vgl. z.B. [Svio89], S. 340.
[73] Martin und Powell bezeichnen die Wissensakquisition auch als „Knowlegde Elicitation". Vgl. [MaPo92], S. 297.
[74] Vgl. [AlBu92], S. 229 ff.

84   3. Entwicklung von Finanzanalysesystemen

– Die Trennung des Finanzanalysewissens vom Ablaufschema verbessert die Wartungs- und Erweiterungsfähigkeit des Finanzanalysesystems.
– Die Erklärungskomponente ermöglicht eine weitreichende Unterstützung des Anwenders. Die Funktionalität der Erklärungskomponente beruht i.d.R. auf Protokollen des Inferenzprozesses. Daher können auch inhaltliche Fragen mit konkretem Bezug auf die zugrundeliegende Handlungsalternative beantwortet werden – und nicht lediglich Fragen mit Bezug auf den Typ der Handlungsalternative.
– Die wissensbasierte Technologie eignet sich gut zur Lösung schlecht strukturierter Probleme, für die eine algorithmische Lösung häufig nicht möglich oder unzweckmäßig ist.[75] Auch Erfahrungswissen von Finanzanalyseexperten sowie unsicheres Wissen können repräsentiert und verarbeitet werden.

Die wissensbasierte Entwicklung von Finanzanalysesystemen besitzt allerdings auch Nachteile:

– Neben dem betriebswirtschaftlichen Wissen ist ein erhebliches Maß an Knowledge Engineering-Wissen erforderlich:
  – Wissen über die Vorgehensweise bei der Entwicklung wissensbasierter Systeme,
  – Wissen über Wissensakquisitionstechniken und Wissensrepräsentationsformen und
  – Wissen über die verfügbaren Entwicklungswerkzeuge für wissensbasierte Systeme.
– Die Erstellung einer Finanzanalyse ist ein strukturiertes Problem, da die zur Beschreibung einer Alternative erforderlichen Informationen bekannt sind und die Erstellung einer Finanzanalyse durch eine definierte Folge von Rechenschritten erfolgt. Dieses Wissen ist prozedural und kann daher durch imperative Programmiersprachen oft besser beschrieben werden.
– Die Integration eines wissensbasierten Finanzanalysesystems in die IKS-Infrastruktur eines Beraters kann erhebliche Schnittstellenprobleme verursachen. Schnittstellenprobleme können oft nur mit weitreichendem technischen Wissen bewältigt werden und sind für einen Berater ohne Unterstützung durch ein Softwarehaus kaum lösbar.
– Die Trennung des Finanzanalysewissens vom Ablaufschema verschlechtert das Laufzeitverhalten.

Die Trennung des Finanzanalysewissens vom Ablaufschema und die Fähigkeit, eine Finanzanalyse instanzbezogen erläutern zu können, sind große Vorzüge einer wissensbasierten Entwicklung von Finanzanalysesystemen. Dem entgegen stehen jedoch der Umfang des erforderlichen Knowledge Engineering-Wissens und ggf. die der Natur des Finanzanalysewissens nicht entsprechende Wissensrepräsentationsform sowie Schnittstellenprobleme. Somit kann auch die wissensbasierte Entwicklung von Finanzanalysesystemen nicht als Optimallösung angesehen werden.

---
[75] Vgl. [Hopp92], S. 10 ff. und [LuMa89], S. 328 f.

Im folgenden Abschnitt analysieren wir die Eignung von Tabellenkalkulationssystemen und Planungssprachen. Diesen Werkzeugen kommt eine große praktische Bedeutung zu, deren Berechtigung kritisch zu hinterfragen ist.

3.2.3 Tabellenkalkulationsysteme und Planungssprachen

Tabellenkalkulationssysteme sind elektronische „Rechenblätter", in denen die Daten der Planungsmodelle in Tabellen angeordnet werden. Das Finanzanalysewissen wird durch die Verknüpfung von Tabellenfeldern, den sogenannten Zellen, mit Berechnungsformeln repräsentiert. Zusätzlich stellen moderne Tabellenkalkulationsysteme eine große Zahl vorgefertigter Methoden und mathematischer Funktionen sowie einfache prozedurale Programmiersprachen bereit.[76]

Ein großer Vorteil für die Erstellung von Finanzanalysesystemen mit Tabellenkalkulationssystemen ist das intuitive Modellierungsparadigma. Dementsprechend ist die Bedienung dieser Werkzeuge i.d.R. leicht erlernbar. Mit dem Einsatz von Tabellenkalkulationssystemen sind allerdings auch Probleme verbunden:

- Das Finanzanalysewissen ist nicht von den Daten getrennt. Große Planungsmodelle werden durch das tabellenorientierte Paradigma unübersichtlich und somit kompliziert und fehleranfällig.[77]
- Auf die Zellen eines Tabellenkalkulationssystems kann von jeder anderen Zelle aus zugegriffen werden. Es existieren keine definierten Schnittstellen zwischen den Planungsmodellen. Eine modulare Repräsentation von Finanzanalysewissen, bei der die einzelnen Module als Black Box verwendet werden können, ist deshalb mit Tabellenkalkulationssystemen nicht möglich. Dies reduziert die Wiederverwendbarkeit von Finanzanalysewissen – mit der Folge von Mehrfachimplementationen und der Gefahr inkonsistenter Planungsmodelle.
- Tabellenkalkulationssysteme kommen meist auf Personal Computern (PC) zum Einsatz. Aspekte der Datensicherheit – z.B. Zugangskontrolle und Datensicherung – werden dabei oft nur begrenzt berücksichtigt.

Tabellenkalkulationssysteme ermöglichen eine schnelle Erstellung einfacher Planungsmodelle. Sie eignen sich daher insbesondere zur zeitnahen Befriedigung eines kurzfristigen Systemunterstützungsbedarfs. Für die Realisierung komplexer Finanzanalysesysteme, die nicht als „Einwegsysteme" gedacht sind, ist dieser Ansatz allerdings nicht geeignet.[78]

---

[76] Vgl. [Turb95], 182 ff. und [BeDo94], S. 195 ff.
[77] Vgl. [Humm95], S 270 und [Wagn90], S. 44. Dies darf nicht mit konventionellen Programmen verwechselt werden, bei denen die Datendefinition in das Ablaufschema integriert ist. Siehe Abschnitt 3.2.1.
[78] Vgl. [Humm95], S. 270.

Planungssprachen sind spezielle höhere Programmiersprachen, die den Mitarbeitern einer Fachabteilung – mit geringen Kenntnissen über die Entwicklung von Anwendungssystemen – die Erstellung von Modellen zur Lösung betriebswirtschaftlicher Planungsprobleme ermöglichen sollen. Sie sind häufig in Werkzeuge für die Entwicklung von DSS eingebettet.[79] Die finanzwirtschaftliche Planungsrechnung ist ein wichtiges Anwendungsgebiet von Planungssprachen.[80] Für deren Zwecke werden ebenfalls vorgefertigte finanzwirtschaftliche und statistische Methoden bereitgestellt – z.B. zur Berechnung von Kapitalwerten, Abschreibungsraten und statistische Prognosemethoden.[81]

Bei Planungssprachen ist das Finanzanalysewissen i.d.R. von den Daten getrennt. Aussagen über die Eignung von Planungssprachen für die Realisierung von Finanzanalysesystemen sind aber nur bezogen auf den konkrete Werkzeuge möglich, da die verschiedenen Werkzeuge sich stark unterscheiden.

3.3 Fazit

Ein idealer Realisierungsansatz für Finanzanalysesysteme sollte die Vorteile der zuvor geschilderten Ansätze integrieren und deren Nachteile vermeiden. Dies ist nur durch die Konzeption eines spezifischen Entwicklungswerkzeugs für Finanzanalysesysteme möglich, insbesondere dann, wenn die Entwicklung, Wartung und Pflege der Planungsmodelle durch einen Investitions- und Finanzierungsberater erfolgen soll. Ein derartiges Werkzeug sollte folgende Eigenschaften besitzen:

- Eine intuitiv und für alle Alternativentypen einheitlich bedienbare grafische Benutzungsoberfläche mit leistungsfähigem Hilfesystem, daß sowohl Fragen zur Bedienung als auch semantische Fragen klären kann.
- Ein durchgängiges Modellierungsparadigma, das der Denkwelt des Finanzanalyseexperten entstammt. Dieses Paradigma sollte sich auch in der Bedienung des Finanzanalysesystems niederschlagen.
- Das Finanzanalysewissen sollte prozedural repräsentiert, aber vom Ablaufschema des Systems getrennt sein, damit eine leichte Erweiterung und Wartung des Finanzanalysesystems möglich wird.
- Um Mehrfachaufwand und Inkonsistenzen vermeiden, ist ein hohes Maß an Wiederverwendbarkeit von Systembestandteilen erforderlich. Dies gilt für alle Komponenten: Benutzungsoberfläche, Planungsmodelle, Methoden und die Datenhaltungskomponente.
- Eine leistungsfähige Datenhaltungskomponente, die neben hoher Zugriffsgeschwindigkeit ein hohes Maß an Datensicherheit ermöglicht.

---

[79] Vgl. [BeDo94], S. 188, [Humm95], S. 267 und [Hoff93], S. 150.
[80] Vgl. [Turb95], S. 188 f.
[81] Vgl. [Humm95], S. 267 und [MeGr93], S. 31.

Die Erfüllung dieser Anforderungen ermöglicht leistungsfähige Finanzanalysesysteme mit intuitiver Benutzungsoberfläche. Erweiterung und Wartung können in kurzer Zeit durch einen Investitions- und Finanzierungsberater erfolgen, ohne daß dabei auf die Vorteile einer leistungsfähigen Datenhaltungskomponente verzichtet werden muß. Im folgenden Kapitel stellen wir mit dem *integrierten Finanzanalysesystem* (IFAS) eine Entwicklungs- und Anwendungsumgebung vor, die diese Anforderungen weitgehend zu erfüllen versucht.

4. Das Integrierte Finanzanalysesystem IFAS

IFAS ist eine prototypisch realisierte, integrierte Entwicklungs- und Anwendungsumgebung für Finanzanalysesysteme. IFAS befreit den Entwickler eines Finanzanalysesystems weitgehend von den nicht betriebswirtschaftlichen Aspekten der Anwendungsentwicklung, z.B. dem Entwurf der Benutzungsoberfläche und der Datenmodellierung, ohne den Anwender zu zwingen, auf eine einheitlich zu bedienende, intuitive grafische Benutzungsoberfläche und das Sicherheitsniveau, das erreichbar ist, wenn die Datenbankzugriffe durch ein leistungsfähiges Datenbankmanagementsystem gesteuert werden, zu verzichten.

Im folgenden Abschnitt 4.1 zeigen wir, wie Finanzanalysen auf der Basis von Planbuchungen erstellt werden können. Diesen betriebswirtschaftlichen Ansatz übertragen wir in Abschnitt 4.2 auf eine modulare Systemarchitektur, die die in Kapitel 3 identifizierten Anforderungen an Finanzanalysesysteme in der Investitions- und Finanzierungsberatung – sowohl bezüglich der Entwicklung und Wartung von Modellen und Methoden als auch der Erstellung von Finanzanalysen – weitgehend erfüllt. Abschließend entwickeln wir in Abschnitt 4.3 ein arbeitsteiliges Konzept für den Betrieb eines Werkzeugs wie IFAS bei einem Investitions- und Finanzierungsberater (und anderen Unternehmungen) und zeigen dessen Implikationen für die technische Umsetzung auf.[1]

4.1 Fachkonzept

In IFAS werden Finanzanalysen auf der Basis von Planbuchungen durchgeführt. Dieser Ansatz wurde bereits für Planungsmodelle zur Analyse von Kauf- und Leasingverträgen in den Systemen KALEM und nachfolgend auch FES verwendet.[2] Die dabei gemachten positiven Erfahrungen waren An-

---

[1] Die folgenden Abschnitte sind aus einer Überarbeitung und Erweiterung von [Schn96] und [Schn94a] hervorgegangen.
[2] Die Systeme KALEM und FES wurden in den Jahren 1992–1994 am Lehrstuhl für Betriebswirtschaftslehre mit Schwerpunkt Wirtschaftsinformatik an der Justus-Liebig-Universität Gießen entwickelt. KALEM ist ein Finanzanalysesystem zur Unterstützung von **KA**uf/**Le**asing-Entscheidungen für **M**obilien (vgl. [Schn92]). FES (**F**inancial **E**ngineering **S**ystem) ist ein Entscheidungsun-

laß für die Konzeption einer nicht an bestimmte Alternativentypen gebundenen Entwicklungs- und Anwendungsumgebung. Im folgenden Abschnitt zeigen wir zunächst, wie Finanzanalysen mit der Technik der doppelten Buchführung, d.h. auf der Basis von Planbuchungen, erstellt werden können. Anschließend legen wir die in IFAS benutzte Terminologie und die dem System zugrundeliegenden Annahmen fest.

4.1.1 Der betriebswirtschaftliche Ansatz von IFAS

Alle monetär quantifizierbaren Wirkungen des Unternehmungsgeschehens werden im betrieblichen Rechnungswesen erfaßt. Dieses verfügt mit der Technik der doppelten Buchführung über einen leistungsfähigen Formalismus, mit dem monetäre Informationen über unterschiedlichste ökonomische Aktivitäten einheitlich dargestellt werden können. Trotz dieser Flexibilität wird die doppelte Buchführung meist nur für vergangenheitsbezogene Dokumentationsrechnungen, nicht aber für zukunftsbezogene Planungsrechnungen eingesetzt, obwohl dies bereits wiederholt vorgeschlagen wurde.[3]

Finanzanalysen liefern – zukunftsbezogen – monetäre Informationen über Investitions- und Finanzierungsprojekte. Wenn diese Informationen als Planbuchungen vorliegen, stehen alle bislang i.d.R. nur vergangenheitsorientiert genutzten Analysemethoden des betrieblichen Rechnungswesens auch für Planungsrechnungen zur Verfügung. Wegen ihrer Flexibilität und Leistungsfähigkeit verwenden wir deshalb die Technik der doppelten Buchführung als betriebswirtschaftliche Grundlage von IFAS. Dies bedeutet nicht, daß Finanzanalysen auf der Basis handelsrechtlicher Bewertungsansätze durchgeführt werden müssen, sondern ermöglicht die einheitliche Darstellung unterschiedlichster Kategorien monetärer Informationen. Das Konzept einer Finanzanalyse auf der Basis von Planbuchungen zeigt Abbildung 4.1.[4]

Für viele reale Entscheidungssituationen ist eine Finanzanalyse auf Jahresbasis ungeeignet.[5] Das Fachkonzept von IFAS sieht daher eine unterjährige Betrachtungsweise vor.[6] Der Veranlagungszeitraum für Ertrag- und Sub-

---

terstützungssystem, das den Anwender sowohl bei der Erstellung und Analyse von Leasingangeboten unterstützt (siehe S. 14 und [WeDe94]). KALEM wurde 1993 mit dem Deutsch-Österreichischen Hochschul-Software-Preis ausgezeichnet.

[3] Vgl. [MuMe94], S. 4 und [Brun79], S. 1099.

[4] Dieser Ansatz wurde für ein typspezifisches Finanzanalysesystem in [Schn92] entwickelt.

[5] Eine unterjährige Betrachtungsweise ist z.B. notwendig, wenn die Gefahr von Liquiditätsengpässen besteht, so daß eine genaue Finanzplanung erforderlich ist, oder die Ersetzung der pro rata temporis Abschreibung durch die Halbjahresvereinfachungsregel des Abschnitts 44 EStR Entscheidungsrelevanz besitzt. Siehe auch Abschnitt 3.1.1.

[6] Die Implementation des Prototyps basiert auf einer Periodenlänge von einem Monat. Dies ist jedoch keine einschränkende Voraussetzung, sondern konzeptionell ist jede Periodenlänge denkbar, für die 1 Jahr ein ganzzahliges Vielfaches ist. Für ein kommerzielles Produkt wäre die Periodenlänge auch konfigurierbar zu implementieren.

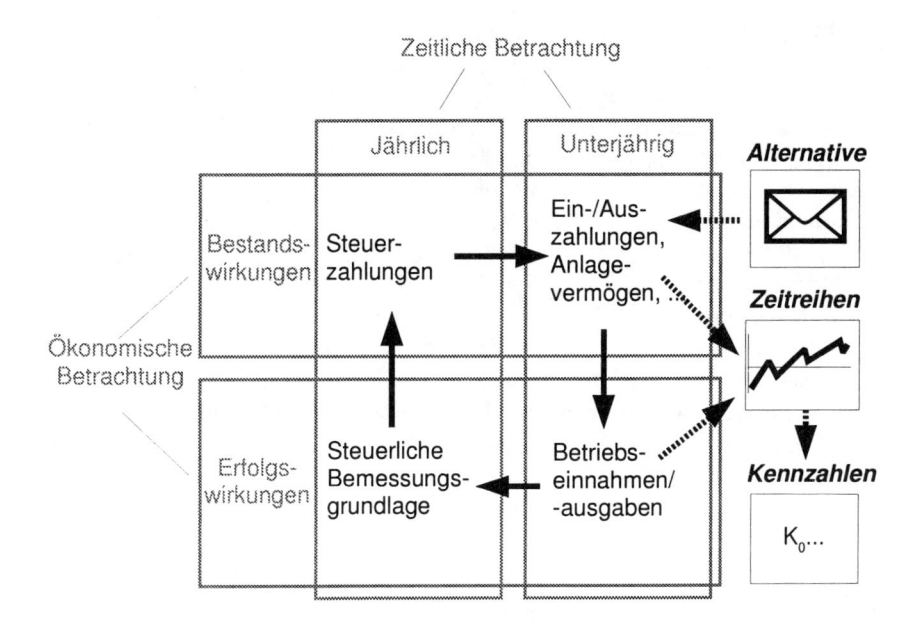

Abb. 4.1. Betriebswirtschaftlicher Ansatz von IFAS

stanzsteuern ist ein Jahr. Daher ist zur Berücksichtigung steuerlicher Aspekte eine ergänzende jährliche Betrachtungsweise erforderlich, in der die steuerrelevanten unterjährigen Planbuchungen ihren jeweiligen Veranlagungszeiträumen zugerechnet werden. Die gleichzeitige Berücksichtigung unterschiedlicher Periodenlängen im betriebswirtschaftlichen Grundkonzept von IFAS zeigen die vertikalen Säulen in Abbildung 4.1.

Die korrekte Berücksichtigung von Steuerwirkungen ist ein zentraler Aspekt fundierter Finanzanalysen. Dies erfordert nicht nur in zeitlicher, sondern auch in ökonomischer Hinsicht eine differenzierte Betrachungsweise: Bestandswirkungen einer Alternative, z.B. Ein- und Auszahlungen oder Zu- und Abgänge im Anlagevermögen, müssen im Finanzanalysesystem deutlich von steuerlich relevanten Erfolgswirkungen (Betriebseinnahmen und -ausgaben) unterschieden werden, da diese sich betragsmäßig unterscheiden, wenn z.B. – wie bei der Forfaitierung von Leasingraten – aufgrund steuerlicher Vorschriften eine zeitliche Rechnungsabgrenzung vorzunehmen ist. Die differenzierte Betrachtung von Bestands- und Erfolgswirkungen in IFAS wird in Abbildung 4.1 durch die horizontalen Balken dargestellt.

Der sich aus diesem „Gerüst" ergebende Ablauf einer Finanzanalyse in IFAS läßt sich leicht an den Metaphern des „Finanzbuchhalters" und des „Bilanzbuchhalters"[7] verdeutlichen, deren Aktivitäten bei der Erstellung ei-

---

[7] Die Finanzbuchhaltung dokumentiert den außerbetrieblichen Werteverkehr der Unternehmung (vgl. [Gabl88], Sp. 1796). Sie liefert das Zahlenmaterial zur Er-

ner Finanzanalyse gedanklich vorweg genommen werden: Der „Finanzbuchhalter" übernimmt die laufende – d.h. unterjährige – Dokumentation der durch eine Alternative ausgelösten (Plan-)Geschäftsvorfälle. Er verfügt über das Wissen, welche Bestands- und Erfolgswirkungen die Realisierung einer Alternative auslösen würde[8] und wie diese mit Planbuchungen im Zahlenwerk des betrieblichen Rechnungswesens abzubilden sind. Die unterjährige Dokumentationsrechnung liefert alle Informationen, die der „Bilanzbuchhalter" benötigt, um – jährlich – die steuerlichen Bemessungsgrundlagen für die Ertragsteuerzahlungen aus den Betriebseinnahmen und -ausgaben zu ermitteln. Aus ihrer jeweiligen Bemessungsgrundlage werden die Ertragsteuerzahlungen errechnet und in der laufenden Dokumentationsrechnung erfaßt. Bei diesem Ablauf einer Finanzanalyse werden aus den Informationen, welche die analysierten Alternativen beschreiben, Zeitreihen der voraussichtlichen Veränderungen im Vermögens- und Kapitalbestand der Unternehmung erzeugt. Diese Zeitreihen können anschließend mit betriebswirtschaftlichen und statistischen Methoden zu Kennzahlen verdichtet werden.

Zur Übertragung des vorgestellten Ansatzes auf ein Entwicklungswerkzeug für Finanzanalysesysteme müssen wir die exakte Bedeutung von Begriffen des betrieblichen Rechnungswesens im Kontext dieses Werkzeugs festlegen. Dies und die Festlegung der Annahmen, die für die mit IFAS erstellten Finanzanalysen gelten, ist Gegenstand des folgenden Abschnitts.

4.1.2 Terminologie und Annahmen

Bei der Erstellung einer Finanzanalyse in IFAS werden die monetär quantifizierbaren Folgen einer Alternative[9] gedanklich vorweggenommen und in Form von Planbuchungen dargestellt. Dies erfordert Annahmen darüber, wie die Zeit in einer Finanzanalyse repräsentiert wird. Anschließend muß die Bedeutung der für IFAS wichtigen Begriffe aus der doppelten Buchführung im IFAS-Kontext festgelegt werden. Auf dieser terminologischen Basis werden im letzten Schritt Annahmen über die Verwendung der Technik der doppelten

---

stellung des Jahresabschlusses. Für diese Aufgabe wurde das Berufsbild des Bilanzbuchhalters geschaffen. Die Berufsbezeichnung „Bilanzbuchhalter" setzt eine mehrjährige Berufspraxis in der Finanzbuchhaltung und eine Zusatzausbildung bei der Industrie- und Handelskammer voraus.

[8] Zu den Erfolgswirkungen zählen auch die Substanz- und Verkehrsteuerzahlungen. Streng genommen paßt die Metapher des Finanzbuchhalters nicht ganz, da die Erfolgswirkungen in der Finanzbuchhaltung auf der Basis handelsrechtlicher Erträge und Aufwendungen ermittelt werden. Für eine Finanzanalyse mit korrekter Berücksichtigung von Steuerwirkungen ist aber die Ermittlung der Erfolgswirkungen auf Basis steuerlicher Betriebseinnahmen und -ausgaben relevant. Aufgrund des Maßgeblichkeitsprinzips fällt dieser Unterschied aber nicht so stark ins Gewicht, daß eine Verwendung dieser anschaulichen Metapher nicht mehr sinnvoll wäre.

[9] Als Alternative bezeichnen wir ein zulässiges Aktionsprogramm. Vgl. Abschnitt 1.1.2.

Buchführung in IFAS getroffen. Die nachfolgenden Ausführungen basieren auf einer relationalen, d.h. mengenorientierten, Sicht auf die mit einer Finanzanalyse erzeugten Informationen. Gründe hierfür sind die gute Eignung des relationalen Datenmodells für diese Problemstellung und die Dominanz dieses Datenmodells in der Datenbankinfrastruktur der Unternehmungen.[10]

Für die Darstellung zeitlicher Aspekte einer Finanzanalyse in IFAS gelten die folgenden Annahmen:

- Der Planungszeitraum ist endlich und umfaßt n aufeinander folgende, gleich lange Perioden (z.B. Tage, Monate oder Jahre), die jeweils durch ihre Anfangs- und Endzeitpunkte definiert sind. Formal ist der Planungszeitraum eine Menge von Zeitpunkten $T = \{0, 1, \ldots, n\}$. Die Planung erfolgt in einer diskreten Betrachtung der $n + 1$ Zeitpunkte des Planungszeitraums.
- Die Periodenlänge wird so festgelegt, daß ein Jahr ein ganzzahliges Vielfaches der Periodenlänge ist und daß der Anfang bzw. das Ende eines Kalenderjahres Zeitpunkte in T sind.[11]
- Jahresabschlüsse erfolgen jeweils im Abstand von einem Jahr.[12]

In IFAS werden Konzepte aus dem betrieblichen Rechnungswesen auf eine integrierte Anwendungs- und Entwicklungsumgebung übertragen. Um dabei begriffliche Unklarheiten zu vermeiden, wird nachfolgend die im IFAS-Kontext relevante Begriffsbelegung definiert.[13]

Konto: Ein Konto ist der logische Ort der Speicherung von Informationen über wertmäßige Änderungen einer Position im Vermögens- und Kapitalbestand der Unternehmung. Ein bestimmtes Konto wird über seinen Bezeichner k_i identifiziert.

Kontenplan: Die Menge der vorhandenen Konten k_i wird als Kontenplan $P = \{k_1, \ldots, k_m\}$ bezeichnet.

Buchung: Eine Buchung $b_j, j = 1, 2, \ldots$, ist eine auf einem Konto eingetragene Information. Sie ist die kleinste Informationseinheit, die in IFAS durch eine Finanzanalyse erzeugt wird. Formal ist eine Buchung b_j ein geordnetes Tripel (k_j, t_j, x_j), wobei $k_j \in P$ das Konto der Buchung, $t_j \in T$ den Zeitpunkt der Buchung und $x_j \in R\backslash 0^{14}$ den Wert der Buchung angibt.

---

[10] Aus diesen Gründen basiert auch die Datenhaltungskomponente von IFAS auf dem relationalen Datenmodell.
[11] Wenn z.B. als Periodenlänge ein Jahr bestimmt ist, entspricht eine Periode einem Kalenderjahr. Wenn als Periodenlänge ein Monat bestimmt ist, dann entspricht eine Periode einem Kalendermonat, usw.
[12] In den meisten Fällen wird der Zeitpunkt eines Jahresabschlusses auf das Ende eines Kalenderjahres fallen. Es können aber auch vom Kalenderjahr abweichende Wirtschaftsjahre abgebildet werden.
[13] Zum Vergleich mit der betriebswirtschaftlichen Begriffsbelegung siehe z.B. [Eise93] und [Koch89].
[14] Nur Buchungen mit einem Betrag ungleich Null sind ökonomisch sinnvoll.

4. Das Integrierte Finanzanalysesystem IFAS

Wir bezeichnen eine Buchung b_j als *Sollbuchung*, wenn gilt: $\text{sign}(x_j) = 1$. Die Buchung wird als *Habenbuchung* bezeichnet, wenn gilt: $\text{sign}(x_j) = -1$.[15]

Transaktion: Als Transaktion bezeichnen wir in IFAS ein im Zeitpunkt $t \in T$ eintretendes (geplantes) Realweltereignis, das eine Menge zusammengehöriger Informationen über Veränderungen im Vermögens- und Kapitalbestand der Unternehmung erzeugt.[16]

Buchungssatz: Der Buchungssatz ist das Konstrukt zur Abbildung von Transaktionen in IFAS. Ein Buchungssatz B_k ist eine mindestens zweielementige Menge semantisch zusammengehöriger Buchungen $\{(t_l, k_l, x_l), \ldots, (t_m, k_m, x_m)\}$. Jede Buchung b_j gehört zu genau einem Buchungssatz B_k.

Für die Buchungen eines Buchungssatzes gilt: $t_i = t$, $i = l, \ldots, m$, und $\sum_{i=l}^{m} x_i = 0$, d.h. alle Buchungen finden im selben Zeitpunkt statt und ein Buchungssatz enthält immer mindestens eine Sollbuchung und eine Habenbuchung. Im weiteren Verlauf dieser Arbeit schreiben wir den Buchungssatz kürzer als $(t, k_l, x_l, \ldots, k_m, x_m)$.[17]

Journal: Als Journal wird die chronologisch geordnete Menge aller Buchungssätze einer Alternative bezeichnet.

Saldo: Die Summe aller Buchungen, die innerhalb eines bestimmten Zeitraums auf einem Konto eingetragen sind, wird als Saldo des Kontos für diesen Zeitraum bezeichnet.

Kontenabschluß: Der Kontenabschluß ist eine auf dem Saldo aufbauende Funktion: Ein Konto k_i wird in einem Zeitpunkt t auf ein Konto k_j abgeschlossen, indem der Saldo des Kontos k_i für den Zeitraum $(0, t)$ ermittelt wird und im Zeitpunkt t auf das Konto k_j gebucht wird. Wir schreiben diese Beziehung als $k_i \to k_j$. Das Konto k_i wird dann als Unterkonto des Kontos k_j bezeichnet. Dementsprechend ist das Konto k_j das Oberkonto des Kontos k_i. Ein Konto kann immer nur auf maximal ein anderes Konto abgeschlossen werden. Der Kontenabschluß ist eine informationsverdichtende Funktion der doppelten Buchführung, da das Konto k_j nach dem Abschluß des Kontos k_i dessen aggregierte Information enthält.

---

[15] Wenn ein Konto als T-Konto geführt wird, ist eine Sollbuchung demnach eine Buchung auf der Aktiv-Seite und eine Habenbuchung eine Buchung auf der Passiv-Seite des Kontos. Beim Blick auf die Kontoauszüge, die eine Bank einem Kunden ausstellt, erscheint dies zunächst verwirrend, da ein Guthaben des Kunden dort im Haben und eine Verbindlichkeit des Kunden im Soll erscheint. Dieser scheinbare Widerspruch löst sich jedoch auf, wenn berücksichtigt wird, daß Kontoauszüge die Sicht der Bank wiedergeben: Guthaben des Kunden sind aus Sicht der Bank Verbindlichkeiten, die auf der Passiv-Seite, d.h. im Haben ausgewiesen werden. Verbindlichkeiten des Kunden sind aus Sicht der Bank Forderungen, die auf der Aktiv-Seite, d.h. im Soll ausgewiesen werden.

[16] DieserBegriff ist angelehnt an [Gera93].

[17] Diese Darstellung erhalten wir durch einen natural join über das Attribut „Zeitpunkt". Zum natural join vgl. z.B. [ScSt83], S. 140.

Auf dieser terminologischen Basis können wir die weiteren Annahmen formulieren, die einer Finanzanalyse mit IFAS zugrundeliegen:

- Jede Alternative mit einem endlichen Planungshorizont verursacht eine endliche, nicht leere Menge von Transaktionen und jede Transaktion wird auf eine nicht leere Menge von Buchungssätzen abgebildet.
- Alle Transaktionen sind sicher.[18]
- Zu Beginn des Planungszeitraums ist das Journal eine leere Menge.[19]

Mit Hilfe von Konzepten aus der doppelten Buchführung haben wir ein allgemeines, d.h. nicht an bestimmte Alternativentypen gebundenes, Konzept für die Erstellung von Finanzanalysen entwickelt. Wegen seiner Universalität ist dieses Konzept nicht nur für bestimmte *Finanzanalysesysteme*, sondern auch für *Entwicklungswerkzeuge für Finanzanalysesysteme* geeignet. Die fachliche Nähe eines solchen Entwicklungswerkzeugs zu den damit zu entwickelnden Finanzanalysesystemen erleichtert – bei geeigneter Realisierung des Entwicklungswerkzeugs – die Erstellung problemadäquater Finanzanalysesysteme durch einen Berater. Im folgenden Abschnitt entwickeln wir aus dem vorgestellten betriebswirtschaftlichen Ansatz eine integrierte Entwicklungs- und Anwendungsumgebung, die diese – und die weiterreichenden Anforderungen aus Kapitel 3 – weitgehend erfüllen soll.[20]

4.2 Systemkonzept

In diesem Abschnitt wird der oben entwickelte Ansatz zur Erstellung von Finanzanalysen anforderungsorientiert in eine Systemarchitektur übertragen. Dabei geben wir zunächst einen Gesamtüberblick, bevor die einzelnen Systembestandteile im Detail erörtert werden. Das Systemkonzept wird durch einige Ausführungen zur technischen und organisatorischen Realisierung eines Werkzeugs wie IFAS vervollständigt. Dieser Abschnitt ist generell für Entwickler flexibler Client/Server-Systeme interessant.

4.2.1 Systemarchitektur

Das in IFAS vorhandene Finanzanalysewissen soll leicht durch einen Investitions- und Finanzierungsberater gewartet und erweitert werden können. Dafür müssen die typspezifischen Planungsmodelle[21] vom Ablaufschema des Finanzanalysesystems getrennt vorliegen. Aus diesem Grund

---

[18] Die Annahme der Sicherheit kann möglicherweise bei einer Weiterentwicklung dieses Ansatzes aufgegeben werden.
[19] Diese Annahme ist für die Vergleichbarkeit mehrerer Alternativen erforderlich.
[20] Aufgrund der zu erwartenden Vorteile wird die Konzeption problemspezifischer Entwicklungsumgebungen auch in anderen Anwendungsgebieten als bedeutsam für die Softwareentwicklung angesehen. Vgl. dazu [Nagl93].
[21] Vgl. Abschnitt 1.1.4.

verfügt IFAS über eine eigene – interpretierte – Planungssprache, mit der das Wissen, wie die Transaktionen auf Buchungssätze abzubilden sind, für jeden mit IFAS „rechenbaren" Alternativtyp explizit beschrieben wird. Dieses Wissen bezeichnen wir kurz als *typspezifische Buchungsweisungen*. Die Planungssprache, in der die typspezifischen Buchungsanweisungen programmiert werden, bezeichnen wir als „*Knowledge Description Language*" (KDL). Die in den Buchungsanweisungen der KDL-Programme angesprochenen Konten werden in einem *typspezifischen kontenorientierten Datenmodell* definiert, das aus einem Kontenplan und einer Menge von Abschlußbeziehungen besteht. Ein typspezifisches Planungsmodell besteht in IFAS folglich aus einem typspezifischen kontenorienterten Datenmodell und einem zugehörigen typspezifischen KDL-Programm.

Zur Durchführung einer Finanzanalyse wird das für den Typ der zu analysierenden Alternative relevante KDL-Programm von einem KDL-Interpreter ausgeführt. Zur Wartung von Planungsmodellen oder um neue Planungsmodelle zu erzeugen, werden die entsprechenden KDL-Programme und kontenorientierten Datenmodelle mit für diesen Zweck vorgesehenen Editoren angepaßt bzw. neu erzeugt. Die Systemarchitektur von IFAS ist in Abbildung 4.2 dargestellt.[22]

Die typspezifischen Planungsmodelle können um so effizienter entwickelt werden, je mehr bereits im System vorhandenes Wissen wiederverwendet werden kann. Deshalb enthält ein KDL-Programm (fast) nur das Vor-Ertragsteuern-Wissen des „Finanzbuchhalters"[23]. Der größte Teil des „Bilanzbuchhalterwissens", das für die Berechnung der Ertragsteuerwirkungen notwendig ist, wird durch den KDL-Interpreter bereitgestellt und muß nicht mehr in den Planungsmodellen beschrieben werden. Ermöglicht wird dies durch die kontenorientierten Datenmodelle, da diese auf einem einheitlichen, nicht an den Alternativtyp gebundenen Meta-Datenmodell basieren.[24].

Die Erstellung der typspezifischen Planungsmodelle soll durch den Berater erfolgen können, ohne daß dieser sich mit Fragen der Benutzungsoberfläche oder der Datenhaltung befassen muß. Dies darf aber nicht zu verminderter Leistungsfähigkeit der genannten Komponenten führen. Durch das einheitliche Meta-Datenmodell der kontenorientierten Datenmodellierung wird die Verwendung einer *gegebenen* Benutzungsoberfläche für alle typspezifischen Planungsmodelle möglich.[25] Der Entwickler wird so von der *Notwendigkeit*,

---

[22] In Abbildung 4.2 sind die vom Entwickler zu erstellenden typspezifischen Planungsmodelle und Methoden schattiert und die unveränderlichen Systembestandteile fett umrandet dargestellt. Die Editoren für die Planungsmodelle und Methoden sind aus Gründen der Übersichtlichkeit nicht explizit dargestellt. Die Pfeile geben den Informationsfluß in IFAS wieder. Vgl. auch Abbildung 1.4.
[23] Siehe Abschnitt 4.1.1.
[24] Dieses ist Gegenstand des folgenden Abschnitts 4.2.2.
[25] Der hier verfolgte Shell-Ansatz darf nicht mit der Idee der „Componentware" verwechselt werden. Bei Componentware werden beliebige Anwendungssysteme aus einfachen, vorgefertigten Bausteinen – den Komponenten – zusammengesetzt.

4.2 Systemkonzept

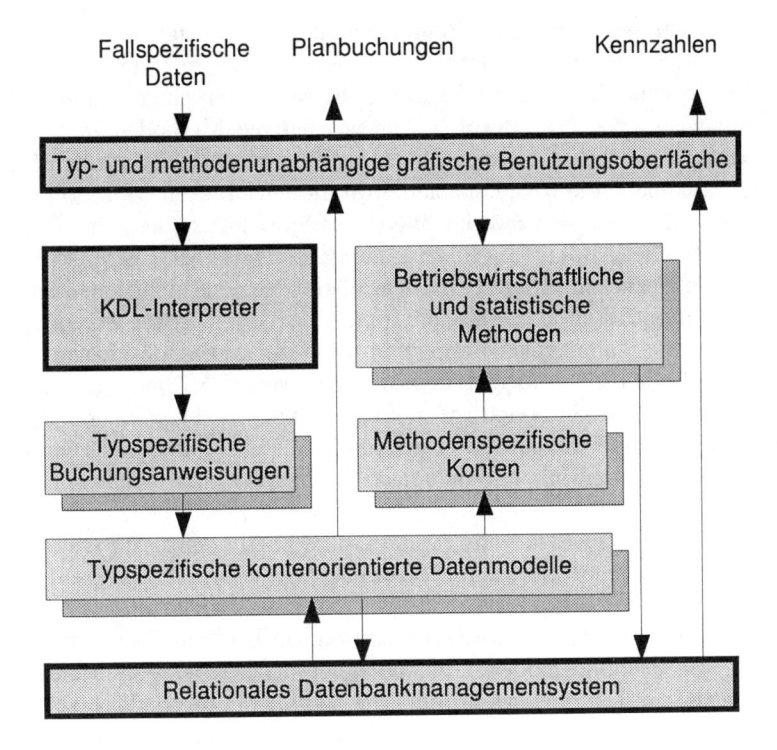

Abb. 4.2. Systemarchitektur von IFAS

eigene typspezifische Benutzungsoberflächen zu erzeugen, befreit. Er verliert aber zugleich auch die *Möglichkeit*, dies zu tun.[26] Für die Datenhaltung gelten die Ausführungen zur Benutzungsoberfläche analog: Die Datenhaltungskomponente von IFAS beruht auf einem relationalen Datenbankmanagementsystem. Durch das typunabhängige einheitliche Meta-Datenmodell basieren alle typspezifischen kontenorientierten Datenmodelle auf einem einheitlichen Relationenschema. Dies ermöglicht eine einheitliche Datenbankzugriffskomponente, die durch die Laufzeitumgebung von IFAS bereitgestellt wird. Aus Sicht des Entwicklers von Finanzanalysesystemen erschöpft sich die Problematik der Datenhaltung in der Spezifikation des typspezifischen kontenorientierten Datenmodells. Darüber hinausgehende Kenntnisse, z.B. in der Datenmodellierung oder der technischen Realisierung des Datenbankzugriffs, sind nicht erforderlich.

IFAS ist dagegen ein spezielles Anwendungssystem, dessen Anwendbarkeit für seine spezielle Problemstellung – die Erstellung von Finanzanalysen – durch den Entwickler typspezifischer Planungsmodelle variiert werden kann. Zum Thema Componentware siehe [Mali95].

[26] Für den Anwender führt dies zu einer konsistenten Bedienung des Finanzanalysesystems bei allen Alternativtypen.

98   4. Das Integrierte Finanzanalysesystem IFAS

Neben den typspezifischen Planungsmodellen benötigt ein Finanzanalysesystem einen problemadäquaten Methodenvorrat.[27] In IFAS können beliebige betriebswirtschaftliche und statistische Methoden eingebunden werden. Methodenwissen ist prozedural, daher werden die Methoden in IFAS mit imperativen Sprachen[28] programmiert. Um die Mächtigkeit von IFAS nicht einzuschränken, ist die volle Funktionalität dieser Sprachen erforderlich. IFAS besitzt deshalb zu diesem Zweck keine eigene Sprache, sondern eine Programmierschnittstelle (Application Programming Interface, API) zu verschiedenen imperativen Sprachen.[29] Dieses API ermöglicht einen einfachen Zugriff auf die kontenorientierten Datenmodelle und – zur Speicherung von Ergebnissen – auf die Datenhaltungskomponente. Eine Benutzungsoberfläche ist auch für die Methoden nicht zu erstellen, da diese von IFAS bereitgestellt wird. Bereits vorhandene Methoden sollen auch für neu hinzukommende typspezifische Planungsmodelle verwendet werden können. Ebenso sollen neu hinzukommende Methoden mit bereits vorhandenen Planungsmodellen eingesetzt werden können. Aus diesem Grund erfolgt der Zugriff auf die kontenorientierten Datenmodelle nicht direkt, sondern über methodenspezifische Konten, welche die Implementation der Methoden von den typspezifischen kontenorientierten Datenmodellen trennen.[30]

Durch die vorgestellte Systemarchitektur sind bei der Entwicklung und Wartung von Planungsmodellen nur noch fachliche Aspekte zu berücksichtigen. Dies gilt weitgehend auch für die Entwicklung der Methoden – sofern dies bei nicht problemspezifischen, imperativen Programmiersprachen möglich ist. Im folgenden werden wir genauer auf die verschiedenen Subsysteme eingehen.

4.2.2 Kontenorientierte Datenmodellierung

Ein kontenorientiertes Datenmodell besteht aus einem Kontenplan P und einer Menge von Abschlußbeziehungen A. Im betrieblichen Rechnungswesen werden alle Konten – mit Ausnahme des Bilanzkontos, das kein Oberkonto besitzt – auf genau ein Oberkonto abgeschlossen. Diesen Sachverhalt muß auch ein kontenorientiertes Datenmodell berücksichtigen, wenn es der Erfahrungswelt eines Investitions- und Finanzierungsberaters entsprechen soll. Jedes typspezifische kontenorientierte Datenmodell ist folglich als Baum $D(P, A)$ zu realisieren, dessen Wurzel das Bilanzkonto ist. Die Baumstruktur der typspezifischen kontenorientierten Datenmodelle beschreibt das in Abbildung 4.3 dargestellte typunabhängige Meta-Datenmodell.

---

[27] Vgl. Abschnitt 1.1.4.
[28] Siehe Seite 78.
[29] Derzeit sind dies Rexx – als einfach zu erlernende Endbenutzersprache – und alle Sprachen, die Funktionen aus Dynamic Link Libraries (DLL), die in C erstellt sind, aufrufen können.
[30] Die Integration von Methoden in IFAS wird in Abschnitt 4.2.4 ausführlich dargestellt.

4.2 Systemkonzept 99

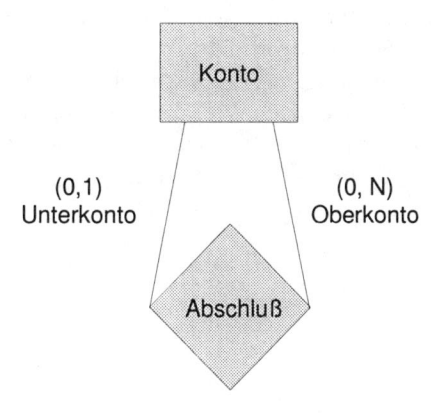

Abb. 4.3. Meta-Datenmodell der doppelten Buchführung
(Komplexitätsgrade in (Min, Max)-Notation nach [ElNa94], S. 57 ff.)

Aus den Abschlußbeziehungen und den Kontenbezeichnern resultiert die betriebswirtschaftliche Semantik eines kontenorientierten Datenmodells. Den Abschlußbeziehungen ist beim Entwurf eines kontenorientierten Datenmodells besondere Aufmerksamkeit zu widmen, da diese auf mehrfache Weise bedeutsam für IFAS sind:

Betriebswirtschaftliche Bedeutung: Die Abschlußbeziehungen sind „is a"-Beziehungen zwischen den Konten des Kontenplans. Die „is a"-Beziehungen erzeugen – abhängig von der Leserichtung des kontenorientierten Datenmodells – eine Spezialisierungs- bzw. Generalisierungs-Hierarchie, d.h. in einer Abschlußbeziehung $k_i \rightarrow k_j$ ist das Konto k_i eine Spezialisierung des Kontos k_j. Wenn der Informationsbedarf eines Alternativentyps eine artmäßige Unterscheidung bestimmter Stromgrößen erfordert, müssen dafür geeignete Unterkonten definiert werden (Spezialisierung). Ein Beispiel dafür ist das Konto „Leasinggegenstand" in Abbildung 4.4. Dort werden die Unterkonten „Grund und Boden" und „Gebäude" definiert, um zwischen dem nicht abschreibungsfähigen Grundstücksanteil und dem abschreibungsfähigen Gebäudeanteil einer Immobilie unterscheiden zu können. Zugleich legen die Abschlußbeziehungen den Weg der Informationsverdichtung innerhalb des kontenorientierten Datenmodells fest. Für jede erforderliche Verdichtungsstufe muß deshalb ein entsprechendes Oberkonto eingeführt werden (Generalisierung). Beispiele dafür sind die „GuV"-Konten in Abbildung 4.4, deren Saldo jeweils die Bemessungsgrundlage für eine bestimmte Ertragsteuer ist.

Technische Bedeutung: Die Abschlußbeziehungen sind zugleich „is part of"-Beziehungen zwischen den Konten, da der Saldo eines Kontos durch den

100   4. Das Integrierte Finanzanalysesystem IFAS

rekursiven Abschluß aller Unterkonten ermittelt werden kann. Die „is part of"-Beziehungen erzeugen eine Aggregations-Hierarchie, die einen für alle Konten einheitlichen Zugriffsmechanismus ermöglicht. Dieser wird von IFAS durch ein einfaches KDL-Konstrukt bereitgestellt. Für den Entwickler von Finanzanalysesystemen führt dies zu einer erheblichen Vereinfachung, da die prozedurale Programmierung der Informationsverdichtung durch eine deklarative Beschreibung der Abschlußbeziehungen ersetzt wird.[31]

```
Bilanz
├─ Leasinggegenstand
│     ├─ Grundstück
│     └─ Gebäude
├─ Forderungen
├─ Kasse
├─ Eigenkapital
│     ├─ Körperschaftsteuer
│     └─ GuV II
│           ├─ Gewerbeertragsteuer
│           └─ GuV I
│                 ├─ Gewerbekapitalsteuer
│                 ├─ Leasingerträge
│                 ├─ Außerordentliche Erträge
│                 └─ Gebäudeabschreibung
└─ Passiver Rechnungsabgrenzungsposten
```

Abb. 4.4. Beispiel eines kontenorientierten Datenmodells

---

[31] In IFAS ist die Generalisierungs-/Spezialisierungs-Hierarchie mit der Aggregations-Hierarchie identisch. Dabei handelt es sich um einen Spezialfall, da die beiden Hierarchien grundsätzlich orthogonal zueinander stehen. Besonders deutlich wird dies bei [Booc94], S. 14 f. Siehe dazu aber auch [RuBl91], S. 36 ff. und [CoYo91], S. 79 ff.

4.2 Systemkonzept   101

Konten wirken innerhalb eines kontenorientierten Datenmodells als Abstraktionsschicht, da der Saldo eines Kontos die Existenz und Detailinformationen von Unterkonten kapselt. Diese Eigenschaft wird in IFAS genutzt, um das für die Erstellung von Planungsmodellen erforderliche prozedurale Wissen auf die Vor-Ertragsteuern-Welt, d.h. auf das Wissen des „Finanzbuchhalters"[32] zu beschränken. Die für die Berechnung der Steuerwirkungen erforderlichen Funktionen sind bereits im KDL-Interpreter enthalten und setzen lediglich die Existenz bestimmter Konten voraus:[33]

– Der Saldo des Kontos GuV I ist die Bemessungsgrundlage der Einkommen- bzw. Körperschaftsteuer.
– Der Saldo des Kontos GuV II ist der Gewerbeertrag vor Hinzurechnungen und Kürzungen.[34]

Welche Betriebseinnnahmen und -ausgaben in die Steuerberechnung einfließen, wird durch die in den typspezifischen kontenorientierten Datenmodellen definierten Unterkonten bestimmt. Für die Funktionen zur Steuerberechnung ist dies aber unerheblich. Z.B. wird der Gewerbeertrag vor Hinzurechnungen und Kürzungen in dem in Abbildung 4.4 dargestellten Beispiel durch die Gewerbekapitalsteuer, Leasingerträge, außerordentliche Erträge und Gebäudeabschreibungen bestimmt. In einem anderen typspezifischen kontenorientierten Datenmodell können andere Unterkonten des Kontos GuV I definiert sein. Dennoch können die bestehenden Funktionen zur Berechnung der Gewerbeertragsteuer verwendet werden.

Damit eine übersichtliche Struktur kontenorientierter Datenmodelle sowie der zugehörigen Buchungsanweisungen gewährleistet ist, beschränken wir den Gültigkeitsbereich von Buchungsanweisungen auf die Blätter des Baumes. Diese Konten werden in IFAS als originäre Konten bezeichnet, da auf diesen Konten die Transaktionen abgebildet werden. Alle Konten, die nicht Blätter des Baumes sind, heißen derivative Konten. Buchungen auf derivativen Konten werden nur durch den KDL-Interpreter zur Erstellung der Jahresabschlüsse getätigt.

Die kontenorientierten Datenmodelle sind das Kernkonzept von IFAS und für einen Investitions- und Finanzierungsberater intuitiv und leicht verständlich. Darüberhinaus ermöglichen sie die Verwendung gegebener Systemkomponenten – Steuerberechnungsfunktionen, Benutzungsoberfläche und Datenhaltungskomponente – für alle Alternativentypen und können so zu einer

---

[32] Siehe Abschnitt 4.1.1.
[33] In der Implementation des Prototyps entstehen die kontenorientierten Datenmodelle durch Erweiterung eines vorgegebenen, unveränderlichen Grundgerüsts. Dies sichert die Korrektheit der zwischen den erforderlichen Konten bestehenden Abschlußbeziehungen. Die Kontenbezeichner sind innerhalb dieses Grundgerüsts nicht änderbar. Diese Beschränkung kann aber durch eine flexiblere Lösung – so, wie für die Methoden realisiert – vermieden werden.
[34] Gewerbesteuerliche Hinzurechnungen und Kürzungen werden mit speziellen KDL-Befehlen in einem Planungsmodell abgebildet (vgl. Abschnitt 4.2.3.2.3). Zur Gewerbeertragsteuer vgl. Abschnitt 2.2.1.2.1.

wesentlich effizienteren Entwicklung und Wartung von Finanzanalysesystemen führen. Zusätzlich zu den kontenorientierten Datenmodellen ist für die Entwicklung typspezifischer Planungsmodelle eine geeignete Planungssprache erforderlich, die wir im nächsten Abschnitt entwickeln werden.

4.2.3 Die Planungssprache von IFAS

Planungssprachen sind benutzernahe Programmiersprachen zur Erstellung betriebswirtschaftlicher Planungsmodelle durch Mitarbeiter einer Fachabteilung.[35] In diesem Abschnitt stellen wir zunächst die Grundzüge der Entwicklung von Programmiersprachen dar. Auf dieser Basis entwickeln wir dann die Planungsprache von IFAS. Diese Planungsprache nennen wir Knowledge Description Language (KDL), da sie zur problemnahen Repräsentation von Finanzanalysewissen verwendet wird.

4.2.3.1 Entwicklung von Programmiersprachen. Eine Programmiersprache ist ein „notationelles System zur Beschreibung von Berechnungen in durch Maschinen und Menschen lesbarer Form."[36] Eine Programmiersprache besteht – wie auch eine natürliche Sprache – aus Worten, die zu Sätzen kombiniert werden können. Die Worte einer Programmiersprache werden als Token bezeichnet. Die Art und Weise, wie die Token zu Sätzen kombiniert werden können, wird durch die Syntax der Sprache festgelegt. Die Bedeutung von Sätzen in einem Programm wird durch die Semantik der Sprache bestimmt.[37]

Zur Syntaxbeschreibung existieren verschiedene formale Metasprachen. Durchgesetzt hat sich die Syntaxbeschreibung in der Backus-Naur Form (BNF), die wir deshalb für die Spezifikation der KDL verwenden. Auch für die Beschreibung der Semantik existieren formale Verfahren. Diese stellen i.d.R. hohe Anforderungen an das diesbezügliche Wissen des Programmierers und konnten sich deshalb bislang nicht durchsetzen. Stattdessen wird die Semantik üblicherweise in natürlicher Sprache beschrieben, weshalb wir auch in IFAS so verfahren.[38]

Die Spezifikation einer Syntax in BNF-Notation ist ein Produktionssystem. Jede Produktion dieses Systems ist eine Ersetzungsregel, die angibt, wie ein bestimmtes Symbol durch andere Symbole zu ersetzen ist. Durch mehrfache Anwendung der Produktionen können alle Sätze, die in der Sprache syntaktisch korrekt möglich sind, hergeleitet werden. Zur Beschreibung

---

[35] Siehe Abschnitt 3.2.3. Ausführlich dazu auch [Humm95].
[36] [Loud94], S. 3. Unter Berechnung wird dabei von [Loud94], S. 4, ein Prozeß verstanden, der von einem Computer ausgeführt werden kann. Dieses Begriffsverständnis umfaßt nicht nur mathematische Berechungen, sondern alle Arten von Datenmanipulation, z.B. auch die Verwaltung von Datenbeständen, Text- und Bildverarbeitung, etc.
[37] Siehe dazu [Loud94], S. 22 f.
[38] Einen Überblick über formale Beschreibungsverfahren von Semantik gibt [Sebe93], S. 115 ff.

der Produktionen werden verschiedene Kategorien von Symbolen unterschieden:[39]

Terminalsymbole: Dies sind Symbole, die nicht mehr durch andere Symbole ersetzt werden können.

Nichtterminalsymbole: Dies sind Symbole, die in der durch die Produktionen angegebenen Weise durch andere Nichtterminalsymbole oder Terminalsymbole ersetzt werden.

Metasymbole: Diese Symbole dienen zur Beschreibung der Produktionen. In der BNF-Notation werden i.d.R. folgende Metasymbole verwendet:
- Das Metasymbol „::=" trennt die zu ersetzende linke Seite einer Produktion von der ersetzenden rechten Seite.
- Das Metasymbol „|" bedeutet „oder", d.h. es zeigt Alternativen an.
- Die Kombination der Metasymbole „<" und „>" schließt ein Symbol ein und klassifiziert dieses als Nichtterminalsymbol.

Wie die Sätze einer Sprache durch Anwendung von Produktionen hergeleitet werden, verdeutlicht das folgende Beispiel:[40]

```
<Satz>      ::=   <Subjekt> <Prädikat> .
<Subjekt>   ::=   Vögel | Hunde
<Prädikat>  ::=   zwitschern | bellen
```

Die oben spezifizierte Syntax ermöglicht die Herleitung folgender Sätze:

```
Vögel zwitschern.
Vögel bellen.
Hunde zwitschern.
Hunde bellen.
```

Wie das Beispiel zeigt, besitzt ein syntaktisch korrekter Satz nicht zwingend eine sinnvolle Bedeutung. Zugleich ist die Syntax der Beispielsprache von so geringer Mächtigkeit, daß nur ein Teil der semantisch sinnvollen Sachverhalte in dieser Sprache beschrieben werden kann. Die Syntax der KDL muß hingegen so allgemein gestaltet sein, daß alle für eine Finanzanalyse erforderlichen Sachverhalte abgebildet werden können.

Die Herleitung eines Satzes kann durch einen sogenannten Parsebaum[41] grafisch dargestellt werden. Dabei wird jedes Symbol durch einen Knoten des Parsebaums repräsentiert. Für jede ausgeführte Produktion werden die ersetzenden Symbole als Nachfolger des ersetzten Symbols in den Baum eingefügt. Die Herleitung des Satzes ist beendet, wenn alle Blätter des Parsebaums mit Terminalsymbolen belegt sind und somit keine weitere Ersetzung möglich ist.[42] Abbildung 4.5 zeigt den Parsebaum für den Satz „Vögel zwitschern.".

---
[39] Siehe dazu [Loud94], S. 83 ff. und [Sebe93], S. 95 ff.
[40] Beispiel nach [Debo95], S. 15.
[41] Vgl. z.B. [AhSe94], S. 7.
[42] Vgl. [Loud94], S. 90.

104   4. Das Integrierte Finanzanalysesystem IFAS

```
                    Satz
                   /    \
          Subjekt      Prädikat        .
             |             |
           Vögel       zwitschern
```

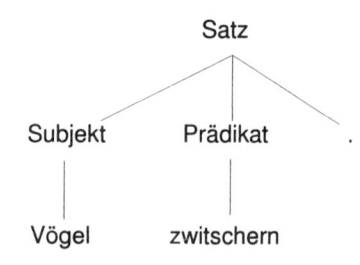

Abb. 4.5. Beispiel eines Parsebaums

In umgekehrter Weise können Parsebäume dazu genutzt werden, die syntaktische Korrektheit eines gegebenen Satzes zu überprüfen. Damit die Syntax einer Sprache eindeutig ist, muß bei der Spezifikation darauf geachtet werden, daß jeder syntaktisch korrekte Satz nur durch einen Parsebaum hergeleitet werden kann.[43]

Die Syntax und die inhaltlichen Konzepte einer Programmiersprache üben einen wesentlichen Einfluß auf die Qualität von Anwendungssystemen aus.[44] In der Literatur wird eine Vielzahl von Software-Qualitätskriterien, die durch die Programmiersprache beeinflußt werden, genannt.[45] Aufgrund der in Abschnitt 3.1 ermittelten Anforderungen an Finanzanalysesysteme muß die KDL so entworfen werden, daß die damit erstellten *Planungsmodelle* insbesondere die folgenden *Software-Qualitätskriterien* erfüllen:[46]

− Übereinstimmung mit der Systemspezifikation,
− Erweiterungs- und Wartungsfähigkeit,
− Wiederverwendbarkeit,
− Kompatibilität.

Eine Programmiersprache kann die Erreichung dieser Software-Qualitätsziele dadurch unterstützen, daß ein Programm leicht zu lesen − insbesondere durch Personen, die nicht an der Programmierung des Anwendungssystems beteiligt waren − und leicht zu schreiben ist. Auf diese Weise wird

---

[43] Dies ist z.B. für die Beschreibung der unterschiedlichen Priorität arithmetischer Operatoren bedeutsam. Siehe dazu [Loud94], S. 92 ff. und [AhSe94], S. 205 ff.
[44] Siehe dazu den Beitrag von [Klae94] über den Einfluß der Programmiersprache auf die Stabilität von Anwendungssystemen. Das Thema Software-Qualität ist auch mehr als 25 Jahre nach der Erkenntnis, daß die Entwicklung von Anwendungssystemen eine ingenieurmäßige Tätigkeit ist, aktuell. Schon die Messung von Software-Qualität ist noch Gegenstand wissenschaftlicher Forschung (siehe z.B. [HeHa97] und [SnRo96]). In jüngerer Zeit − auch vor dem Hintergrund der ISO 9000 ff. Normen − rückt verstärkt das Qualitätsmanagement in den Mittelpunkt des Interesses (siehe z.B. [BeSt96] und [Wall96]).
[45] Z.B. bei [Meye90], S. 2 ff. und [Klae94], S. 23.
[46] Diese Aufzählung erhebt keinen Anspruch auf Vollständigkeit.

vor allem die Wartungs- und Erweiterungsfähigkeit von Anwendungssystemen verbessert und die Gefahr von Programmierfehlern sinkt. Weitere wichtige Eigenschaften von Programmiersprachen, die aber nicht unmittelbar der Förderung oben genannter Software-Qualitätsziele dienen, sind Zuverlässigkeit und Effizienz. Zuverlässigkeit bedeutet, daß ein Programm während seiner Ausführung auf Ausnahmesituationen, z.B. Division durch 0, definiert reagiert. Effizienz bezieht sich auf gutes Laufzeitverhalten oder geringen Speicherbedarf eines Programmes. In der Literatur wurden Entwurfsprinzipien für Programmiersprachen erarbeitet, deren Beachtung einer Programmiersprache zu diesen Eigenschaften verhelfen soll. Weil diese Entwurfsprinzipien auch für die KDL wichtig sind, werden sie nachfolgend kurz dargestellt.[47]

Einfachheit: Diese Eigenschaft einer Programmiersprache wird durch Beschränkung auf wenige intuitive Grundkonzepte gefördert. Einfachheit ist für die KDL besonders wichtig, da KDL-Programme von Investitions- und Finanzierungsberatern erstellt werden, die i.d.R. nicht mit komplexen Informatikkonzepten vertraut sind.

Ausdruckskraft: Diese Eigenschaft wird durch mächtige Befehle gefördert. Sie kann allerdings u.U. mit dem Entwurfsprinzip der Einfachheit im Widerspruch stehen.

Orthogonalität: Dies bedeutet, daß eine Programmiersprache aus wenigen Primitiven besteht, die nur auf wenige verschiedene Arten miteinander kombiniert werden können. Dies bewirkt, daß ähnliche Sachverhalte ähnlich dargestellt werden und nur wenige Ausnahmen zu berücksichtigen sind. In einem gewissen Maß trägt Orthogonalität zur Einfachheit einer Programmiersprache bei. Zu starke Orthogonalität kann jedoch auch das Gegenteil bewirken.[48]

Kontrollstrukturen: Kontrollstrukturen ermöglichen die Steuerung des Programmablaufs ohne unübersichtliche Sprunganweisungen.

Datentypen: Dies sind Informationen über die interne Darstellung von Werten im Speicher. In Verbindung mit einer Typprüfung erhöht die Typisierung die Zuverlässigkeit von Programmen, da der Programmierer interne Darstellungsunterschiede explizit im Programmcode berücksichtigen muß. Dadurch können Programmfehler durch unbeabsichtigte Typvermischungen vermieden werden. Die Prüfung von Datentypen erfordert die explizite oder implizite Deklaration von Variablen. Eine Variable ist ein benannter Speicherplatz für Daten im Hauptspeicher. Als explizite Deklaration von Variablen wird eine Anweisung bezeichnet, die einem oder mehreren Variablenbezeichnern einen Datentyp explizit zuweist. Bei impliziten Deklarationen erfolgt die Typzuweisung automatisch anhand

---

[47] Diese Darstellung beruht auf [Sebe93], S. 7 ff., [Meye90], S. 1 ff. und [Loud94], S. 59 ff.
[48] Als Beispiel dafür nennt [Sebe93], S. 11 die Programmiersprache ALGOL68.

vorgegebener Regeln.[49] Die explizite Deklaration von Variablen trägt weitestgehend zur Vermeidung unbeabsichtigter Typvermischungen bei und hat sich daher in modernen Programmiersprachen durchgesetzt.[50]

Aliasing: Dies bezeichnet die Möglichkeit, auf verschiedene Weise auf eine Speicherstelle zuzugreifen, z.b. indem eine Speicherstelle alternativ mit ihrem Namen oder ihrer Adresse, z.b. mit speziellen „Zeigervariablen", referenziert werden kann. Aliasing reduziert die Lesbarkeit von Programmcode, kann aber die Flexibilität einer Programmiersprache erhöhen.[51] Dies kann besonders für Universalsprachen wichtig sein. Aliasing ist in der KDL nicht vorgesehen, da dies keine Universalsprache, sondern eine problemspezifische Sprache ist und Einfachheit für die KDL eine besondere Bedeutung besitzt.

Abstraktion: Als Abstraktion bezeichnen wir die Möglichkeit, komplexe Strukturen oder Operationen in einfacher Weise zu verwenden, ohne detaillierte Kenntnis über deren Aufbau oder Funktionsweise zu besitzen. Abstraktionen erhöhen die Ausdruckskraft einer Programmiersprache und können – je nach Realisierung – zu ihrer Einfachheit beitragen.

Modularität: Ein Modul ist eine Abstraktion mit bestimmten Eigenschaften, die insbesondere die Wartungs- und Erweiterungsfähigkeit von Anwendungssystemen erhöhen und die Wiederverwendung von Subsystemen erleichtern soll. Ein Modul soll die Details seiner Implementation nach außen verbergen (information hiding) und statt dessen über wenige kleine, aber explizit definierte Schnittstellen zu anderen Modulen verfügen. Modularität erfordert differenzierte Gültigkeitsbereiche für Variablenbezeichner:

Lokale Variable: Variable mit lokaler Gültigkeit werden innerhalb eines Moduls deklariert. Der Bezeichner einer lokalen Variablen kann nur innerhalb des Moduls verwendet werden, in dem die Variable deklariert wurde. Lokale Variable ermöglichen das für die Modularisierung erforderliche „information hiding".

Globale Variable: Variable mit globaler Gültigkeit werden außerhalb der Module deklariert. Globale Variable können von jedem Modul manipuliert werden, ohne daß dies außerhalb der Module sichtbar ist. Einerseits können globale Variablekann zu schwer erkenn- und lokalisierbaren Fehlern führen. Andererseits kann ein Programm in einigen Fällen durch globale Variable deutlich vereinfacht werden.

Modularität ist ein Schlüsselkonzept moderner Programmiersprachen und auch für die KDL erforderlich.

---

[49] Z.B. werden in FORTRAN alle Variablen deren Bezeichner mit 'I', 'J', 'K', 'L', 'M' oder 'N' beginnen als INTEGER Variablen behandelt. In vielen BASIC-Dialekten werden Variablen, deren Bezeichner mit dem Zeichen '$' enden, implizit als Zeichenkette (String) deklariert.

[50] Vgl. dazu [Sebe93], S. 145 und [Loud94], S. 131 ff.

[51] Ein verbreitetes Beispiel dafür ist die Programmiersprache C.

Die aufgeführten Entwurfsprinzipien beeinflussen sich gegenseitig und können ggf. zu Zielkonflikten führen. Wie „gut" eine Programmiersprache ist, kann daher nicht allgemein beurteilt werden, sondern muß vor dem Hintergrund des spezifischen Zwecks der Sprache beurteilt werden. Nach der Festlegung von Syntax und Semantik muß ein interpretierender oder compilierender Übersetzer für die Programmiersprache erzeugt werden.[52] Aufgabe eines Übersetzers ist die Ausführung des nachfolgend beschriebenen und in Abbildung 4.6 dargestellten Prozesses.

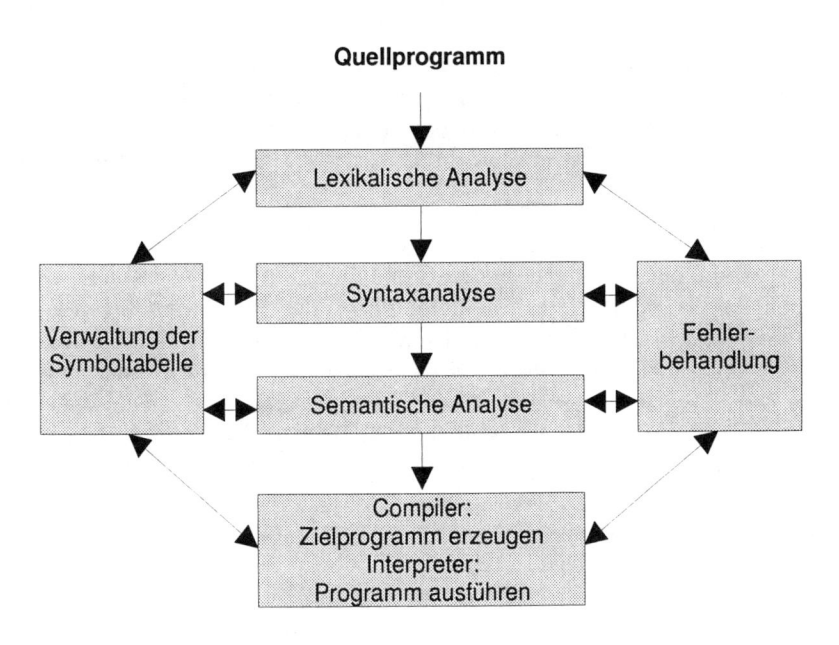

Abb. 4.6. Übersetzung von Programmen
(In Anlehnung an [AhSe94], S. 12)

1. Die lexikalische Analyse ist die Aufgabe des Scanners. Der Scanner liest den Zeichenstrom, aus dem das Quellprogramm besteht, und zerlegt ihn in Token, die in der Symboltabelle gespeichert werden.[53]

---

[52] Vgl. Abschnitt 3.2.1. Zu den Unterschieden zwischen Compiler und Interpreter beim Bau von Übersetzern siehe [Loud94], S. 24 ff.
[53] Vgl. [Loud94], S. 25. [AhSe94], S. 6 bezeichnen diesen Schritt als lineare Analyse, da der Zeichenstrom in eine Sequenz von Token zerlegt wird.

2. Die Syntaxanalyse ist die Aufgabe des Parsers. Der Parser faßt die Token gemäß den syntaktischen Vorschriften der Programmiersprache zu Sätzen zusammen, die ebenfalls in der Symboltabelle gespeichert werden.[54]
3. Die semantische Analyse weist den Bezeichnern eines Programmes Attribute zu, die deren Bedeutung repräsentieren.[55]:

   Beispiel 4.2.1.
   int x = 10;
   Diese Variablendeklaration in der Sprache C verbindet den Bezeichner „x" mit den Attributen „Variable", „Datentyp Integer" und „Wert 10" und speichert diese Informationen in der Symboltabelle.

4. In der letzten Phase des Übersetzungsprozesses wird, wenn der Übersetzer ein Compiler ist, das Zielprogramm in der Sprache der reellen oder virtuellen Maschine erzeugt, die das Zielprogramm später ausführen soll. Wenn der Übersetzer ein Interpreter ist, wird das Programm sofort ausgeführt.

In allen Phasen des beschriebenen Übersetzungsprozesses können Fehler auftreten, die der Übersetzer erkennen muß und auf die in geeigneter Weise, z.B. einem Eintrag in eine Protokolldatei, reagiert werden muß. Ein großer Teil der Fehler in einem Programm ist syntaktischer Art. Daher sind aussagekräftige Fehlermeldungen des Parsers für eine effiziente Programmierung von besonderer Bedeutung. Auch dann, wenn ein Übersetzer keine Fehler meldet, kann ein Programm noch Fehler enthalten. Diese (hoffentlich) zu finden, ist die Aufgabe von Programmtests, wobei die Fehlersuche bei interpretierenden Übersetzern tendenziell einfacher ist, als bei compilierenden Übersetzern.[56] Der KDL-Übersetzer ist deshalb trotz der damit verbundenen Laufzeitnachteile als Interpreter realisiert.

In diesem Abschnitt wurden die wichtigsten Aufgaben bei der Entwicklung einer Programmiersprache und die dabei zu beachtenden Prinzipien erörtert. Mit der BNF-Notation haben wir ein einfaches Konzept zur Spezifikation der Syntax einer Programmiersprache kennengelernt. Auf diesen Kenntnissen aufbauend, entwickeln wir im folgenden Abschnitt die Planungssprache von IFAS.

---

[54] Wegen der dabei entstehenden Parsebäume bezeichnet [AhSe94], S. 6, die Syntaxanalyse auch als hierarchische Analyse.

[55] Die Assoziation eines Attributes zu einem Namen wird als „binden" bezeichnet. Die Darstellung in Abbildung 4.6 ist insoweit eine starke Vereinfachung der Zusammenhänge, da i.d.R. nur ein Teil der Attribute zur Übersetzungszeit gebunden wird. Ein Teil der Bindeprozesse läuft dagegen üblicherweise erst nach der Übersetzung zur Binde-, Lade- oder Laufzeit des Programms ab. Der letzte Fall wird als dynamische Bindung, die anderen Fälle werden als statische Bindung des Programms bezeichnet. Zu den Grundlagen der Semantik und des Bindens siehe ausführlich [Loud94], S. 125 ff.

[56] Aus diesem Grund wurden z.B. auch Interpreter für die Programmiersprache C entwickelt, obwohl Übersetzer für diese Sprache i.d.R. als Compiler realisiert werden (vgl. [Schi88], S. 8).

4.2.3.2 Die Knowledge Description Language KDL.

Mit der Planungssprache von IFAS beschreibt der Entwickler eines Finanzanalysesystems das Wissen, wie die Transaktionen einer Alternative auf Planbuchungen abgebildet werden. Wir bezeichnen diese Planungssprache als Knowledge Description Language, kurz KDL. Ein KDL-Programm ist eine typspezifische Beschreibung von Buchungswissen. Dieses Wissen ist prozedural. Daher ist die KDL als prozedurale Sprache konzipiert.

Für jeden Alternativentyp muß spezifisches Buchungswissen über die – in der Vor-Steuern-Welt erfolgende – unterjährige Dokumentationsrechnung sowie die Erstellung der Jahresabschlüsse und die Berechnung der Ertragsteuerwirkungen in einem KDL-Programm beschrieben werden. Diese Trennung zwischen laufender Dokumentation und Jahresabschluß bestimmt die Grundstruktur eines KDL-Programms: Das Finanzanalysewissen über die laufende Dokumentation der Transaktionen wird spezifisch für jeden Alternativentyp *prozedural* beschrieben. Das Wissen über die Erstellung der Jahresabschlüsse und die Berechnung der Steuerwirkungen ist ebenfalls prozedural. Die dabei zu verwendenden Algorithmen sind jedoch nicht an einen bestimmten Alternativentyp gebunden, sondern können durch das einheitliche Meta-Datenmodell der doppelten Buchführung für alle Alternativentypen verwendet werden. Das Jahresabschlußwissen wird deshalb *deklarativ* durch Parametrisierung der Jahresabschlußalgorithmen beschrieben.

Die KDL ermöglicht die Modularisierung des Finanzanalysewissens durch die Bildung von Transaktionsketten. Eine Transaktionskette ist eine nicht leere Menge inhaltlich zusammengehöriger Transaktionen, die jeweils durch Buchungsanweisungen modelliert werden.[57] Z.B. kann für Leasingverträge jede Zahlung einer Leasingrate als Transaktion modelliert und die Menge der Leasingzahlungen in einer Transaktionskette zusammengefaßt werden. Damit das Finanzanalysewissen in Transaktionsketten modularisiert werden kann, besitzt die KDL differenzierte Gültigkeitsbereiche der Variablenbezeichner.

Die Grundstruktur eines KDL Programms beschreibt die nachstehende Produktion, deren rechte Nichtterminalsymbole anschließend jeweils in einem eigenen Abschnitt erläutert werden. Für die folgenden Syntaxdefinitionen ergänzen wir die BNF um das Terminalsymbol „•" für ein „NULL-Token". Nichtterminalsymbole, die im Text aus Gründen der Lesbarkeit nicht definiert werden, sind ohne spitze Klammern und kursiv gesetzt. Nichtterminalsymbole, die im Text an anderer Stelle definiert werden, sind in spitze Klammern und ebenfalls kursiv gesetzt.[58]

```
<Programm>   ::=   <Variablen>
                   <Transaktionsketten>
                   <Jahresabschluß>
```

---

[57] In [Schn94a] wurde hierfür der Terminus „Geschäftsprozeß" verwendet. Dieser ist jedoch in der Wirtschaftsinformatik bereits anderweitig – mit einer starken Betonung ablauforganisatorischer Aspekte – belegt. Vgl. dazu [FeSi93] und [ScFi96].

[58] Eine vollständige Syntaxbeschreibung enthält Anhang A.

110   4. Das Integrierte Finanzanalysesystem IFAS

Zusätzlich ist es möglich, ein KDL-Programm mit Kommentaren zu versehen. Kommentare werden in der KDL durch das Symbol „//" eingeleitet. Anhang A enthält eine vollständige Beschreibung der KDL-Syntax. In Anhang B befindet sich ein Beispiel für ein KDL-Programm. Dieses Programm enthält die Buchungsanweisungen für die Nach-Steuern-Finanzanalyse einer forfaitierten Leasingeinmalzahlung im privaten Immobilienleasing aus Sicht des Leasinggebers. Die Codefragmente der folgenden Abschnitte sind, soweit wie möglich, aus diesem Beispielprogramm entnommen.

4.2.3.2.1 Variablen. Variable werden in der KDL für die Übernahme von Benutzereingaben und die temporäre Speicherung von Zwischenergebnissen benötigt. Die persistent zu speichernden Ergebnisse einer Finanzanalyse werden in Form von Buchungen auf den Konten erfaßt.

In der KDL sind globale und lokale Variable jeweils optional möglich. Der Gültigkeitsbereich einer Variablen ergibt sich aus dem Ort ihrer Deklaration innerhalb des KDL-Programms und beeinflußt nicht die Syntax der Variablendaklaration. Globale Variable werden am Anfang eines KDL-Programms deklariert. Lokale Variable werden zu Beginn der Transaktionsketten deklariert. Der Verzicht auf spezielle Schlüsselworte für den Gültigkeitsbereich erhöht die Orthogonalität des Sprachentwurfs und erleichtert so das Erlernen der KDL.

Die KDL ist eine typisierte Sprache, d.h. jede Variable gehört zu einem bestimmten Datentyp. Im Interesse der Einfachheit werden nur skalare Datentypen unterstützt, d.h. jede Variable enthält nur einen Wert.[59] Dies erleichtert das Erlernen der KDL für Nicht-Programmierer und stellt für den spezifischen Verwendungszweck keinen Nachteil dar, da die eigentliche Datenmodellierung außerhalb der KDL im kontenorientierten Datenmodell erfolgt. Die vorhandenen Datentypen entstammen der Erfahrungswelt eines Investitions- und Finanzierungsberaters. Als Datentypen sind „zeit", „anzahl", „geld" und „prozent" verfügbar. Variablen sollten bei der Deklaration initialisiert werden. Nicht initialisierte Variablen bekommen deshalb vom KDL-Interpreter den Vorgabewert (Defaultwert) 0 zugewiesen. In der KDL werden Variablen wie folgt deklariert:

```
<Variablen>                ::=  <Deklaration>
                                <weitere_Deklarationen> | •
<Deklaration>              ::=  <Datentyp> <Variable>
                                <weitere_Variablen> ;
<Datentyp>                 ::=  zeit | anzahl | geld | prozent
<Variable>                 ::=  Bezeichner <Initialisierung>
<Initialisierung>          ::=  = Zahl | •
<weitere_Variablen>        ::=  , <Variable>
                                <weitere_Variablen> | •
<weitere_Deklarationen>    ::=  <Variablen> | •
```

---

[59] Viele Programmiersprachen besitzen zusätzlich aggregierte Datentypen, z.B. Felder und Strukturen. Solche Variablen können mehr als einen Wert enthalten.

Der Ersteller eines KDL-Programms kann fallweise anhand der Lesbarkeit des Codes entscheiden, ob in einer Deklaration mehrere Variablen definiert werden oder ob jede Variable separat deklariert wird. Beispiel 4.2.2 zeigt verschiedene Varianten, wie Variablen, die zur Analyse von Immobilienleasingverträgen mit forfaitierter Leasingeinmalzahlung aus Sicht des Leasinggebers[60] erforderlich sind, deklariert werden können.[61]

Beispiel 4.2.2.

```
Variante A  PROZENT  Grunderwerbsteuersatz = 0.035;
            PROZENT  Kalkulationszins;
            ZEIT     Faelligkeit;
            ZEIT     Grundmietzeit;
            GELD     Leasingzahlung;
            GELD     Gebaeude;
            GELD     Grundstueck;

Variante B  PROZENT  Grunderwerbsteuersatz = 0.035, Kalkulationszins;
            ZEIT     Faelligkeit, Grundmietzeit;
            GELD     Leasingzahlung, Gebaeude, Grundstueck;
```

In Beispiel 4.2.2 werden alle Variablen mit Ausnahme der Variablen Grunderwerbsteuersatz implizit mit 0 initialisiert. Beide Möglichkeiten der Variablendeklaration können beliebig gemischt werden, was aus Gründen der Lesbarkeit aber nicht ratsam ist.

Die in der KDL bestehenden Konstrukte zur Deklaration von Variablen ermöglichen zuverlässige Programme durch strenge Typprüfungen und differenzierte Gültigkeitsbereiche. Dennoch sind die zugrundeliegenden Konzepte auch für Investitions- und Finanzierungsberater leicht verständlich, da auf komplizierte Konzepte wie Aliasing und aggregierte Datentypen verzichtet wurde und die bestehenden Datentypen für einen Beraters intuitiv verständlich sind. Gegenstand des folgenden Abschnitts sind die Transaktionsketten, mit denen die unterjährige Dokumentationsrechnung prozedural beschrieben wird.

4.2.3.2.2 Transaktionsketten. Transaktionsketten sind die Module eines KDL-Programms. Die KDL unterscheidet zwischen der Definition und dem Aufruf einer Transaktionskette. In der Definition einer Transaktionskette wird das Ablaufschema festgelegt. Die darin enthaltenen Anweisungen kommen aber erst durch den Aufruf der Transaktionskette zur Ausführung. Die Ausführung eines KDL-Programms beginnt mit dem Aufruf der syntaktisch vorgeschriebenen Transaktionskette start( ). In dieser Transaktionskette können dann weitere Transaktionsketten aufgerufen werden. Die Reihenfolge, in der die Transaktionsketten definiert werden, ist von der Reihenfolge,

---
[60] Vgl. 2.4.
[61] Die KDL unterscheidet nicht zwischen Groß- und Kleinschreibung. Um die Lesbarkeit der Beispiele zu verbessern, schreiben wir aber Schlüsselworte und Kontenbezeichner in Großbuchstaben.

in der sie aufgerufen werden, unabhängig. Die Definition der Transaktionsketten kann in beliebiger Reihenfolge erfolgen.[62] Dies gilt allerdings nicht für den Aufruf der Transaktionsketten, der in vielen Fällen die Buchungen anderer Transaktionsketten voraussetzt.[63] Transaktionsketten werden in der KDL wie folgt definiert:

```
<Transaktionsketten>  ::=  <weitere_TK> <Start_TK> <weitere_TK>
<Start_TK>            ::=  start( ) <TK_Körper>
<weitere_TK>          ::=  <TK_Definition> <weitere_TK> | •
<TK_Definition>       ::=  <TK_Kopf> <TK_Körper>
```

Das Ablaufschema der Transaktionsketten soll nach außen unsichtbar sein. Dafür werden Schnittstellen benötigt, über die eine Transaktionskette solche Informationen, die keine Buchungen sind, mit anderen Transaktionsketten austauschen kann. Die Übergabe derartiger Informationen an eine Transaktionskette erfolgt mit formalen Parametern, die im Kopf der Transaktionskette definiert werden. Die formalen Parameter werden beim Aufruf der Transaktionskette mit konkreten Werten versehen. Diese Werte werden als aktuelle Parameter bezeichnet.[64] Die formalen Parameter ergeben sich aus dem Alternativentyp. Die aktuellen Parameter ergeben sich aus der konkret zu analysierenden Alternative. Die Parameterübergabe ist in der KDL ausschließlich als „call by value" möglich, d.h. die formalen Parameter werden wie lokale Variable der Transaktionskette behandelt.[65] Dadurch bleiben die internen Details einer Transaktionskette nach außen unsichtbar.

Die Aufgabe von Transaktionsketten ist die Durchführung von Transaktionen. Daher besitzen Transaktionsketten keine Rückgabewerte.[66] Die von den Transaktionsketten erzeugten Informationen werden als Buchungen auf den Konten des kontenorientierten Datenmodells gespeichert.

Neben der Definition formaler Parameter kann der Kopf einer Transaktionskette einen Erläuterungstext enthalten. Dieser Erläuterungstext wird vom Hilfesystem der grafischen Benutzungsoberfläche angezeigt und erläutert dem Anwender des Finanzanalysesystems die betriebswirtschaftliche Bedeutung der Transaktionskette.[67] Zugleich wird auf diese Weise eine ausführliche

---

[62] Auch die Transaktionskette start( ) kann an beliebiger Stelle innerhalb des Quellprogramms definiert werden.
[63] Z.B. setzt eine Transaktionskette „Gebaeudeverkauf" mindestens die Buchungen für die Beschaffung des zu verkaufenden Gebäudes voraus. Vgl. dazu auch das Beispiel in Anhang B.
[64] Vgl. [Kurb90], S. 92.
[65] Alternative Übergabemechanismen sind z.B. „call by reference" und „call by name". Diese Mechanismen konfligieren jedoch mit wichtigen Entwurfskriterien, z.B. Modularität und Einfachheit, und sind daher für die KDL ungeeignet. Eine ausführliche Darstellung verschiedener Übergabemechanismen findet sich bei [Loud94], S. 265 ff.
[66] Eine Transaktionskette entspricht somit in gewisser Weise den Prozeduren in der Programmiersprache PASCAL.
[67] Vgl. Abschnitt 4.2.5.

4.2 Systemkonzept

Dokumentation der KDL-Programme gefördert, da diesbezügliche Mängel auch für den Benutzer des Finanzanalysesystems als Mangel erkennbar werden. Dies bewirkt eine wesentliche Vereinfachung bei der Wartung und Pflege typspezifischer Planungsmodelle. Für den Kopf einer Transaktionskette gilt die folgende Syntax:

```
<TK_Kopf>             ::=   Bezeichner( <TK_Parameter> | <Erläuterung>)
<TK_Parameter>        ::=   <Parameter> <weitere_Parameter>
<Parameter>           ::=   <Datentyp> Bezeichner | •
<weitere_Parameter>   ::=   , <Parameter> <weitere_Parameter> |
                            , <Erläuterung> | •
<Erläuterung>         ::=   Zeichenkette
```

Beispiel 4.2.3 zeigt den Kopf einer Transaktionskette.

Beispiel 4.2.3.
```
Gebaeudebeschaffung(GELD Gebaeude, GELD Grundstueck,
PROZENT Grunderwerbsteuer,

"In der Transaktionskette Gebaeudebeschaffung wird die
Anschaffung der Immobilie durch den Leasinggeber - unter
Beruecksichtigung der Grunderwerbsteuer - abgebildet. Der
abschreibungsfaehige Gebaeudeanteil wird auf dem Konto
GEBAEUDE, der nicht abschreibungsfaehige Grundstuecksanteil
auf dem Konto GRUNDSTUECK aktiviert. Die Grunderwerbsteuer
wird anteilig auf Gebaeude und Grundstueck verteilt. Die
Anschaffungsauszahlung wird dem Konto KASSE belastet.")
```

Der Körper einer Transaktionskette wird von einem Paar geschweifter Klammern eingeschlossen. Zu Beginn werden die für andere Transaktionsketten nicht sichtbaren lokalen Variablen definiert.[68] Anschließend folgen die Anweisungen der Transaktionskette, die im folgenden erläutert werden.

```
<TK_Körper>         ::=   { <Variablen> <Anweisungsfolge> }
<Anweisungsfolge>   ::=   <Anweisung> <Anweisungsfolge>
<Anweisung>         ::=   <Buchungsanweisung> |
                          <Zuweisung> | <Funktionsaufruf> |
                          <Kontrollstrukturen> | <TK_Aufruf> | •
```

Die **Buchungsanweisung** ist das zentrale Konzept der KDL. Bei der Erstellung einer Finanzanalyse werden anhand der Buchungsanweisungen die Buchungssätze erzeugt, die die Transaktionen der jeweiligen Alternative abbilden. Die Syntax einer Buchungsanweisung ist deshalb eng an die formale Darstellung von Buchungssätzen auf Seite 94 angelehnt.

---

[68] Siehe Abschnitt 4.2.3.2.1.

```
<Buchungsanweisung>    ::=   bs{ <Zeitpunkt> ,
                                 Bezeichner <Wert> , Bezeichner <Wert>
                                 <BS_Rest> }
<BS_Rest>              ::=   , <BS_Rest1> | •
<BS_Rest1>             ::=   Bezeichner <Wert> <BS_Rest>
                             | Erläuterungstext
<Wert>                 ::=   Geldkonstante | Bezeichner
                             | ( arithmetischer_Ausdruck )
```

Bezeichner ist der Name eines Kontos aus dem mit dem KDL-Programm assoziierten kontenorientierten Datenmodell. Der Betrag von <Wert> gibt den Betrag der Buchung auf dem Konto an.[69] Das Vorzeichen von <Wert> gibt an, ob die Buchung eine Soll- oder einer Habenbuchung ist.[70] Auf Beispiel 4.2.3 aufbauend, zeigt Beispiel 4.2.4 eine Buchungsanweisung für den Erwerb einer Imobilie.

Beispiel 4.2.4.
```
bs{0, GEBAEUDE +(Gebaeude * (1.0+Grunderwerbsteuer)),
     GRUNDSTUECK +(Grundstueck * (1.0+Grunderwerbsteuer)),
     KASSE -((Gebaeude+Grundstueck) * (1.0+Grunderwerbsteuer)),
     "Zahlung der Anschaffungskosten und Aktivierung der Imobilie."};
```

Die **Zuweisung** ist eine Anweisung, die einer Variablen einen Wert zuordnet.

```
<Zuweisung>    ::=   Bezeichner =
                     Zahl | <Funktionsaufruf> | arithmetischer_Ausdruck
```

Derzeit stellt die KDL drei **Funktionen** für die Erstellung von Finanzanalysesystemen bereit.

```
<Funktionsaufruf>    ::=   <user> | <message> | <saldo>
```

Die user-Funktion ermöglicht Eingaben des Benutzers. Sie zeigt einen als Parameter übergebenen Text am Bildschirm an und liest einen Wert vom Benutzer ein, der einer Variablen zugewiesen werden kann.

```
<user>    ::=   user(Zeichenkette);
```

Beispiel 4.2.5 zeigt die Verwendung der user-Funktion in einer Zuweisung.

Beispiel 4.2.5.
```
Gebaeude = user(\verb|"|Wie hoch ist der Preis des Gebaeudes?");
```

Zusätzlich existiert noch eine message-Funktion. Diese gibt einen Text und den Wert einer Variablen am Bildschirm aus, die als Parameter übergeben werden. Eine weitere Gestaltung der Interaktion mit dem Benutzer ist nicht möglich und auch nicht erforderlich, da die eigentliche Benutzungsoberfläche durch das System bereitgestellt wird.

---

[69] Bei der Bildung arithmetischer Ausdrücke folgt die KDL den mathematischen Prioritätsregeln. Die genaue Syntax kann in Anhang A nachgelesen werden.
[70] Siehe S. 93.

```
<message>    ::=    message(Zeichenkette, Zahl);
```

Beispiel 4.2.6 zeigt die Verwendung der message-Funktion.

Beispiel 4.2.6.

```
message("Der Preis des Gebaeudes ist:", Gebaeude);
```

Die saldo-Funktion gibt die Summe aller Buchungen auf einem Konto zwischen zwei Zeitpunkten zurück und ermöglicht so die Aggregation von Buchungen auf einem Konto über beliebige Zeiträume. Mit der saldo-Funktion können beliebige Strom- und Bestandsgrößen für ein Konto ermittelt werden.

```
<saldo>      ::=    saldo(Bezeichner, <Anfang>, <Ende>,
                    Alle | Soll | Haben);
<Anfang>     ::=    Zeitkonstante | Bezeichner
                    | ( arithmetischer_Ausdruck )
<Ende>       ::=    Zeitkonstante | Bezeichner
                    | ( arithmetischer_Ausdruck )
```

Bezeichner ist der Name des zu saldierenden Kontos. <Anfang> und <Ende> definieren den zu saldierenden Zeitraum. Neben der Saldierung über alle Buchungen ist die gezielte Selektion von Soll- oder Habenbuchungen möglich.[71] Der in Beispiel 4.2.7 wiedergegebene Codeausschnitt zeigt die Bestimmung des Restbuchwertes eines Gebäudes mit Hilfe der saldo-Funktion.

Beispiel 4.2.7.

```
GELD Restbuchwertgebaeude;
ZEIT Zeitpunkt = 20;
Restbuchwertgebaeude = saldo(GEBAEUDE, 0, Zeitpunkt, Alle);
```

Mit **Kontrollstrukturen** wird der Ablauf eines KDL-Programms gesteuert. Die KDL benötigt – wie jede andere strukturierte Programmiersprache – Kontrollstrukturen, die die Verbindung zusammengehöriger Anweisungen zu Anweisungsblöcken, die bedingte oder die wiederholte Ausführung bestimmter Anweisungen ermöglichen.[72]

```
<Kontrollstrukturen>   ::=   <Verbundanweisung> |
                             <Verzweigung> | <Auswahl> |
                             <kopfgest_Schleife> | <fußgest_Schleife> |
                             <Zählschleife>
```

Eine **Verbundanweisung** ist eine in geschweifte Klammern eingeschlossene Anweisungsfolge.

```
<Verbundanweisung>   ::=   { <Anweisungsfolge> }
```

---

[71] Die obige Version der saldo-Funktion ist eine konzeptionelle Erweiterung des derzeit implementierten Sprachschatzes. Im aktuellen Release des KDL-Interpreters wird lediglich die Selektion aller Buchungen zwischen dem Beginn der Planungsrechnung und einem beliebigen Zeitpunkt unterstützt.

[72] Zur Steuerung des Kontrollflusses vgl. ausführlich [Loud94], S. 241 ff.

Die *bedingte oder wiederholte Ausführung von Anweisungen* ist an **Bedingungen** geknüpft, die für eine Ausführung erfüllt sein müssen. Derartige Bedingungen können in der KDL durch Vergleich arithmetischer Ausdrücke gebildet werden. Mehrere solcher relationalen Ausdrücke können durch logische Operatoren zu einer Bedingung kombiniert werden. Dabei sind auch Negationen einzelner Ausdrücke möglich. Jede Bedingung, deren Auswertung einen von null verschiedenen Wert ergibt, wird in der KDL als wahr interpretiert, d.h. die Bedingung gilt als erfüllt. Bedingungen deren Auswertung null ergibt, werden in der KDL als falsch angesehen, d.h. die Bedingung gilt als nicht erfüllt.[73]

```
<Bedingung>                    ::=  <negierter_Ausdruck>
                                    <sonstiger_logischer_Ausdruck>
<negierter_Ausdruck>           ::=  NOT( <relationaler_Ausdruck> ) |
                                    <relationaler_Ausdruck>
<relationaler_Ausdruck>        ::=  arithmetischer_Ausdruck
                                    <Relation>
                                    arithmetischer_Ausdruck
                                    | arithmetischer_Ausdruck
<Relation>                     ::=  <= | < | == | <> | > | >=
<sonstiger_logischer_Ausdruck> ::=  AND <negierter_Ausruck>
                                    <sonstiger_logischer_Ausdruck> |
                                    OR <negierter_Ausdruck>
                                    <sonstiger_logischer_Ausdruck> |
                                    XOR <negierter_Ausdruck>
                                    <sonstiger_logischer_Ausdruck> |
                                    •
```

In Beispiel 4.2.8 ist die Auswertung einiger Bedingungen dargestellt.

Beispiel 4.2.8.

```
1                        erfüllt
0                        nicht erfüllt
NOT(0)                   erfüllt
x <= 10 AND x >= 20      nicht erfüllt
```

Die *bedingte Ausführung von Anweisungen* wird durch die Verzweigung und die Auswahl ermöglicht. Die **Verzweigung** bewirkt die Ausführung einer von zwei Anweisungen, in Abhängigkeit von einer beliebigen, syntaktisch korrekten Bedingung. Dabei kann die Anweisung im else-Zweig auch eine leere Anweisung sein.

```
<Verzweigung>  ::=  if(<Bedingung>) <Anweisung> <else-Zweig>
<else-Zweig>        else <Anweisung> | •
```

Die Verzweigung ist in der obigen Form syntaktisch mehrdeutig, da zu einem Satz mehrere Parsebäume konstruiert werden können, wenn dieser aus mehreren Verzweigungen besteht. Dieses als „dangling-else" bezeichnete Problem wird – wie in vielen verbreiteten prozeduralen Programmiersprachen[74] –

---

[73] Dies entspricht der Vorgehensweise der weit verbreiteten Programmiersprache C.
[74] Z.B. die Programmiersprachen PASCAL und C.

durch die implizite Regel der „engsten Schachtelung" gelöst: Ein else gehört zu dem am nächsten stehenden vorangegangenen if, zu dem noch kein else gehört.[75]

Beispiel 4.2.9.
```
if(B1) if(B2) A1 else A2
```
Aus der Syntaxbeschreibung geht nicht eindeutig hervor, ob der else-Zweig zum ersten oder zum zweiten if gehört. Die Regel der engsten Schachtelung löst das dangling-else-Problem und ordnet das else dem zweiten if zu.

Die **Auswahl** ermöglicht die Ausführung einer von mehreren Anweisungen. Bei der Auswahl ist nicht jede bei der Verzweigung mögliche Bedingung zulässig, sondern die Auswahl erfolgt bei Gleichheit einer Konstanten mit dem aktuellen Wert einer Variablen. Wenn keine Bedingung erfüllt ist, wird ein default-Zweig betreten.

```
<Auswahl>        ::=  switch(Bezeichner)
                      {<case-Liste> <default-Zweig>};
<case-Liste>     ::=  <case-Zweig> <case-Liste> | •
<case-Zweig>     ::=  case Zahl : <Anweisung>
<default-Zweig>  ::=  default : <Anweisung>
```

Beispiel 4.2.10 zeigt die Verwendung der Auswahl zur Bestimmung von Subtypen eines Alternativentyps.

Beispiel 4.2.10.
```
Optimierung = user("Zahlungsstromoptimierung? (1 - Ja, 0 - Nein)");
switch(Optimierung)
  {
  case 0:| $<${\it Transaktionskette\/}$>$
  case 1:| $<${\it Transaktionskette\/}$>$
  default: message("Ungültige Eingabe", Optimierung);
  };
```

Für die *wiederholte Ausführung von Anweisungen* sind **Schleifen** erforderlich. Bei der kopf- und fußgesteuerten Schleife werden die Anweisungen im Schleifenkörper solange ausgeführt, wie die Bedingung im Schleifenkopf erfüllt ist. Bei der kopfgesteuerten Schleife wird die Bedingung vor dem Durchlauf des Schleifenkörpers geprüft. Bei der fußgesteuerten Schleife erfolgt die Prüfung nach dem Durchlauf des Schleifenkörpers, d.h. der Schleifenkörper wird in jedem Fall mindestens einmal durchlaufen. Bei der Zählschleife erfährt der Schleifenkörper eine im Kopf explizit angegebene bestimmte Anzahl von Durchläufen, bei denen jeweils eine Zählvariable um einen bestimmten Wert verändert wird.

```
<kopfgest_Schleife>  ::=  while(<Bedingung>) <Anweisung>
<fußgest_Schleife>   ::=  do <Anweisung> while (<Bedingung>);
<Zählschleife>       ::=  for(Bezeichner = Zahl to Zahl step Zahl)
                          <Anweisung>
```

---
[75] Vgl. [Loud94], S. 244.

Beispiel 4.2.11 zeigt die Linearisierung eines Forfaitierungserlöses unter Verwendung einer Zählschleife.[76]

Beispiel 4.2.11.

```
GELD Ertrag, Erloes = 1000000.0;
ZEIT Monat, Vertragslaufzeit = 240;
Ertrag = Erloes / Vertragslaufzeit;
for(Monat = 1 to Vertragslaufzeit step 1)
{
    bs{ Monat, PRA +Ertrag, LEASINGERTRAG -Ertrag,
        "Linearisierung des Forfaitierungserloeses."};
}
```

Die letzte Kategorie von Anweisungen ist der **Aufruf von Transaktionsketten**. Bereits in anderen KDL-Programmen bestehende Transaktionsketten können in neuen KDL-Programmen aufgerufen und so ohne Coderedundanz wiederverwendet werden. Dies verkürzt die Entwicklungszeiten und bewirkt konsistente typspezifische Planungsmodelle. Transaktionsketten werden wie folgt aufgerufen:

```
<TK_Aufruf>                  ::=   <Datei> <TK> ;
<Datei>                      ::=   Bezeichner. | •
<TK>                         ::=   Bezeichner ( <aktuelle_Parameter> )
<aktuelle_Parameter>         ::=   Bezeichner
                                   <weitere_aktuelle_Parameter> | •
<weitere_aktuelle_Parameter> ::=   , Bezeichner
                                   <weitere_aktuelle_Parameter> | •
```

Beispiel 4.2.12 zeigt den Aufruf einer Transaktionskette „Gebaeudeabschreibung", die in einer Datei „AFA" definiert ist.[77] Die Transaktionskette bekommt die Vertragslaufzeit eines Leasingvertrags als Parameter für den Planungszeitraum übergeben.

Beispiel 4.2.12.

```
AFA.Gebaeudeabschreibung(Vertragslaufzeit);
```

Damit eine Transaktionskette in der gezeigten Weise wiederverwendet werden kann, muß das kontenorientierte Datenmodell des neuen typspezifischen Planungsmodells über die Konten verfügen, auf denen in der referenzierten Transaktionskette gebucht wird. Dies erschwert die Erstellung der KDL-Programme. Andererseits wird aber der Lernaufwand für den Anwender

---

[76] Vgl. Abschnitt 2.2.1.2.2.

[77] In der aktuellen Implementation setzt der KDL-Interpreter für Quellprogrammdateien die Dateinamenserweiterung „KDL" voraus, d.h. der vollständige Dateiname des referenzierten Quellprogramms ist „AFA.KDL". Die Dateinamenserweiterung darf beim Aufruf von Transaktionsketten nicht mit angegeben werden.

der Finanzanalysesysteme reduziert, da Sachverhalte mit gleicher betriebswirtschaftlicher Bedeutung auch in verschiedenen typspezifischen Planungsmodellen auf gleichen Konten repräsentiert werden.

Die KDL verfügt über alle Kontrollstrukturen, die für eine strukturierte Beschreibung prozeduralen Finanzanalysewissens erforderlich sind. Die Bildung von Transaktionsketten erlaubt die Erstellung wiederverwendbarer Module. Zusätzlich wird die Wartungs- und Erweiterungsfähigkeit der KDL-Programme durch umfangreiche Erläuterungstexte für die Transaktionsketten und Buchungsanweisungen gefördert. Nicht betriebswirtschaftliche Aspekte, z.B. der Datenhaltung und Dialoggestaltung, werden durch die Funktionen „saldo", „user" und „message" gekapselt. Der folgende Abschnitt über die Berücksichtigung steuerlicher Aspekte zeigt, wie der Umfang des prozedural zu beschreibenden Finanzanalysewissens durch die Erweiterung um deklarative Ausdrucksmittel weiter beschränkt werden kann.

4.2.3.2.3 Jahresabschluß. Die Planung der steuerlichen Folgen muß nicht durch prozedurale Transaktionsketten beschrieben werden. Sie kann statt dessen durch Wertzuweisungen an die Parameter einer einheitlich für alle typspezifischen Planungsmodelle verwendbaren „Jahresabschluß"-Funktion deklarativ gesteuert werden. Für Fälle, in denen die Jahresabschlußfunktionalität des KDL-Interpreters nicht ausreicht oder von den Realweltgegebenheiten abweicht, besteht alternativ die Möglichkeit, die benötigte Funktionalität in Transaktionsketten zu bereitzustellen.

Die Steuerungsmöglichkeiten des KDL-Interpreters für die Erstellung der Jahresabschlüsse erstrecken sich auf die Einordnung der Jahresabschlüsse in die unterjährige Dokumentationsrechnung, die Abschreibungen sowie die Berechnung der Gewerbe- und Einkommen- bzw. Körperschaftsteuerwirkungen.

```
<Jahresabschluß>   ::=   <Zeitpunkte> <AfA> <GewSt> <ESt_KSt>
```

Für die Einordnung der Jahresabschlüsse in die unterjährige Dokumentationsrechnung muß angegeben werden, zu Beginn welchen Monats eines Jahres $j \in \{1\ldots 12\}$ die Planungsrechnung beginnt. Dieser Monat wird als Startmonat bezeichnet.[78]

```
<Zeitpunkte>   ::=   [BUCHUNG] Startmonat = <Zeitkonstante> | <user>
```

Wenn in Beispiel 4.2.13 das Wirtschaftsjahr dem Kalenderjahr entspricht, beginnt die Planungsrechnung am 1. Oktober. Die Jahresabschlüsse erfolgen dann jeweils zum 31.12. und liegen demnach in $t = 3, 15, 27, \ldots$.

Beispiel 4.2.13.

---

[78] Wenn das Wirtschaftsjahr dem Kalenderjahr entspricht, entspricht der Startmonat einem Kalendermonat. Dann kann z.B. der Startmonat „10" direkt als Kalendermonat „Oktober" interpretiert werden. Bei Abweichungen zwischen Wirtschafts- und Kalenderjahr ist für diese Interpretation eine entsprechende Umrechnung erforderlich.

```
[BUCHUNG]
Startmonat = 10
```

Die buchwertmäßige Entwicklung der abschreibungsfähigen Vermögensgegenstände wird auf den dafür vorzusehenden Konten des kontenorientierten Datenmodells abgebildet. Die KDL ermöglicht beliebig viele Abschreibungsblöcke, in denen jeweils das Konto, auf dem der abzuschreibende Vermögensgegenstand aktiviert ist, die Länge der betriebsgewöhnlichen Nutzungsdauer in Monaten, die Abschreibungsmethode und das Gegenkonto, auf dem die Abschreibungsbeträge erfolgswirksam gebucht werden sollen angegeben werden muß.

```
<AfA>              ::=   [ABSCHREIBUNG] <AfA_Parameter>
<AfA_Parameter>    ::=   Konto = Bezeichner
                         BGND = <Nutzungsdauer>
                         Methode = <AfA_Methode>
                         Gegenkonto = Bezeichner ;
                         <AfA_Parameter> | •
<Nutzungsdauer>    ::=   Zeitkonstante | <user>
<AfA_Methode>      ::=   linear | degressiv | deglin
                         | linear44 | degressiv44 | deglin44
                         | <user>
```

Beispiel 4.2.14 zeigt die Jahresabschlußparameter für die Abschreibung einer Telefonanlage.[79]

Beispiel 4.2.14.

```
[ABSCHREIBUNG]
Konto = TELEFONANLAGE
BGND = 60
Methode = user("Wie wird die Telefonanlage abgeschrieben?")
Gegenkonto = ABSCHREIBUNG;
```

Bei der Parametrisierung der Gewerbesteuerberechnung sind Angaben zum gemeindespezifischen Hebesatz, dem Konto, dem die Gewerbesteuerzahlungen belastet bzw. gutgeschrieben werden, sowie den gewerbesteuerlichen Hinzurechnungen und Kürzungen erforderlich. Die Gewerbesteuermeßzahlen sind nicht spezifisch für bestimmte Alternativentypen. Sie werden deshalb nicht in den KDL-Programmen, sondern global in einer Konfigurationsdatei des KDL-Interpreters spezifiziert.[80]

---

[79] Die aktuelle Version des KDL-Interpreters unterstützt die lineare, die degressive und die degressiv-lineare Abschreibung für Mobilien nach §7 EStG – jeweils pro rata temporis und mit Halbjahres-Vereinfachungsregel nach Abschnitt 44 EStR. Andere Abschreibungsmethoden, z.B. für Immobilien, können durch Transaktionsketten wiederverwendbar beschrieben werden. Ein Beispiel hierfür enthält Anhang B.

[80] Vgl. Abschnitt 2.2.

```
<GewSt>         ::=   [GEWERBESTEUER]
                      Hebesatz = Prozentkonstante | <user>
                      Konto = Bezeichner
                      <Plus_Minus>
<Plus_Minus>    ::=   GewKapHinzu <Korrektur> |
                      GewKapKuerz <Korrektur> |
                      GewErtHinzu <Korrektur> |
                      GewErtKuerz <Korrektur> | •
<Korrektur>     ::=   <Bezugskonto>, Prozentkonstante <Plus_Minus>
<Bezugskonto>   ::=   Bezeichner
```

Beispiel 4.2.15 zeigt die gewerbesteuerliche Berücksichtigung von Dauerschulden in der Planungsrechnung eines Leasinggebers für den Fall, daß keine hinzurechnungsfreie Refinanzierung möglich ist.

Beispiel 4.2.15.

```
[GEWERBESTEUER]
  Hebesatz = 4.9
  Konto = KASSE
  GewKapHinzu VERBINDLICHKEITEN, 0.5
  GewErtHinzu ZINSAUFWAND, 0.5
```

Die Berechnung der Einkommen- bzw. Körperschaftsteuerwirkungen wird in ähnlicher Weise parametrisiert.

```
<ESt_KSt>       ::=   [EINKOMMENSTEUER]
                      Einkommensteuer = Prozentkonstante | <user>
                      Konto = Bezeichner
```

Die Berücksichtigung der Einkommen- bzw. Körperschaftsteuer ist in Beispiel 4.2.16 dargestellt.

Beispiel 4.2.16.

```
[EINKOMMENSTEUER]
  Einkommensteuer = 0.45
  Konto = KASSE
```

Die deklarative Steuerung der Jahresabschlüsse bewirkt eine erhebliche Vereinfachung der Erstellung von Finanzanalysesystemen. Dies gilt nicht nur für die Abbildung komplexer betriebswirtschaftlicher Sachverhalte, z.B. der Berechnung gewerbesteuerlicher Wirkungen eines Alternativentyps unter Berücksichtigung der ertragssteuerlichen Abzugsfähigkeit der Gewerbesteuer, sondern auch für das „nur" algorithmische Problem der Einordnung der Jahresabschlüsse in die unterjährige Dokumentationsrechnung.[81] Dies fördert die schnelle und korrekte Erstellung typspezifischer Planungsmodelle, was gerade für Investitions- und Finanzierungsberater von großer Bedeutung ist.

---

[81] Die algorithmische Lösung derartiger Aufgaben ist gerade für Nicht-Programmierer nicht trivial. Wenn dabei Probleme auftreten, ist dies häufig an „Kalenderjahren" mit 11 oder 13 Monaten erkennbar.

Typspezifische Planungsmodelle ermöglichen die Planung monetärer Handlungsfolgen, die im zweiten Schritt einer Finanzanalyse mit betriebswirtschaftlichen und statistischen Methoden zu bewerten sind. Die Integration geeigneter Methoden in IFAS ist Gegenstand des folgenden Abschnitts.

4.2.4 Definition von Methoden

Das Ergebnis einer Planungsrechnung sind Zeitreihen voraussichtlicher Veränderungen im Vermögens- und Kapitalbestand der Unternehmung. Diese Zeitreihen werden mit betriebswirtschaftlichen und statistischen Methoden zu Kennzahlen verdichtet. Betriebswirtschaftliche Kennzahlen lassen sich in zwei Kategorien einteilen:

– Eine Kategorie wird von Kennzahlen gebildet, die eine oder mehrere Zeitreihen zu *einem* Wert verdichten. Ein Beispiel für eine solche Kennzahl ist der Kapitalwert.
– Die zweite Kategorie umfaßt Kennzahlen, die sich auf einen Ausschnitt des Planungszeitraums, z.B. einen bestimmten Zeitpunkt, beziehen. Die Berechnung derartiger Kennzahlen führt zu *Kennzahlenzeitreihen*. Ein Beispiel hierfür sind Liquiditätsgrade und der Zahlungsmittelbestand.

Zeitreihen betriebswirtschaftlicher Kennzahlen sollten mit statistischen Methoden weiter verdichtet werden können. Beispiele hierfür sind die Berechnung von Lage- und Streuungsparametern sowie lineare oder nichtlineare Regressionsanalysen.[82]

Das API von IFAS ermöglicht die Definition beliebiger Methoden. Damit nicht jede Methode separat vom Anwender des Finanzanalysesystems aufgerufen werden muß, werden in IFAS mehrere Methoden zu einem Bewertungsschema zusammengefaßt. Dabei kann angegeben werden, ob eine Methode zu einer Zeitreihenberechnung führt oder nicht. Für Zeitreihen wird automatisch eine Trendberechnung auf Basis einer linearen Regressionsanalyse durchgeführt. Zudem werden der Erwartungswert und die Standardabweichung der Zeitreihe berechnet. Parameter, die für die Anwendung einer Methode erforderlich sind, z.B. der Kalkulationszins für die Kapitalwertberechnung, werden ebenfalls im Bewertungsschema spezifiziert.[83]

Das kontenorientierte Paradigma von IFAS wird auch bei der Definition von Kennzahlen durchgehalten. Damit die Implementation der Methoden nicht an bestimmte kontenorientierte Datenmodelle gebunden ist, werden für die Methoden spezifische Konten definiert, die zunächst in keinem Zusammenhang mit den kontenorientierten Datenmodellen stehen.[84] Damit eine

---

[82] Zu den Grundlagen der Statistik, insbesondere der Zeitreihenanalyse, vgl. ausführlich [BaBa87] und [RiIc86].
[83] Technisch entspricht ein Bewertungsschema damit einem Stapelverarbeitungsauftrag.
[84] Vgl. Abbildung 4.2.

Methode zusammen mit einem typspezifischen Planungsmodell angewendet werden kann, muß sie an das Planungsmodell gebunden werden. Dies erfolgt durch eine Zuordnung der relevanten Konten des kontenorientierten Datenmodells zu den methodenspezifischen Konten und wird in IFAS als „mapping" bezeichnet.[85]

Das API für die Definition von Methoden besteht aus vier Funktionen.[86]

PARAMQRY: Abfrage von Methodenparametern aus einem Bewertungsschema.

SALDO: Das Äquivalent zur saldo-Funktion der KDL zur Berechnung beliebiger Strom- und Bestandsgrößen für ein Konto.[87]

SPEICHERN: Speicherung von Ergebnissen in der IFAS-Datenbank.

PROTOKOLL: Bei der Ausführung von Methoden wird automatisch ein Fehlerprotokoll erzeugt. Mit der Funktion PROTOKOLL kann dieses um manuelle Einträge ergänzt werden.

Die Funktionen der Methoden-API ermöglichen einen einfachen Zugriff auf die Datenhaltungskomponente von IFAS. Der Programmierer von Methoden benötigt keine Informationen über das Relationenschema der IFAS Datenbank oder das API des zugrundeliegenden Datenbankmanagementsystems. Die Programmierung von Methoden wird dadurch für Personen ohne spezielles Datenbankwissen erheblich erleichtert. Davon profitieren auch Investitions- und Finanzierungsberater, die i.d.R. nicht über das erforderliche Datenbankwissen verfügen. Durch das mapping der Konten können neue Methoden an bereits bestehende typspezifische Planungsmodelle gebunden werden und umgekehrt, was ebenfalls dazu beiträgt, den Implementationsaufwand gering zu halten. Im folgenden Abschnitt stellen wir die IFAS-spezifischen Konzepte der Benutzungsoberfläche vor.

4.2.5 Die Benutzungsoberfläche von IFAS

Das zentrale Element der grafischen Benutzungsoberfläche von IFAS ist ein Browser für die Planungsbuchungen, der als „Navigator" bezeichnet wird.

---

[85] Mit demselben Mechanismus kann prinzipiell auch die Implementation der Transaktionsketten von den kontenorientierten Datenmodellen getrennt werden. Bei einer solchen Designentscheidung muß jedoch der tradeoff zwischen Flexibiblität und Konsistenz beachtet werden. Die Transaktionsketten sind deshalb zugunsten konsistenter Kontenbezeichner fest an bestimmte kontenorientierte Datenmodelle gebunden.

[86] Da ein API stark von der jeweiligen Programmiersprache geprägt wird, stellen wir an dieser Stelle nur die grundsätzlichen Konzepte vor. Eine genaue Beschreibung des API und ein Anwendungsbeispiel befindet sich in Anhang C. Das hier vorgestellte API ist eine noch nicht implementierte Überarbeitung der aktuell verfügbaren Version. Die aktuelle Version enthält eine zur oben dargestellten Funktion SALDO äquivalente Funktion STROM. Die aktuelle Funktion SALDO dient lediglich zur Ermittlung von Bestandsgrößen und wird zur Erhöhung der Orthogonalität ersatzlos gestrichen.

[87] Vgl. S. 115.

124   4. Das Integrierte Finanzanalysesystem IFAS

In diesem Browser wird ein Finanzanalyseproblem als Wurzel eines Baums interpretiert, der für die Präsentation der Planbuchungen zunächst in die Alternativen und weiter über die Transaktionsketten bis in die Konten, auf denen in der jeweiligen Transaktionskette gebucht wird, verzweigt. Abbildung 4.7 zeigt die Navigation durch die Transaktionsketten einer Alternative.

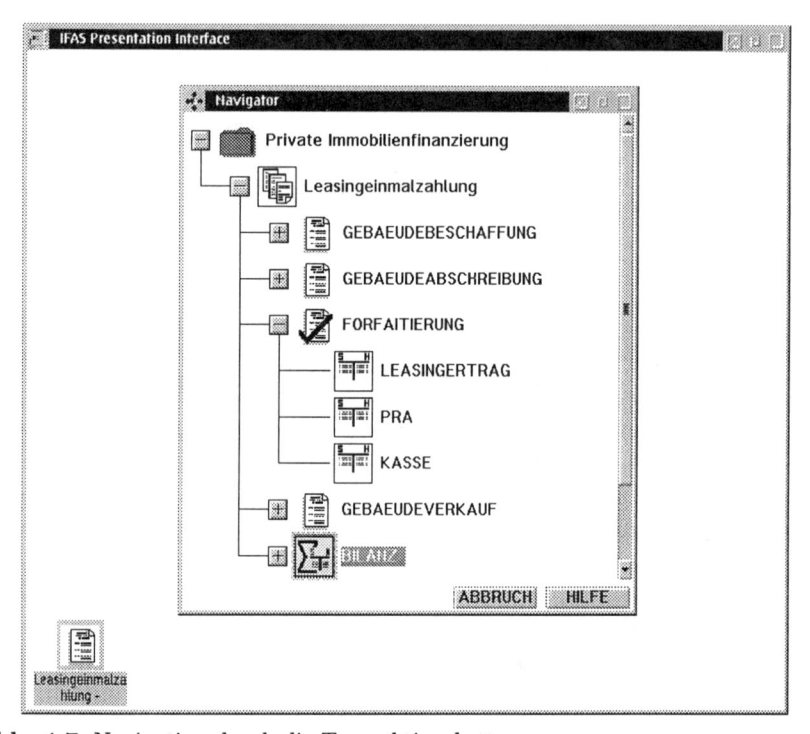

Abb. 4.7. Navigation durch die Transaktionsketten

Jeder Knoten des Baumes enthält bestimmte Informationen, deren Art durch unterschiedliche Symbole repräsentiert wird. Durch einen Doppelklick auf ein Symbol wird ein Fenster geöffnet, in dem die Informationen dieses Knotens dargestellt werden. Knoten, für die der Anwender ein Fenster geöffnet hat, sind mit einem Häkchen markiert.

Die Wurzel des im Navigator dargestellten Baumes enthält die Beschreibung der Alternativen des Finanzanalyseproblems. In Abbildung 4.7 besteht das Finanzanalyseproblem „Private Immobilienfinanzierung" aus einer Alternative „Leasingeinmalzahlung". Die Planbuchungen bzw. -buchungssätze für diese Alternative können nach unterschiedlichen Kriterien durch Doppelklick auf die Knoten des zugehörigen Astes selektiert und angezeigt werden: Die Knoten auf der zweiten Ebene des Baumes enthalten das Journal der jeweiligen Alternative und ermöglichen einen schnellen Gesamtüberblick. Auf der dritten Ebene des Baumes wird in die Transaktionsketten der Alternativen verzweigt. Die Alternative „Leasingeinmalzahlung" ist in die Transaktionsketten „Gebaeudebeschaffung", „Gebaeudeabschreibung", „Forfaitierung" und „Gebaeudeverkauf" gegliedert.[88] Ein Doppelklick auf einen Knoten der dritten Ebene zeigt nur die Buchungssätze der jeweiligen Transaktionskette an, z.B. zeigt die Transaktionskette Forfaitierung die Bilanzierung der forfaitierten Leasingeinmalzahlung. Auf der vierten Ebene wird in die einzelnen Konten, die in einer Transaktionskette angesprochen werden, weiterverzweigt. Dies ermöglicht eine gezielte Betrachtung von Teilaspekten einer Transaktionskette, z.B. der Ertragswirkungen einer forfaitierten Leasingeinmalzahlung.

Eine Selektion von Buchungen nach Transaktionsketten kann indes nicht alle Informationsbedarfe komfortabel befriedigen. So ist z.B. die Selektion der Gesamtzahlungsreihe oder der Bemessungsgrundlagen für die Ertragsteuerzahlungen auf der Basis von Transaktionsketten nicht möglich. Deswegen enthält der Navigator zusätzlich für jede Alternative eine Darstellung des jeweiligen kontenorientierten Datenmodells. Dessen Wurzel, das Bilanzkonto, ist auf der dritten Ebene des Baumes unterhalb der Transaktionsketten angeordnet (vgl. Abbildung 4.7). In Abbildung 4.8 ist der „aufgeklappte" Kontenplan dargestellt. Die Transaktionsketten befinden sich oberhalb des im sichtbaren Bereich des Navigators dargestellten Kontenplans.

---

[88] Das KDL-Programm für den zugrundeliegenden Alternativentyp „Leasing mit forfaitierter Einmalzahlung aus Leasinggebersicht" befindet sich in Anhang B. Zu den betriebswirtschaftlichen Grundlagen vgl. Abschnitt 2.4.

126   4. Das Integrierte Finanzanalysesystem IFAS

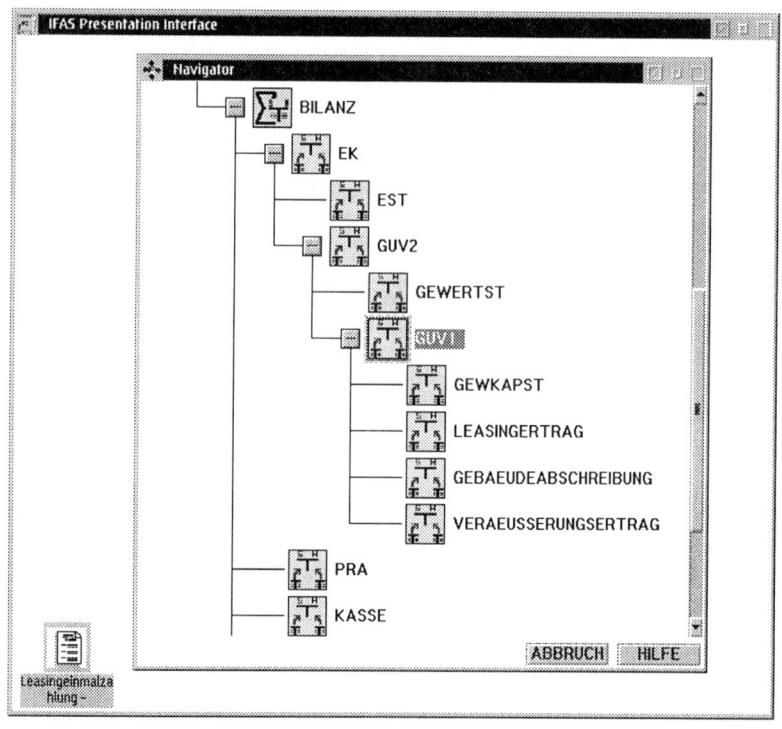

Abb. 4.8. Navigation durch das kontenorientierte Datenmodell

Die Darstellung des kontenorientierten Datenmodells ermöglicht Aussagen über die wertmäßige Entwicklung einzelner Vermögens- und Kapitalpositionen – unabhängig von der Frage, welche Transaktionsketten diese beeinflussen. Abbildung 4.9 zeigt die auf dem Konto „Kasse" dargestellte Zahlungsreihe der Alternative.

Zu jeder Buchung wird der Erläuterungstext des jeweiligen Buchungssatzes angezeigt. Auch zu jedem Knoten ist ein Erläuterungstext verfügbar. Abbildung 4.10 zeigt die Erläuterung der Transaktionskette „Forfaitierung".

Das Konzept der user-Funktion kann auf verschiedene Weise umgesetzt werden. Derzeit wird in IFAS für jeden Aufruf der user-Funktion ein separates Fenster geöffnet. Eine solche Eingabeaufforderung ist in Abbildung 4.11 dargestellt. Alternativ ist auch – mit erheblichem Mehraufwand – die dynamische Erzeugung einer Eingabemaske aus den user-Funktionen möglich.

Aus diesem Abschnitt wurde ersichtlich, daß der mit IFAS verfolgte Ansatz nicht nur für die Entwicklung, Wartung und Pflege von Finanzanalysesystemen vorteilhaft ist, sondern zugleich eine komfortable und intuitiv bedienbare Benutzungsoberfläche ermöglicht. Dabei werden insbesondere die Selbstbeschreibungsfähigkeit – durch die Erläuterungen der KDL-Programme und Konten – und die Erwartungskonformität – durch den für alle Alter-

Abb. 4.9. Darstellung einer Zahlungsreihe

nativentypen einheitlichen Modellierungsansatz – der Benutzungsoberfläche gefördert.[89]

4.3 Organisatorische und technische Implementation

IFAS kann nicht nur bei einem Investitions- und Finanzierungsberater eingesetzt werden. Von den Vorteilen, die mit den vorgestellten Konzepten erzielbar sind, können auch andere Unternehmungen als Investitions- und Finanzierungsberater profitieren. Der Betrieb eines Werkzeugs wie IFAS ist insbesondere für solche Unternehmungen nützlich, die regelmäßig, d.h. im Rahmen ihrer eigentlichen Geschäftstätigkeit, Finanzanalysen erstellen müssen. Ein Beispiel dafür sind (Immobilien-)Leasingunternehmungen, die regelmäßig Leasingangebote entwickeln und über Leasingprojekte entscheiden müssen.

Damit die Implementation und der Betrieb eines Finanzanalysesystems den in Abschnitt 3.1 geschilderten Anforderungen genügen, ist ein breit

---

[89] Zu den Gestaltungsgrundsätzen für Benutzungsoberflächen vgl. Abschnitt 3.1.3.

128   4. Das Integrierte Finanzanalysesystem IFAS

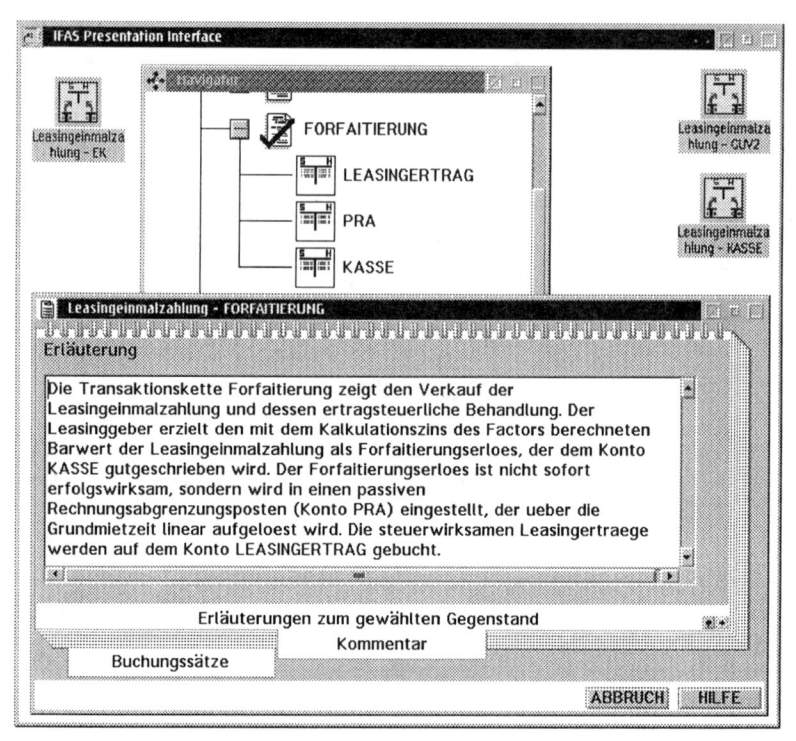

Abb. 4.10. Erläuterung einer Transaktionskette

Abb. 4.11. Aufruf der user-Funktion

gefächertes betriebswirtschaftliches und technisches Wissen erforderlich. Daher sollten die betriebswirtschaftlichen Bestandteile eines Finanzanalysesystems – d.h. die Modelle und Methoden – durch Mitarbeiter der Fachabteilung erstellt, gepflegt und gewartet werden. Die technische Infrastruktur sollte dagegen durch die IV-Abteilung eingerichtet und betrieben werden, zu deren Aufgaben insbesondere auch Gewährleistung der Datensicherheit zählt. Daraus resultieren drei Anwenderprofile mit jeweils unterschiedlichen Aufgaben und Kenntnissen.

„Sachbearbeiter": Dies sind Mitglieder der Fachabteilung, die Finanzanalysen mit Hilfe der vorhandenen typspezifischen Planungsmodelle und Methoden erstellen.

„Experten": Die Experten sind spezielle Mitarbeiter der Fachabteilung, welche die typspezifischen Planungsmodelle und die Methoden erstellen, pflegen und warten. Die Experten besitzen besonders weitreichendes Finanzanalysewissen und IFAS-spezifisches Wissen, das ihnen die die Erstellung, Pflege und Wartung der Modelle und Methoden ermöglicht.

„Systembetreiber": Dies sind Mitarbeiter der IV-Abteilung, welche die technische Infrastruktur von IFAS betreiben. Dazu zählen insbesondere der Betrieb eines geeigneten Datenbankmanagementsystems, der Netzinfrastruktur, des Zugangskontrollsystems und die Datensicherung.

Ein Werkzeug wie IFAS darf keine Insellösung sein, sondern muß in die Systemlandschaft der Unternehmung integriert werden können. Nur dann ist eine durchgängige Systemunterstützung des Informationsflusses in Entscheidungsprozessen, wie in Abbildung 1.3 dargestellt, möglich. Auch dies ist eine Aufgabe der IV-Abteilung.

Diese Aufgabenteilung ist nur mit einer verteilten Systemarchitektur möglich. Für die Integrierbarkeit eines Werkzeugs wie IFAS in eine gewachsene Systemlandschaft sind darüberhinaus weitere Anforderungen zu stellen:

– Für die Integrationsfähigkeit benötigt ein Werkzeug wie IFAS Schnittstellen, die eine plattformübergreifende Interoperabilität ermöglichen.
– Informationstechnologie unterliegt einem stetigen, schnellen Wandel. Daher sollte ein Werkzeug wie IFAS nicht nur plattformübergreifend interoperabel, sondern auch subsystemweise portabel sein. Nur so können Änderungen in der Infrastruktur – etwa ein Wechsel der Hardwareplattform oder des Betriebssystems – mit einem Anwendungssystem *schrittweise* nachvollzogen werden.

Damit diese Ziele erreicht werden können, ist eine modulare Systemarchitektur erforderlich, die das Hinzufügen, Ändern und Entfernen von Modulen ohne Auswirkungen auf andere Module ermöglicht.[90] Als Realisationskonzept für modulare verteilte Systeme propagieren viele Autoren die

---

[90] Monolithische Systeme werden oftmals im Zuge ihrer Wartung und Pflege zunehmend komplexer. Dies führt zu einem starken Anstieg der Wartungs- und Pflegekosten (vgl. [ScSc94], S. 548). Die *nachträgliche* Modularisierung ist des-

Client/Server-Architektur.[91] In Client/Server-Systemen ist die Funktionalität des Gesamtsystems auf mehrere Prozesse[92] verteilt, die auf Basis des Client/Server-Kommunikationsmodells kooperieren.[93]

Das für die Flexibilität der Client/Server-Architektur entscheidende Merkmal ist die Verteiltheit des Systems. Die Verteilung der Funktionalität auf mehrere Prozesse führt automatisch zu modularen Systemen. Die Realisation der Module ist mit Ausnahme der Schnittstelle für andere Module transparent. Einzelne Module können beliebig geändert werden, sofern die Änderung ohne Auswirkungen auf die Schnittstelle bleibt. Diese Vorteile sind nicht an das Client/Server-Kommunikationsmodell gebunden, sondern können auch mit anderen Verteilungsansätzen, z.B. in Multi-Agenten-Systemen, realisiert werden.[94]

Ein Prozeß in einem verteilten System kann durch ein 5-Tupel (PF, AP, TS, BS, HW) beschrieben werden:

– PF repräsentiert die Prozeßfunktionalität, d.h. die Aufgabe, die der Prozeß innerhalb des Gesamtsystems übernimmt.
– AP beschreibt das Anwendungsprotokoll, d.h. die Syntax und Semantik von Informationen, die der Prozeß empfangen und versenden kann.
– TS ist das für die Übermittlung von Informationen benutzte Transportsystem.
– BS ist das Betriebssystem, das der Prozeß voraussetzt.
– HW ist die Hardwareplattform, auf welcher der Prozeß ausgeführt wird.

Abbildung 4.12 zeigt die traditionelle Realisation verteilter Systeme. Die Prozesse A und B erbringen die Leistung des verteilten Systems. Jeder Prozeß kann auf einem anderen Betriebssystem und/oder einer anderen Hardwareplattform laufen. Diesbezügliche Änderungen eines Prozesses bleiben ohne Auswirkung auf andere Prozesse. Dadurch wird eine stufenweise Portierung komplexer Systeme wesentlich erleichtert.

In Abbildung 4.12 stimmen die Anwendungsprotokolle und Transportsysteme der Leistungsprozesse überein. Dies ist eine notwendige Voraussetzung für diese Architektur. Wenn diese Bedingung nicht erfüllt ist, können sich

---

halb eine wichtige Aufgabe bei der Sanierung von Anwendungssystemen. Zur Sanierung von Programmen vgl. ausführlich [StDr95].
[91] So z.B. [ScSc94] und [Meye93].
[92] Ein Prozeß ist ein in Ausführung befindliches Programm.
[93] Dabei stellt der Serverprozeß Dienste bereit, die von einem oder mehreren Clientprozessen in Anspruch genommen werden können (vgl. z.B. [Thie95], S. 5 ff.). Die Kommunikation zwischen den Prozessen erfolgt nachrichtenbasiert über definierte Schnittstellen (wenn die Schnittstellendefinition herstellerunabhängig standardisiert ist, werden solche Systeme als offene Systeme bezeichnet), wobei die Serverprozesse passiv auf die Leistungsanforderungen der Clientprozesse warten.
[94] Eine Einführung in die Konzepte der verteilten Künstlichen Intelligenz gibt [Muel94]. Zur Realisierung verteilter Problemlösungsprozesse vgl. auch [Roem97], S. 271 ff.

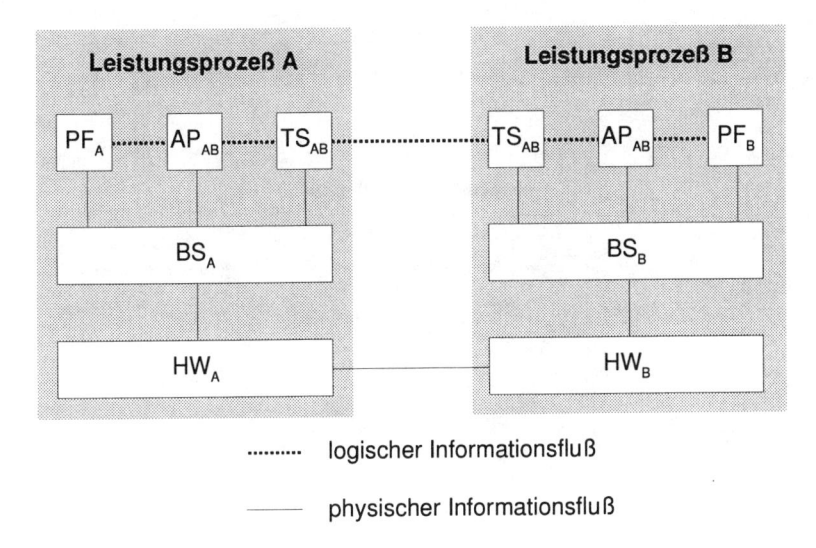

Abb. 4.12. Traditionelle Realisation verteilter Systeme

erhebliche Integrationsprobleme ergeben oder kann eine Integration sogar unmöglich sein. Um die maximale Flexibilität eines verteilten Systems zu erhalten, müssen mit Ausnahme der Prozeßfunktionalität alle Komponenten eines Prozesses prinzipiell austauschbar sein. Dies ist nur durch die Schaffung spezieller Schnittstellenprozesse möglich und führt zu der in Abbildung 4.13 dargestellten Architektur.

In Abbildung 4.13 ermöglicht der Schnittstellenprozeß S die Kommunikation zwischen den Leistungsprozessen. Auf diese Weise werden auch die Anwendungsprotokolle und Transportsysteme austauschbar und Integrationsprobleme minimiert.[95]

Bei Entscheidungen zwischen den Architekturen in den Abbildungen 4.12 und 4.13 besteht ein tradeoff zwischen niedrigen Kosten und gutem Laufzeitverhalten einerseits (Abbildung 4.12) sowie hoher Flexibilität andererseits (Abbildung 4.13), so daß eine Entscheidung immer von den Umständen des Einzelfalls abhängt. In komplexen Systemen mit mehr als zwei Prozessen werden daher i.d.R. beide Architekturen anzutreffen sein. Von besonderer Bedeutung für die Integrationsfähigkeit eines Anwendungssystems in eine Systemlandschaft ist eine flexible Datenbankanbindung. Deshalb ist in der Realisation des IFAS-Prototyps das Datenbankmanagementsystem auf die in Abbildung 4.13 dargestellte Weise von den Planungsmodellen und Methoden

---

[95] In der praktischen Umsetzung dieses Konzepts muß die Schnittstelle nicht zwingend als Prozeß realisiert werden, sofern alternative Konzepte bestehen. Z.B. ist unter den Betriebssystemen OS/2 und Windows NT auch eine Implementation der Schnittstelle als DLL möglich.

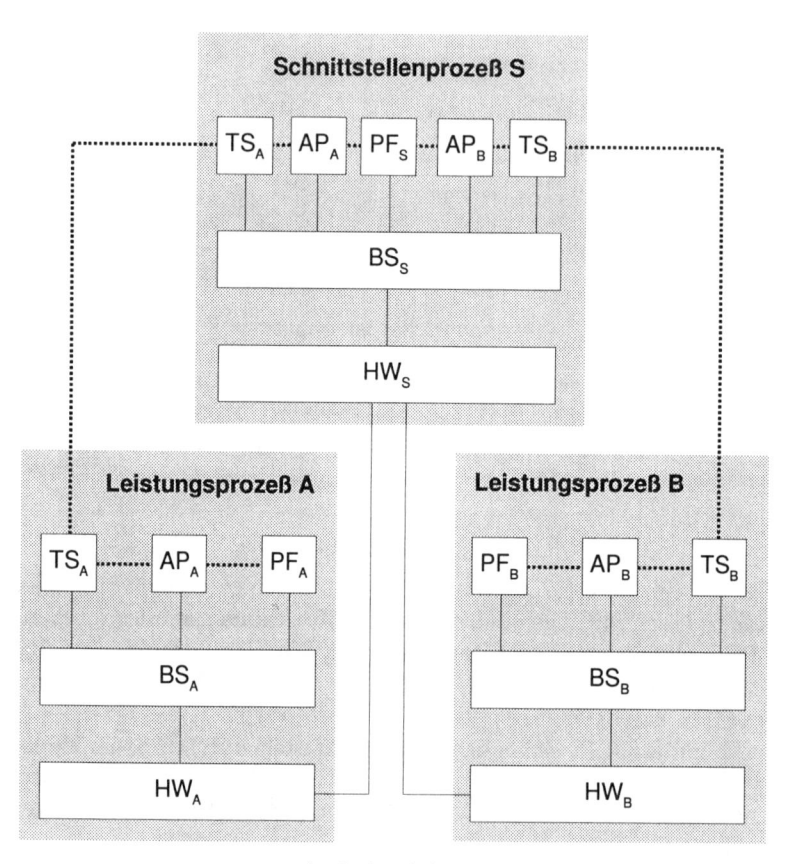

Abb. 4.13. Maximale Flexibilität verteilter Systeme

getrennt, so daß IFAS leicht an belieige Datenbankmanagementsysteme angepaßt werden kann. Darüberhinaus sind die Benutzungsoberflächen der user- und der message-Funktion vom KDL-Interpreter getrennt, so daß die Benutzungsoberfläche und der KDL-Interpreter auch verteilt ablauffähig sind. Diese Möglichkeit zur verteilten Präsentation ist besonders für die Bereitstellung eines Finanzanalysesystems auf elektronischen Märkten von Bedeutung.[96]

4.4 Fazit

Die Erstellung von Finanzanalysesystemen ist ein komplexes Problem. Die Dynamik des Fachgebiets stellt besondere Anforderungen an die Wartungs- und Erweiterungsfähigkeiten eines Finanzanalysesystems. Als Lösungsansatz wurde eine problemspezifische, integrierte Anwendungs- und Entwicklungsumgebung für Finanzanalysesysteme vorgestellt, deren Leistungsfähigkeit aus der Übertragung von Kernkonzepten der doppelten Buchführung auf das Systemkonzept resultiert.

In IFAS werden typspezifische Planungsmodelle durch typspezifische kontenorientierte Datenmodelle und Buchungsanweisungen, die in einer einfachen prozeduralen Programmiersprache beschrieben werden, gebildet. Probleme der Benutzungsoberfläche oder der Datenhaltung sind dabei vom Entwickler eines Planungsmodells nicht zu beachten, da diese Komponenten durch das Werkzeug bereitgestellt werden. Betriebswirtschaftliche und statistische Methoden können mit einem API zu prozeduralen Programmiersprachen beliebig ergänzt werden. Dieses API ermöglicht einen einfachen Datenbankzugriff über Konzepte der doppelten Buchführung.

Die Konzepte von IFAS ermöglichen Finanzanalysesysteme, die den in Abschnitt 3.3 genannten Anforderungen weitgehend gerecht werden:[97]

– Alle typspezifischen Planungsmodelle sind durch die Wiederverwendung einer gegebenen Benutzungsoberfläche konsistent anwendbar. Die Benutzungsoberfläche kann den Anwender durch die in den KDL-Programmen enthaltenen Erläuterungstexte auch bei inhaltlichen Fragen zu einer Finanzanalyse unterstützen.
– Die Verwendung von Konzepten aus der doppelten Buchführung führt zu einem durchgängigen, aus der Erfahrungswelt des Finanzanalyseexperten stammenden Modellierungsparadigma. Dieses Paradigma erleichtert nicht nur die Erstellung, Wartung und Pflege von Planungssystemen und Modellen, sondern auch die konzeptionelle Integration der Planungsrechnung in die administrativen Systeme der Unternehmung.

---

[96] Die Bereitstellung von Finanzanalysesystemen auf elektronischen Märkten ist Gegenstand des Kapitels 5.
[97] Vgl. Seite 86.

- Das Finanzanalysewissen liegt getrennt vom Ablaufschema vor und ist in einer leicht erlernbaren, prinzipiell prozeduralen Sprache repräsentiert. Dabei können Teile bestehender Planungsmodelle – in Form von Transaktionsketten und typspezifischen kontenorientierten Datenmodellen – in neuen Planungsmodellen wiederverwendet werden. Die Einkommen- bzw. Körperschaftsteuer und die Gewerbeertragssteuer werden deklarativ in Planungsmodelle integriert. Auf diese Weise wird die Erstellung der Planungsmodelle weiter vereinfacht.
- Die Systemkonzeption von IFAS ermöglicht eine Aufgabenverteilung auf Fach- und IV-Abteilung gemäß der jeweiligen Kernkompetenzen. Dies trägt zur Verkleinerung der oft schwerwiegenden Kommunikationsprobleme zwischen Fach- und IV-Abteilung bei und fördert so die betriebswirtschaftliche Qualität der Modelle und Methoden. Zugleich kann das Finanzanalysesystem die hohen Sicherheitsanforderungen, die an derartige Systeme zu stellen sind, erfüllen.
- Die modulare Realisierung des Prototyps zeigt exemplarisch, wie durch eine verteilte Systemarchitektur die technische Flexibilität komplexer Anwendungssysteme erhöht werden kann.

Die verteilte Architektur von IFAS erleichtert die Bereitstellung von Finanzanalysesystemen auf elektronischen Märkten. Die damit zusammenhängenden Fragen sind Gegenstand des folgenden Kapitels 5.

5. Finanzanalysesysteme auf elektronischen Märkten

Elektronische Märkte eignen sich in besonderer Weise für den Handel von Leistungen, die durch Übertragung von Daten erbracht werden können. Bei diesen Leistungen können alle Marktphasen – einschließlich Lieferung und Bezahlung – über das interaktive elektronische Medium, auf dem der elektronische Markt realisiert ist, abgewickelt werden.[1] Bislang steht dabei der Austausch von Informationen im Vordergrund kommerzieller Aktivitäten.[2] Elektronische Märkte sind aber in gleicher Weise auch für die Bereitstellung von Anwendungssystemen – insbesondere auch von Finanzanalysesystemen – geeignet.

Im folgenden Abschnitt 5.1 werden grundlegende Aspekte elektronischer Märkte dargestellt. Anschließend werden in Abschnitt 5.2 potentielle Interessenten einer Bereitstellung von Finanzanalysesystemen auf elektronischen Märkten identifiziert. Auf dieser Basis wird in Abschnitt 5.3 die Auswahl des Trägermediums für die Bereitstellung von Finanzanalysesystemen auf elektronischen Märkten ökonomisch analysiert.[3] Das Kapitel endet mit einigen Überlegungen zur Bereitstellung von Finanzanalysesystemen im World Wide Web (WWW).

5.1 Grundlagen elektronischer Märkte

Märkte sind abstrakte Orte für freiwilligen Gütertausch. Die Tauschrelationen (Preise) werden unter Verwendung zuvor festgelegter Regeln (Preisbildungsmechanismen) aus dem Angebot und der Nachfrage bestimmt.[4] Markttransaktionen sind informationsverarbeitende Prozesse, die auch auf traditio-

---

[1] Vgl. Abschnitt 1.1.5.
[2] Im privaten Bereich sind hier sind insbesondere die Bereitstellung von Finanzinformationen, z.B. Wertpapierkurse, (vgl. dazu den Überblick bei [BiSp94]) sowie zahlreiche „Unterhaltungsangebote" hervorzuheben. Zunehmend gewinnt aber auch der Handel materieller Güter auf elektronischen Märkten an Bedeutung. Beispiele hierfür sind der Vertrieb von Musikträgern (http://www.cdnow.com) und Büchern (http://www.amazon.com).
[3] Abschnitt 5.3 ist eine Überarbeitung von [EiSc97], S. 481–489.
[4] Zum Begriff des Marktes vgl. z.B. [Demm91], S. 35 ff.

nellen Märkten in einzelnen Phasen bereits durch Telekommunikations- und Anwendungssysteme unterstützt werden.[5]

Durch die technische Entwicklung wächst die Telekommunikations- mit der Informationstechnologie zur Telematik zusammen. Dies führt zur Entstehung interaktiver elektronischer Medien. Darunter verstehen wir Medien, die durch Dienste auf Rechnernetzen realisiert werden und bidirektionale Kommunikation ermöglichen.[6] Interaktive elektronische Medien bilden die technische Grundlage für elektronische Märkte. Bei elektronischen Märkten werden *alle* Phasen des Marktprozesses durchgängig mit telematischen Systemen unterstützt.[7]

Interaktive elektronische Medien dienen i.d.R. nicht nur zur Verwirklichung elektronischer Märkte, sondern i.d.R. werden verschiedenartige Informations- und Kommunikationsdienste oder Unterhaltungsangebote, z.B. Spiele, bereitgestellt. Im Zusammenhang mit interaktiven elektronischen Medien können drei Gruppen von Akteuren unterschieden werden:[8]

Serviceprovider: Dies sind die Anbieter interaktiver elektronischer Medien. Die Serviceprovider betreiben die erforderlichen Netze und Dienste.

Contentprovider: Dies sind kommerzielle (oder wissenschaftliche) Institutionen, die interaktive elektronische Medien nutzen, um Informationen oder Dienstleistungen einem breiten Personenkreis anzubieten.

Teilnehmer: Dies sind diejenigen Nutzer interaktiver elektronischer Medien, die derartige Medien verwenden, um mit anderen Teilnehmern zu kommunizieren oder die Angebote der Contentprovider wahrzunehmen.

Elektronische Märkte können dadurch entstehen, daß Teilnehmer und/oder Contentprovider die technischen Möglichkeiten des interaktiven elektronischen Mediums dazu nutzen, Markttransaktionen direkt miteinander durchzuführen. In diesem Fall besteht die Infrastruktur des elektronischen Marktes lediglich aus dem interaktiven elektronischen Medium, das der Serviceprovider bereitstellt. Ein darüberhinausgehender institutioneller und technischer Rahmen oder eine zentrale Koordination der Aktivitäten besteht dabei nicht. [ZiKu95], S. 42, bezeichnen dies als transportorientierte Marktdienste. Bei dieser Realisation elektronischer Märkte müssen alle Marktteilnehmer zugleich auch Teilnehmer des interaktiven elektronischen Mediums sein. Ein wichtiges Beispiel für diese Form elektronischer Märkte ist eine spezielle Form des Handels von Software im Internet: Die Software-Anbieter stellen ih-

---

[5] Verbreitet ist z.B. eine Einteilung in die Phasen „Information", „Vereinbarung" und „Abwicklung" (vgl. [ZiKu95], S. 37. und [Schm93], S. 467).

[6] Beispiele hierfür sind electronic mail und das in jüngster Zeit enorm populär gewordene World Wide Web. Siehe dazu [ScBo94].

[7] Bei dieser Definition elektronischer Märkte handelt es sich um „elektronische Märkte im engeren Sinne" nach [Schm93], S. 468. Dieser spricht von „elektronischen Märkten im weiteren Sinne", wenn einzelne Phasen des Marktprozesses informationstechnisch unterstützt werden.

[8] Vgl. [Erns85], S. 23.

re Anwendungssysteme auf öffentlich zugänglichen Servern zum kostenlosen und anonymen Bezug durch (potentielle) Nachfrager bereit. Die Nachfrager können die Anwendungssysteme nach einer angemessenen Testphase im direkten Kontakt mit dem Softwareanbieter lizenzieren. Die Bezahlung erfolgt meist (noch) durch Übermittlung der Kreditkartennummer des Käufers per email.[9] Auch die im World Wide Web (WWW) von einzelnen Anbietern offerierten elektronischen Einkaufsmöglichkeiten, z.b. für Bücher und Computer, sind in diese Kategorie elektronischer Märkte einzuordnen.

Ein weiterführendes Konzept ist die Verwirklichung elektronischer Märkte in Form spezieller Dienste, die auf interaktiven elektronischen Medien bereitgestellt werden. [ZiKu95], S. 42 f., bezeichnen dies als anwendungsorientierte Marktdienste. Anwendungsorientierte Marktdienste setzen transportorientierte (Markt-) Dienste als technische Basis voraus und werden von speziellen Contentprovidern angeboten. Bei dieser Realisation elektronischer Märkte ist keine Teilnahme der Anbieter am interaktiven elektronischen Medium erforderlich, da die Betreiber des elektronischen Marktes die Präsentation der Angebote und ggf. die Abwicklung der Transaktionen, z.B. das Inkasso, übernehmen. Darüberhinaus können Sie zusätzliche Dienstleistungen erbringen, z.B. indem sie als Makler zwischen Anbietern und Nachfragern aktiv in den Marktprozeß eingreifen. Ein wirtschaftlich bedeutendes Beispiel für anwendungsorientierte Marktdienste ist der T-Online Dienst. T-Online ist ein interaktives elektronisches Medium, dessen Serviceprovider zugleich als Provider anwendungsorientierter Marktdienste auf dem eigenen Medium auftritt. Weitere Beispiele sind electronic shopping malls, die vornehmlich im WWW entstehen. Electronic shopping malls sind virtuelle Einkaufspassagen, die vom mall-Provider als Infrastruktur – ggf. mit zusätzlichen Dienstleistungen – für die Anbieter auf dem elektronischen Markt bereitgestellt werden.[10] Ebenfalls zu den anwendungsorientierten Marktdiensten zählen spezielle Systeme, die den elektronischen Handel selten benötigter Anwendungssysteme unterstützen. Beispiele dafür sind elektronische Handelsplätze für Java-Applets und spezielle entscheidungsunterstützende Technologien.[11] Derartige Dienste können insbesondere auch die Akzeptanz einer fallweisen Bereitstellung von Finanzanalysesystemen auf elektronischen Märkten fördern.

Die Teilnahme an elektronischen Märkten ermöglicht Anbietern innovative Kommunikationsformen, Vertriebswege und Geschäftsideen – stellt die Anbieter aber auch vor neue Anforderungen. Sie wirkt sich nachhaltig auf den gesamten Marketingmix[12] der Anbieter aus:

---

[9] Software, die in dieser Form gehandelt wird, wird als Shareware bezeichnet. Shareware ist im Gegensatz zur sogenannten Public-Domain Software, die ebenfalls im Internet bereitgestellt wird, nicht kostenlos.
[10] Vgl. [MeSc96], S. 520.
[11] Vgl. [BuKo97] und [BhKr96].
[12] Der Marketingmix einer Unternehmung besteht aus Produktmix, Distributionsmix, Kommunikationsmix und Kontrahierungsmix. Der Produktmix bezieht sich auf die Gesamtheit der angebotenen Güter und Dienstleistungen. Der Distributi-

Produktmix: Auf elektronischen Märkten können innovative Dienstleistungen angeboten werden, die traditionell nicht erbracht werden können. Die Bereitstellung von Finanzanalysesystemen auf interaktiven elektronischen Medien zur fallweisen Nutzung durch Nachfrager ist ein Beispiel für eine solche Dienstleistung: Die traditionelle Nutzung von Finanzanalysesystemen erfordert eine längerfristig wirksame, vertragliche Vereinbarung – z.B. den Kauf einer Lizenz oder einen Leasingvertrag – *und* technische Maßnahmen – z.B. die Installation des Finanzanalysesystems beim Nachfrager oder die Einrichtung einer Zugangsberechtigung auf dem Rechner des Anbieters. Dadurch bekommt der Nachfrager für einen längeren Zeitraum die *Möglichkeit zur Nutzung* des Finanzanalysesystems – unabhängig davon, ob er diese benötigt oder nicht. Bei Finanzanalysesystemen, die auf elektronischen Märkten zur fallweisen Nutzung bereitgestellt werden, zahlt der Nachfrager *unmittelbar für die Nutzung* des Finanzanalysesystems, z.B. pro erstellter Finanzanalyse. Das Finanzanalysesystem kann, nach elektronisch erfolgter Bezahlung, sofort, d.h. ohne weitere technische Maßnahmen oder vertragliche Vereinbarungen, genutzt werden.[13]

Distributionsmix: Elektronische Märkte sind innovative Absatzkanäle, deren Trägermedien zugleich als Distributionsweg dienen können, wenn der Transport physischer Güter durch Datenübertragung substituierbar ist. Auch dafür ist die fallweise Bereitstellung von Finanzanalysesystemen ein Beispiel, da der Transport physischer Datenträger entfällt.

Kommunikationsmix: Für die erfolgreiche Teilnahme an elektronischen Märkten müssen bidirektionale, elektronische Medien in den Kommunikationsmix integriert und in Bezug auf die Teilnehmer des elektronischen Mediums angemessen genutzt werden.[14] Daraus entstehen den Anbietern weitreichende Möglichkeiten, Kundenkontakte zu intensivieren sowie an kundenbezogene Informationen zu gelangen und Informationen über das eigene Leistungsangebot zu verbreiten.[15]

Ein weiterer Vorteil elektronischer im Vergleich zu traditionellen Medien ist die Möglichkeit, asynchron *und* mit hoher Geschwindigkeit kommu-

---

onsmix umfaßt die Absatzkanäle und Distributionswege der Unternehmung. Als Kommunikationsmix wird die Gestaltung der auf den Absatzmarkt gerichteten Informationsbeziehungen bezeichnet. Der Kontrahierungsmix ist die Gesamtheit der Transaktionsbedingungen. Vgl. [Meff86], S. 116 ff.

[13] Speziell für das WWW, werden technische Möglichkeiten zur Bereitstellung von Finanzanalysesystemen auf interaktiven elektronischen Medien in Kapitel 5.4 behandelt.

[14] Z.B. muß bei Werbemaßnahmen im Internet – um die Wirkung nicht ins Gegenteil zu verkehren – die sogenannte „Netiquette" (im Internet übliche „Anstandsregeln") beachtet werden. Zu weiteren Besonderheiten des Internet-Marketing vgl. [Emer96], S. 289 ff.

[15] Vgl. [MeSc96], S. 524.

nizieren zu können.¹⁶ Dies fördert die Entstehung neuartiger unternehmungsübergreifender Kooperationskonzepte, etwa in Form von virtuellen Unternehmungen und Kompetenz-Netzwerken.¹⁷ Diese Kooperationsformen sind unmittelbar auf den Markterfolg der Unternehmung ausgerichtet. Deshalb müssen im Kontext elektronischer Märkte *alle marktgerichteten* Informationsbeziehungen im Kommunikationsmix berücksichtigt werden.

Kontrahierungsmix: Damit Transaktionen auf elektronischen Märkten möglich sind, muß der Kontrahierungsmix um rechtliche, organisatorische und technische Regelungen und Einrichtungen erweitert werden, die das Zustandekommen rechtswirksamer Verträge und sicherer Bezahlvorgänge ermöglichen.¹⁸

Wie in Kapitel 2 gezeigt wurde, kann eine finanzanalytisch fundierte, innovative Gestaltung vertraglicher Beziehungen zu erheblichen Barwertvorteilen führen. Optimierungspotentiale, die aus internationalen Besteuerungsdifferenzen resultieren, können durch elektronische Märkte – bedingt durch ihre Orts- und Zeitungebundenheit – wesentlich besser als bisher genutzt werden.¹⁹

---

[16] Sofern diese Kommunikationsform von den Kunden akzeptiert wird, können daraus erhebliche Wirtschaftlichkeitsvorteile im Vergleich zu traditionellen, auf synchroner Kommunikation basierenden Kundenschnittstellen, z.B. in Filialen oder Call Centers, resultieren: Bei asynchroner Kommunikation, z.B. per email, ist die Entstehung von Warteschlangen für den Kunden nicht direkt sichtbar. Daher können Lastspitzen leichter ausgeglichen werden. Bei synchroner Kommunikation sind dagegen i.d.R. technisch und organisatorisch aufwendige Lösungen erforderlich. Z.B. werden Lastspitzen im Call Center-Betrieb häufig durch Zuschaltung externer Call Center, die oftmals durch Outsourcinganbieter betrieben werden, ausgeglichen (zur Problematik des Call Center-Betriebs vgl. [HaSc97] und [Bros97]). Zugleich sind aber kürzere Antwortzeiten als bei traditioneller asynchroner Kommunikation, z.B. über Briefpost, möglich.

[17] Vgl. dazu [MeFa95] und [Burc97].

[18] Einen Überblick über technische Möglichkeiten für sichere Kommunikation und Bezahlvorgänge im Internet geben [BaHe96]. Zu vertrags- und prozeßrechtlichen Aspekten des Handels auf elektronischen Märkten vgl. [Erns97]. Zu rechtlichen Fragen virtueller Unternehmungen vgl. [Kili97].

[19] Eine finanzwirtschaftliche Analyse gibt [Satz97].

Die Erweiterung des Kontrahierungsmix um innovative Vertragskonzepte, gewinnt daher durch elektronische Märkte, noch stärker als in der Vergangenheit, an Bedeutung.

Auch die Nachfrager können direkt von der Orts- und Zeitlosigkeit elektronischer Märkte profitieren. Dies gilt in besonderem Maße für Güter und Dienstleistungen, bei denen kein Transport physischer Güter erforderlich ist, sondern die über das Trägermedium des elektronischen Marktes ausgeliefert werden können. Die Vorteile elektronischer Märkte für die Nachfrager können durch zusätzlich angebotene Mehrwertdienste, z.B. „intelligente" Software-Agenten, weiter vergrößert werden.[20]

Nach dieser Grundlegung identifizieren wir im folgenden Abschnitt 5.2, ausgehend vom Entscheidungsträger, potentielle Interessenten für Finanzanalysesysteme auf elektronischen Märkten.

5.2 Potentielle Interessenten

Zur Identifikation von Interessenten für Finanzanalysesysteme auf elektronischen Märkten ist es zweckmäßig, die systemgestützte Erstellung und Nutzung einer Finanzanalyse als Wertschöpfungskette zu sehen.[21] In dieser Wertschöpfungskette können die Entwicklung des Finanzanalysesystems, der Systembetrieb, die Systemanwendung (d.h. die systemgestützte Erstellung der Finanzanalyse) und die Verwendung der durch die Finanzanalyse erzeugten Informationen im Entscheidungsprozeß als Wertschöpfungsphasen unterschieden werden. Abhängig von der Fertigungstiefe der jeweiligen Beteiligten können unterschiedliche Aktionsträger in den Wertschöpfungsprozeß integriert sein. In Abbildung 5.1 repräsentieren die horizontalen Linien die potentiellen Ausgestaltungen der Fertigungstiefe der Aktionsträger. Bei reduzierter Fertigungstiefe eines Aktionsträgers müssen fehlende Wertschöpfungsphasen durch Kooperation mit anderen Aktionsträgern abgedeckt werden. Ein Beispiel dafür ist der durch die Pfeile hervorgehobene Fall, daß der Entscheidungsträger die Finanzanalyse von einem Berater fremdbezieht, der die Finanzanalyse mit einem selbst entwickelten und selbst betriebenen Finanzanalysesystem erstellt.

Bei minimaler Fertigungstiefe aller Beteiligten wird jede Phase der Wertschöpfungskette von einem anderen – idealtypischen – Akteur (Softwareanbieter, Outsourcinganbieter, Berater und Entscheidungsträger) getragen. Im folgenden wollen wir die Bedeutung elektronischer Märkte aus Sicht der möglichen Beteiligten erörtern:

---

[20] Weiterführend vgl. [MeSc96]. Im Bezug auf den Retail-Markt vgl. auch [GeHe96].
[21] Die Wertschöpfungskette umfaßt alle Aktivitäten an einem Produkt – von der Entwicklung bis zur Auslieferung an den Endverbraucher (vgl. [HaMa91], S. 54 f.). Hier wird die Finanzanalyse als Produkt betrachtet.

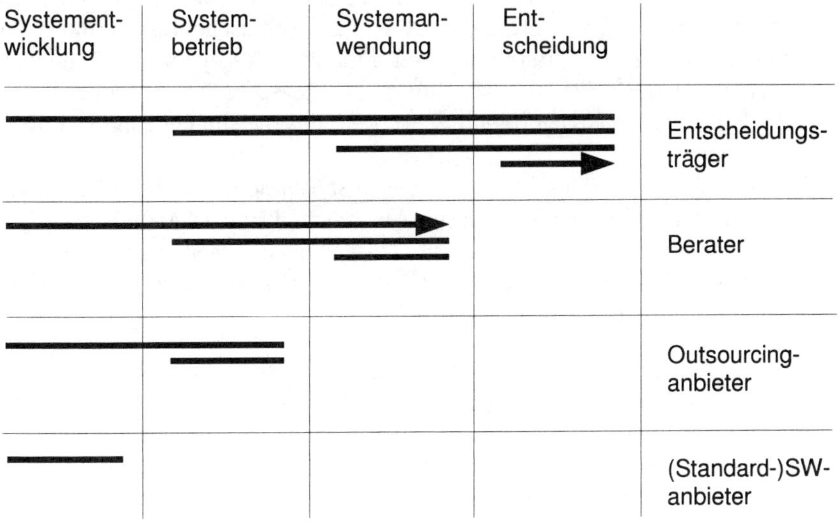

5.2 Potentielle Interessenten

Systement-wicklung	System-betrieb	Systeman-wendung	Ent-scheidung	
━━━━━━━━━━━━━━━━━━━━━━━━▶				Entscheidungs-träger
━━━━━━━━━━━━━▶				Berater
━━━━━━				Outsourcing-anbieter
━━━				(Standard-)SW-anbieter

Abb. 5.1. Wertschöpfungskette systemgestützter Finanzanalysen

Entscheidungsträger: Für Entscheidungsträger entfällt bei Nutzung von Finanzanalysesystemen über elektronische Märkte die Notwendigkeit, selbst für die Installation und den Betrieb eines derartigen Systems sorgen zu müssen. Dies ist nicht nur für solche Entscheidungsträger interessant, die nur gelegentlich Finanzanalysen erstellen. Auch Entscheidungsträger, die regelmäßig, d.h. im Rahmen ihrer Geschäftsprozesse, Finanzanalysen erstellen, können von innovativen Bereitstellungskonzepten profitieren. Für diese Nachfrager bieten elektronische Märkte eine flexible Alternative zum Eigenbetrieb eines Finanzanalysesystems und insbesondere zum traditionellen Outsourcing mit festen, ggf. langfristigen, Vertragsbeziehungen.

Investitions- und Finanzierungsberater: Für Berater bieten elektronische Märkte die Chance, durch die Bereitstellung von Finanzanalysesystemen auch bei Entscheidungsproblemen Leistungen erbringen zu können, bei denen ein Entscheidungsträger sich gegen die Konsultation eines Investitions- und Finanzierungsberaters entscheidet.[22] Dadurch wird der Berater zu einem spezialisierten Outsourcinganbieter.

Outsourcinganbieter: Bislang stellen Outsourcinganbieter i.d.R. Anwendungssysteme bereit, die zur dauerhaften Nutzung beim Outsourcingnachfrager bestimmt sind. Die Möglichkeit, Anwendungssysteme (hier speziell Finanzanalysesysteme) über interaktive elektronische Medien auch zur fallweisen Nutzung bereitzustellen und diese Leistung auf

---
[22] Vgl. Abschnitte 1.2.1 und 1.2.2.

elektronischen Märkten anzubieten, eröffnet Outsourcinganbietern neue Marktchancen. Darüberhinaus kann eine technische Infrastruktur, die eine temporäre Bereitstellung von Finanzanalysesystemen ermöglicht, auch zur dauerhaften Bereitstellung von Finanzanalysesystemen für solche Entscheidungsträger genutzt werden, die regelmäßig Finanzanalysen erstellen.

Softwareanbieter: Für Softwareanbieter, insbesondere von Standardsoftware, sind elektronische Märkte als Absatzkanal und Distributionsweg für Finanzanalysesysteme interessant. Zudem ermöglichen elektronische Medien innovative Support-Konzepte, die den Kundennutzen erhöhen oder die Supportkosten senken können.[23]

Die vorstehende qualitative Analyse hat potentielle Interessenten für das Angebot von Finanzanalysesystemen auf elektronischen Märkten identifiziert. Ob die Nutzung oder die Erbringung eines derartigen Angebots im Einzelfall sinnvoll ist, soll hier nicht untersucht werden. Unabhängig von der Sinnhaftigkeit für das einzelne Wirtschaftssubjekt ist das Angebot von Finanzanalysesystemen auf elektronischen Märkten jedoch für die elektronische Dienstleistungswirtschaft insgesamt von Bedeutung: Elektronische Märkte sind Netzeffektgüter, da ihre Akzeptanz in starkem Maße von den Erwartungen potentieller Marktteilnehmer über die künftige Teilnehmerzahl abhängig ist.[24] Insofern ist grundsätzlich jedes juristisch zulässige und ethisch zu rechtfertigende Leistungsangebot, das die Attraktivität elektronischer Märkte für potentielle Marktteilnehmer erhöht, wichtig. In besonderer Weise gilt dies für innovative Angebote, die einen hohen Kundennutzen erzeugen und nur auf elektronischen Märkten möglich sind. Die fallweise Bereitstellung von Finanzanalysesystemen kann nach Ansicht des Autors für viele Entscheidungsträger ein solches Angebot sein.

Der Nutzen einer Teilnahme an elektronischen Märkten kann nicht ohne Berücksichtigung der technischen Eigenschaften des darunterliegenden interaktiven elektronischen Mediums bewertet werden. Insbesondere auf Käufermärkten ist die Bewertung interaktiver elektronischer Medien durch die Teilnehmer für potentielle Anbieter auf elektronischen Märkten von besonderer Bedeutung, denn die Attraktivität des Trägermediums für die Teilnehmer determiniert die Anzahl der potentiell erreichbaren Nachfrager. Im folgenden Abschnitt 5.3 analysieren wir deshalb den Einfluß unterschiedlicher

---

[23] Beispiele hierfür sind die Bereitstellung häufig benötigter Problemlösungen (Antworten auf „frequently asked questions") und die Verteilung von Software-Updates über elektronische Medien.

[24] Netzeffektgüter sind Güter, deren Konsum mit positiven externen Effekten behaftet ist, d.h. der Konsum eines Netzeffektgutes durch ein Wirtschaftssubjekt erhöht den Nutzen der anderen Wirtschaftssubjekte, die das Netzeffektgut ebenfalls konsumieren. Ein typisches Netzeffektgut ist z.B. der Telefondienst, dessen Nutzen umso größer ist, je mehr Kommunikationspartner per Telefon erreichbar sind. Zur Ökonomie von Netzprodukten vgl. [EiSc97], [Grau93] und [Wies89].

Gebrauchseigenschaften interaktiver elektronischer Medien auf die Anschlußentscheidungen der Teilnehmer.

5.3 Kundenorientierte Auswahl des Trägermediums

Ein Vergleich der in Deutschland angebotenen interaktiven elektronischen Medien fördert beträchtliche Unterschiede zwischen diesen zutage. Dies gilt sowohl für Art und Inhalt der den Teilnehmern bereitgestellten Dienste[25] als auch für die Netzinfrastruktur der Serviceprovider.[26] Beispielsweise besitzt das von der Online Pro Dienste GmbH & Co KG angebotene T-Online (vormals Btx) besondere Stärken im Home Banking und Online Shopping, während diese Nutzungsmöglichkeiten im über das Internet erreichbaren WWW erst im Entstehen sind. Dagegen ermöglicht das WWW den Contentprovidern – und damit auch den Anbietern auf elektronischen Märkten – grafisch anspruchsvoll gestaltete, interaktive, multimedial mit Audio- und Videosequenzen hinterlegte Informationsangebote.[27] Compuserve besitzt besondere Stärken im Hard- und Software-Support sowie themenspezifisch (über den Executive News Service) als Fachinformationsdienst, während America Online stärker die rein privat interessierten Teilnehmer fokussiert.

Im weiteren Verlauf dieses Abschnitts wird der Einfluß unterschiedlicher technischer Eigenschaften auf die Auswahl interaktiver elektronischer Medien durch die Teilnehmer mikroökonomisch analysiert. Zunächst betrachten wir das Nutzungsverhalten der Teilnehmer bei gegebenen Eigenschaften und Preisen der interaktiven elektronischen Medien. Darauf aufbauend werden die Wirkungen preispolitischer Maßnahmen der Serviceprovider bei konstanten Eigenschaften der angebotenen Medien analysiert. Abschließend werden produktpolitische Maßnahmen, d.h. Veränderung der Eigenschaften interaktiver elektronischer Medien untersucht. Dabei verwenden wir die folgenden Annahmen:

Auswahlentscheidung: Wir betrachten ausschließlich (künftige) Teilnehmer, die sich bereits für die Nutzung interaktiver elektronischer Medien entschieden haben. Jeder Teilnehmer hat dafür ein Budget $M > 0$ vorgesehen, das vollständig für die Nutzung eines oder mehrerer interaktiver elektronischer Medien verbraucht werden soll. Die Höhe des Budgets M ist exogen gegeben.

---

[25] Vgl. [Borc96] und [Borc96a].
[26] Vgl. [Meis96] und [Koss96].
[27] Ob derart aufwendig gestaltete Seiten bei den *derzeit* verfügbaren Bandbreiten des deutschen Internet einen Gewinn oder ein Ärgernis für die Teilnehmer darstellen, ist eine andere Frage.

144   5. Finanzanalysesysteme auf elektronischen Märkten

Heterogene Medien: Interaktive elektronische Medien unterscheiden sich in ihren Eigenschaften. Jedes Medium kann auf mehrere verschiedene Weisen genutzt werden, z.B. zur Suche nach Produktinformationen und zum gemeinsamen Spielen von Adventuregames mit anderen Teilnehmern. Aufgrund ihrer unterschiedlichen Eigenschaften sind die angebotenen Medien für die unterschiedlichen Verwendungszwecke jeweils unterschiedlich gut geeignet. Im folgenden beschränken wir uns auf zwei interaktive elektronische Medien A und B, z.B. T-Online und das WWW, die jeweils für zwei Verwendungszwecke 1 und 2, z.B. „Suche nach Produktinformationen" und „Spielen", unterschiedlich gut geeignet sind.

Nutzungskosten: Die einem Teilnehmer aus der Nutzung eines interaktiven elektronischen Mediums i, $i = (A, B)$, entstehenden Kosten werden allgemein beschrieben durch die Kostenfunktion

$$k_i(v_i) = F_i + P_i \cdot (v_i - Z_i); \quad F_i, P_i, Z_i \geq 0; \quad v_i \geq Z_i \quad (5.1)$$

mit F_i als nutzungsunabhängiger Grundgebühr, P_i als Preis pro Zeiteinheit der Nutzung des Mediums i, v_i als Anzahl der genutzten Zeiteinheiten und Z_i als freiem Nutzungszeitkontingent.

Homogene Individuen: Die Teilnehmer sind homogen bezüglich ihrer Präferenzen für die möglichen Verwendungen interaktiver elektronischer Medien. Sie besitzen keine Präferenzen hinsichtlich der Serviceprovider und sind Nutzenmaximierer. Im folgenden betrachten wir einen repräsentativen Teilnehmer.

Analyseinstrumentarium: Transformationskurven beschreiben effiziente Kombinationen alternativer Verwendungsformen interaktiver elektronischer Medien. Indifferenzkurven beschreiben Kombinationen alternativer Verwendungsformen, die dem Teilnehmer den gleichen Nutzen stiften.

5.3.1 Verwendung interaktiver elektronischer Medien

Zur Herleitung der Transformationskurve interaktiver elektronischer Medien betrachten wir zunächst den Fall der ausschließlichen Nutzung eines interaktiven elektronischen Mediums A durch den Teilnehmer. Für $M \geq F_A \geq 0$, $P_A > 0$ und $Z_A \geq 0$ erhalten wir die Anzahl der maximal für die Nutzung des Mediums verfügbaren Zeiteinheiten V:

$$V_A = \frac{M - F_A}{P_A} + Z_A \quad (5.2)$$

Es ist jedoch nicht die durch den Serviceprovider bereitgestellte Verwendungsmöglichkeit des Mediums A, die dem Teilnehmer einen Nutzen stiftet, d.h. der Nutzen des Teilnehmers entsteht nicht durch die Verfügbarkeit von email, des WWW, elektronischer Adventuregames oder von Finanzanalysesystemen an sich. Ein Nutzen entsteht dem Teilnehmer erst durch die immateriellen Güter, die er durch die Verwendung der Dienste des interaktiven

5.3 Kundenorientierte Auswahl des Trägermediums

elektronischen Mediums erzeugt, z.B. schnelle asynchrone Kommunikation, Produktinformation, Unterhaltung oder Finanzanalysen.

Durch die Nutzung interaktiver elektronischer Medien entstehen für den Teilnehmer offenbar verschiedene Rollen: Aus Sicht des Serviceproviders ist die Nutzung des Mediums ein Konsumakt und der Teilnehmer ein Konsument der angebotenen Dienste. Dagegen ist ein interaktives elektronisches Medium aus Sicht des Teilnehmers ein Produktionsfaktor, der erst in Verbindung mit einem weiteren Produktionsfaktor – seiner ebenfalls in Zeiteinheiten gemessenen Eigenleistung – zur Produktion nutzenstiftender Güter führt. Diese Kombination von Produktions- und Konsumtionstätigkeiten wird auch als Prosumtion bezeichnet.[28] Dem Produktionsprozeß des Teilnehmers liegt eine linear limitationale Prozeßtechnologie zugrunde, d.h. die Nutzungszeit des Mediums und die durch den Teilnehmer aufzubringende Zeit stimmen überein. Daher werden wir uns im folgenden auf die Betrachtung der Nutzungszeit des Mediums beschränken.

Der verfügbare Zeitvorrat V_A soll vollständig für die Güterproduktion vewendet werden. Dabei soll jede verbrauchte Zeiteinheit der Produktion genau eines der beiden Güter zugerechnet werden können. Bezeichnen wir mit v_{Aj} die Anzahl der mit der Nutzung des Mediums A für die Produktion von Gut j, $j = (1,2)$, verbrachten Zeiteinheiten, dann unterliegt der Teilnehmer in seinen Produktionsmöglichkeiten der Restriktion

$$V_A = v_{A1} + v_{A2}; \quad V > 0; \quad v_{A1}, v_{A2} \geq 0 \ . \tag{5.3}$$

Die technische Eignung des Mediums A zur Produktion der beiden Güter kann durch Produktionsfunktionen beschrieben werden. Die Variable x_j gibt die Anzahl der produzierten Einheiten von Gut j an.

$$\begin{aligned} x_1 &= f_{A1}(v_{A1}) = a \cdot v_{A1}^{\alpha}; \quad a > 0; \quad 0 < \alpha \leq 1 \\ x_2 &= f_{A2}(v_{A2}) = b \cdot v_{A2}^{\beta}; \quad b > 0; \quad 0 < \beta \leq 1 \end{aligned} \tag{5.4}$$

Die Produktionsfunktionen in Gleichung 5.4 sind durch sinkende oder konstante Grenzprodukte der Verwendungszeit des Mediums A gekennzeichnet. Das Grenzprodukt gibt die Anzahl der Einheiten eines Gutes an, die bei Mehreinsatz einer (infinitesimal kleinen) Zeiteinheit erzeugt werden kann. Ein sinkendes Grenzprodukt ist z.B. bei der Suche nach Produkt informationen realisitisch, wo die Wahrscheinlichkeit, auf eine bisher unbekannte Information zu stoßen, tendenziell bei jeder zusätzlich mit der Recherche verbrachten Zeiteinheit abnimmt. Dagegen sind Spielaktivitäten i.d.R. durch ein konstantes Grenzprodukt gekennzeichnet, da die Spielzeit proportional zur hierfür eingesetzten Nutzungszeit des elektronischen Mediums steigt.[29]

---
[28] Zur Produktion privater Haushalte vgl. [Beck91] und [Lehm93].
[29] Unberücksichtigt bleibt in der Produktionsfunktion der möglicherweise sinkende Grenznutzen der produzierten Güter, z.B. in Form zunehmender Langeweile bei wachsendem Konsum des Gutes Spielen. Diese Effekte werden in der Später eingeführten Nutzenfunktion des Teilnehmers abgebildet.

Der konkrete Verlauf der Produktionsfunktionen, d.h. die Eignung eines Mediums für alternative Verwendungszwecke (Güterproduktion), hängt von einer Vielzahl von Faktoren ab. Von besonderer Bedeutung sind hier die Bandbreite der Netzinfrastruktur, Art und Umfang des Angebots der Contenprovider und Netzeffekte, d.h. die Anzahl der übrigen Teilnehmer.[30] Da diese Faktoren aus Sicht des Teilnehmers gegeben snd, modelleiren wir ihren Einfluß auf die Produktionsfunktionen nicht explizit, sondern berücksichtigen diesen implizit durch die Koeffizienten und Exponenten der obenstehenden Produktionsfunktionen.

Für die weitere Analyse unterstellen wir, daß die beiden Güter keine Kuppelprodukte sind, d.h. Gut 1 kann produziert werden, ohne daß dabei Gut 2 produziert wird, und umgekehrt. Unter Beachtung der Restriktion 5.3 können wir dann aus die Gleichung 5.4 die maximal produzierbare Menge von Gut 2 bei einer gegebenen Produktionsmenge von Gut 1 wie folgt bestimmen:

$$x_2 = f_{A2}(V - f_{A1}^{-1}(x_1)); \quad 0 \leq x_1 \leq f_{A1}(V) \,. \tag{5.5}$$

In unserem Fall ergibt sich:

$$x_2 = b \cdot \left(V - \sqrt[\alpha]{\frac{x_1}{a}} \right)^\beta; \quad 0 \leq x_1 \leq a \cdot V^\alpha \,. \tag{5.6}$$

Dies ist die Gleichung der Produktionsmöglichkeitenkurve des Mediums A, die wir im folgenden kurz als Transformationskurve T_A bezeichnen werden. Die Transformationskurve ist der geometrische Ort aller bei gegebenem Zeitvorrat V_A effizient produzierbaren Kombinationen aus x_1 und x_2.[31] Der Abszissenabschnitt der Transformationskurve gibt die Anzahl der maximal produzierbaren Einheiten von Gut 1 an, wenn vollständig auf die Produktion von Gut 2 verzichtet wird. Für den Ordinatenabschnitt gilt dies analog. Der Betrag der Steigung der Transformationskurve gibt an, wieviele Einheiten von Gut 2 der Teilnehmer weniger produzieren kann, wenn er eine (infinitesimal kleine) Einheit von Gut 1 mehr produzieren möchte. Für $0 < \alpha \leq 1 \wedge 0 < \beta \leq 1 \wedge \alpha + \beta < 2$ hat die Transformationskurve T_A den in Abbildung 5.2 gezeigten konkaven Verlauf. Für $\alpha = \beta = 1$ verläuft die Transformationskurve dagegen linear.

Die Transformationskurve beinhaltet noch keine subjektive Bewertung der *produzierbaren* Güterbündel. Um Aussagen darüber treffen zu können, welches der möglichen Güterbündel der Teilnehmer tatsächlich erzeugt, führen wir eine Nutzenfunktion $u(x_1, x_2)$ ein, d.h. der Nutzen, der einem Teilnehmer entsteht, hängt direkt von den *produzierten* Gütermengen ab. Dabei unterstellen wir einen positiven Zusammenhang zwischen Gütermenge und Nutzen für alle Güter, d.h. eine größere Menge eines Gutes bei konstanter Menge des anderen Gutes erhöht den Nutzen des Teilnehmers. Graphisch

---

[30] Ein Beispiel für die Wirkung von Netzeffekten ist der Dienst „email", dessen Nutzen umso höher ist, je mehr Personen damit erreichbar sind. Zur Wirkung von Netzeffekten vgl. [EiSc97], [Grau93] und [Wies89].
[31] Vgl. [Schu87], S. 171.

kann die Nutzenfunktion durch eine Schar konvexer Indifferenzkurven im (x_1, x_2)-Raum dargestellt werden.[32] Eine Indifferenzkurve ist der geometrische Ort aller Kombinationen aus x_1 und x_2, die dem Teilnehmer den gleichen Nutzen stiften. Weiter vom Ursprung des Koordinatensystems entfernte Indifferenzkurven repräsentieren ein höheres Nutzenniveau.

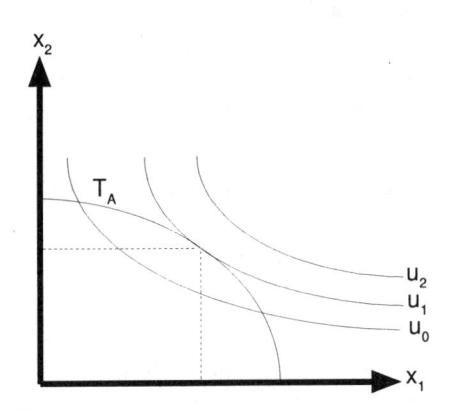

Abb. 5.2. Nutzenmaximum des Teilnehmers

In Abbildung 5.2 wird das höchste durch den Teilnehmer realisierbare Nutzenniveau durch die Indifferenzkurve u_1 repräsentiert, welche die Transformationskurve T_A gerade tangiert: Weiter vom Ursprung entfernte Indifferenzkurven, z.B. u_2, und mithin höhere Nutzenniveaus können nicht erreicht werden, da die zugrundeliegenden Güterbündel außerhalb des Produktionsmöglichkeitenraums des Teilnehmers liegen. Näher am Ursprung des Koordinatensystems liegende Indifferenzkurven, z.B. u_0, repräsentieren dagegen keine effiziente Verwendung des Mediums, da es möglich ist, durch eine Reallokation des Zeitvorrats ein höheres Nutzenniveau zu erreichen.

5.3.2 Wirkung von Kostenänderungen

Preisänderungen können in der Kostenfunktion des Teilnehmers durch Änderungen der nutzungsunabhängigen Grundgebühr F_i, des Preises pro in Anspruch genommener Zeiteinheit P_i oder des freien Zeitkontongents Z_i auftreten. Bei konstantem Budget des Teilnemers bewirken diese Änderungen eine Erhöhung oder Verringerung des verwendbaren Zeitvorrats V, die sich bei einer Vergrößerung des Zeitvorrats in einer Verschiebung der Transformationskurve weg vom Usprung (Abbildung 5.3) oder bei einer Verkleinerung hin zum Ursprung ausdrückt.

---

[32] Zur Herleitung der Indifferenzkurven vgl. [Schu87], S. 51 ff.

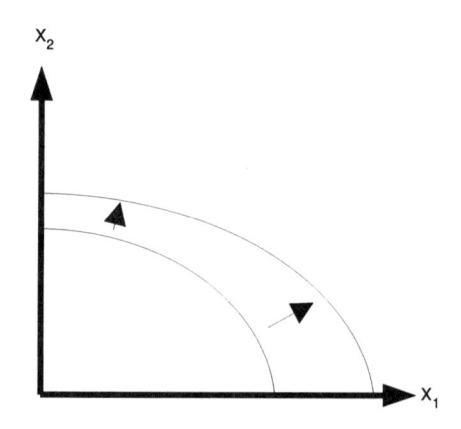

148   5. Finanzanalysesysteme auf elektronischen Märkten

Abb. 5.3. Die Wirkung von Kostenänderungen

Dabei ändert sich i.d.R. das Produktionskostenverhältnis der beiden Güter: Bei einer Senkung des Preises für die Nutzung eines Mediums, d.h. Vergrößerung des Zeitvorrats, wird die Produktion des Gutes, für dessen Produktion das Medium technisch besser geeignet ist, relativ zur Produktion des anderen Gutes billiger. Graphisch drückt sich dies in einer nichtproportionalen Verschiebung der Achsenabschnitte der Transformationskurve aus. Die Erklärung hierfür liegt in den Produktionsfunktionen: Die verwendeten Produktionsfunktionen sind homogen vom Grade α bzw. β, d.h.

$$f_{A1}(\lambda \cdot v_{A1}) = \lambda^\alpha \cdot f_{A1}(v_{A1}) \quad \text{bzw.} \quad f_{A2}(\lambda \cdot v_{A2}) = \lambda^\beta \cdot f_{A2}(v_{A2}) \;.(5.7)$$

Wird der Zeitvorrat aussschließlich für die Produktion des Gutes 1 genutzt, dann erhöht eine Verdoppelung des Zeitvorrats ($\lambda = 2$) die maximal produzierbare Menge um das 2^α-fache – entsprechend steigt die maximal produzierbare Menge des Gutes 2 um das 2^β-fache.[33]

5.3.3 Teilnehmerverhalten bei alternativen Kostensituationen

Wir analysieren im folgenden den Fall, daß von zwei Serviceprovidern die interaktiven elektronischen Medien A und B (z.B. T-Online und Compuserve) angeboten werden. Beide Medien sind in jeweils unterschiedlichem Maße für die Produktion der beiden Güter 1 und 2 (z.B. Homebanking und Softwaresupport) geeignet. Die technischen Eigenschaften der beiden Medien können

---

[33] Die relative Kostenänderung ist nicht auf die unterschiedliche Homogenität der Produktionsfunktionen zurückzuführen, sondern auf deren unterschiedliches Grenzprodukt. Wir verwenden aus Vereinfachungsgründen homogene Produktionsfunktionen, weil die relative Kostenänderung dann direkt aus den divigierenden Homogenitätsgraden ersichtlich ist.

durch vier unterschiedliche Produktionsfunktionen, analog zu denen in Gleichung 5.4, beschrieben werden. Für die Eigenschaften der produzierten Güter soll es unerheblich sein, mit welchem Medium sie erstellt werden. Zunächst gehen wir davon aus, daß dem Teilnehmer ausschließlich nutzungsabhängige Kosten entstehen, d.h. $F_i = Z_i = 0$ und $P_i > 0$.

Der Teilnehmer kann in dieser in Abbildung 5.4 dargestellten Situation die Güter 1 und 2 durch ausschließliche Verwendung von Medium A, durch ausschließliche Verwendung von Medium B oder durch kombinierte Vewendung der Medien A und B produzieren. Bei ausschließlicher Vewendung von Medium A gilt die Transformationskurve T_A, bei ausschließlicher Verwendung von Medium B analog. Bei kombinierter Verwendung beider Medien gilt die Transformationskurve T_{A+B}.

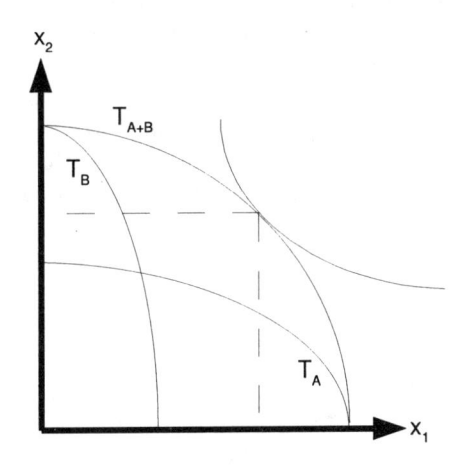

Abb. 5.4. Kombinierte Verwendung interaktiver elektronischer Medien

Die Transformationskurve T_{A+B} entsteht, indem der Teilnehmer für jedes zu produzierende Gut ein Produktivitätsranking der Medien erstellt und anschließend jedes Gut ausschlicßlich mit dem am besten für diesen Produktionsprozeß geeigneten Medium erzeugt – z.B. Homebanking über T-Online betreibt und Softwaresupport über Compuserve bezieht. Auf diese Weise entsteht ein virtuelles Medium, das die jeweils besten Eigenschaften aller Medien in sich vereint.

Offenbar gelangt der Teilnehmer durch die Kombination beider Medien auf ein höheres Nutzenniveau als bei ausschließlicher Nutzung eines der beiden Medien. Solange die Serviceprovider keine Grundgebühren verlangen, entstehen dem Teilnehmer durch die Kombination der beiden Medien keine zusätzlichen Kosten. In dieser Situation wird der Teilnehmer, wenn er beide Güter produzieren will und die angebotenen Medien sich in ihren Produktionsfunktionen unterscheiden, folglich immer beide Medien kombiniert nutzen.

Die Serviceprovider sind an einem möglichst hohen Anteil am Budget des Teilnehmers interessiert. Der Idealfall für einen Serviceprovider besteht darin, daß der Teilnehmer ausschließlich das von ihm angebotene Medium verwendet. Betrachten wir den Serviceprovider des Mediums A in Abbildung 5.4, so wird dieser versuchen, durch preispolitische Maßnahmen die Transformationskurve des durch die kombinierte Nutzung beider Medien entstehenden virtuellen Mediums so zu verschieben, daß sie innerhalb des für die Entscheidung des Teilnehmers relevanten Bereichs, unterhalb der Transformationskurve verläuft, die die ausschließliche Nutzung des Mediums A charakterisiert. In diesem Fall würde der Teilnehmer ausschließlich Medium A verwenden.

Wie Abbildung 5.5 zeigt, verschiebt sich die Transformationskurve des Mediums A bei einer *Senkung nutzungsabhängiger Kosten* von T_A nach $T_{A'}$. Die Preissenkung für Medium A bleibt ohne Einfluß auf die Transformationskurve des Mediums B. Daher verläuft die Transformationskurve des virtuellen Mediums stets oberhalb der Transformationskurve des Mediums A. D.h. eine Änderung der nutzungsabhängigen Kosten führt *nicht* dazu, daß der Teilnehmer ausschließlich das Medium A verwendet. Gleichwohl wird sich i.d.R. der Anteil am Budget des Teilnehmers, der dem Serviceprovider des Mediums A zufließt erhöhen.

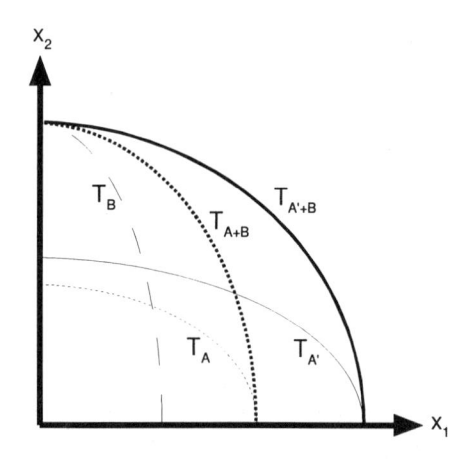

Abb. 5.5. Änderung nutzungsabhängiger Kosten

Wenn der Anbieter des Mediums A stattdessen eine *nutzungsunabhängige Grundgebühr* einführt, verringert sich das zur Deckung nutzungsabhängiger Kosten verfügbare Nettobudget des Teilnehmers, falls er A alleine oder kombiniert mit B nutzen möchte. Die Transformationskurve des Mediums A verschiebt sich daraufhin in Abbildung 5.6 von T_A nach $T_{A'}$. Diese Verschiebung ist unabhängig davon, ob der Teilnehmer nur das Medium A oder beide Medien verwendet. Wenn der Teilnehmer ausschließlich das Medium B verwenden möchte, bleibt die Transformationskurve T_B relevant, da die Grundgebühr für das Medium A dann ohne Einfluß auf das Nettobudget bleibt. Wenn der Teilnehmer beide Medien nutzt, muß dagegen die Transformationskurve $T_{B'}$ für die Konstruktion der Transformationskurve des virtuellen Mediums $T_{A'+B'}$ herangezogen werden, da dann die Grundgebühr für Medium A auch auf das Nettobudget des Mediums B wirkt. Die Transformationskurve des virtuellen Mediums $T_{A'+B'}$ läuft daher immer unterhalb der ursprünglichen Transformationskurve T_{A+B}.

Wie Abbildung 5.6 weiterhin zeigt, kann die einseitige Einführung einer Grundgebühr dazu führen, daß keine Kombinationslösung zustande kommt und der Teilnehmer ausschließlich ein Medium – das Medium, welches ohne Grundgebühr angeboten wird – verwendet. Ob dies tatsächlich geschieht ist vom Verlauf der Indifferenzkurven abhängig. Aufgrund dieses Ergebnisses ist es zunächst nicht verständlich, warum viele Anbieter interaktiver elektronischer Medien nutzungsunabhängige Grundgebühren erheben. Da dies aber verbreitet ist betrachten wir im folgenden den Fall, daß beide Serviceprovider eine Grundgebühr erheben.

In Abbildung 5.7 gilt die Transformationskurve T_A für den Fall, daß der Teilnehmer ausschließlich das Medium A verwendet, T_B analog. Die Transformationskurven $T_{A'}$ und $T_{B'}$ werden lediglich zur Konstruktion der Transformationskurve des virtuellen Mediums $T_{A'+B'}$ benötigt. Diese ist bei Verwendung beider Medien relevant und berücksichtigt, daß sowohl für Medium A als auch Medium B eine Grundgebühr gezahlt werden muß. In Abhängigkeit von seiner Nutzenfunktion, wird sich der Teilnehmer in den meisten Fällen für die ausschließliche Verwendung eines Mediums – und gegen die Kombinationslösung – entscheiden. Er wird das Medium verwenden, das in der Produktion des von ihm stärker präferierten Gutes das höhere Durchschnittsprodukt aufweist. Diese „Spezialisierung" ist rational, weil in der gezeigten Situation die Opportunitätskosten durch die ineffiziente Produktion des geringer rpäferierten Gutes niedriger sind als die zusätzlichen Grundgebühren bei kombinierter Verwendung beider Medien. Der Effekt ist umso größer, je höher der Anteil der Grundgebühr am Budget des Teilnehmers ist.

Wenn alle Serviceprovider sich durch Produktdifferenzierung gegeneinander abgrenzen wollen, ist es für sie demnach rational, nutzungsunabhängige Grundgebühren zu erheben, da diese den Einfluß technischer Unterschiede zwischen den Medien auf die Entscheidung der Teilnehmer erhöhen. Dies erklärt die am Markt übliche Preisgestaltung der Serviceprovider, die mit den unterschiedlichen Eigenschaften der verschiedenen interaktiven elektronischen Medien auch jeweils unterschiedliche Zielgruppen, d.h. Teilnehmer mit heterogenen Präferenzen, ansprechen möchten.

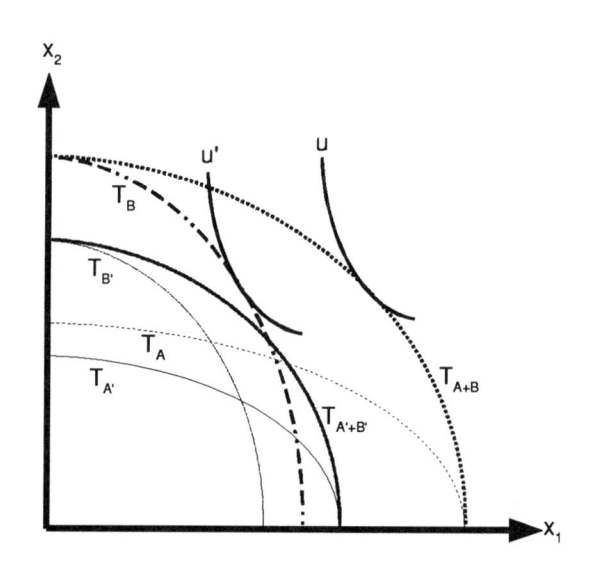

Abb. 5.6. Einführung einer Grundgebühr durch *einen* Serviceprovider

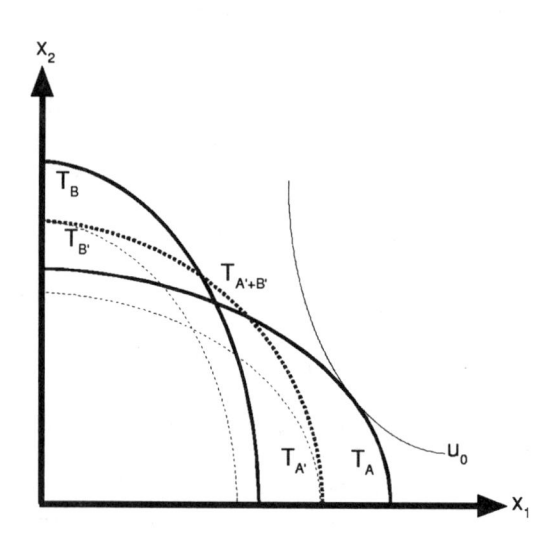

Abb. 5.7. Einführung einer Grundgebühr durch *beide* Serviceprovider

Ein scharfer Preiswettbewerb bei geringer Bedeutung der technischen Unterschiede zwischen den Angeboten der Serviceprovider erzeugt dagegen eine Tendenz zum Abbau nutzungsunabhängiger Grundgebühren, da sich ein Serviceprovider einen Vorteil durch einen einseitigen Abbau der Grundgebühr verschaffen kann – sofern die Teilnehmer auf die Verbilligung nicht mit einer Budgetverringerung reagieren.

5.3.4 Wirkung offener Technologien

Die am Markt angebotenen interaktiven elektronischen Medien unterscheiden sich nicht nur in ihren Eigenschaften im Hinblick auf ihre Verwendung durch den Teilnehmer, sondern auch durch die Technologie, auf deren Basis die Medien angeboten werden. Ohne auf technische Details einzugehen, kann hier zwischen elektronischen Medien auf der Basis proprietärer Technologien – dies sind klassische Online-Dienste wie z.B. America Online und T-Online – sowie elektronischen Medien auf der Basis offener, d.h. allen Serviceprovidern zu den gleichen Bedingungen zugänglicher, Standards unterschieden werden. Dieser Kategorie ist das Internet zuzuordnen.

Nachfolgend nehmen wir an, daß Medium A (z.B. Internet) auf Basis einer offenen Technologie und Medium B (z.B. T-Online) auf Basis einer proprietären Technologie angeboten werden. Ferner unterstellen wir mit $F_1, F_2 > 0$; $F_1, F_2 \leq M$; $F_1 + F_2 > M$; $P_1, P_2 = 0$ und $Z_1, Z_2 > 0$ eine Preisgestaltung der Serviceprovider, die eine kombinierte Nutzung beider Medien durch die Teilnehmer nicht zuläßt.

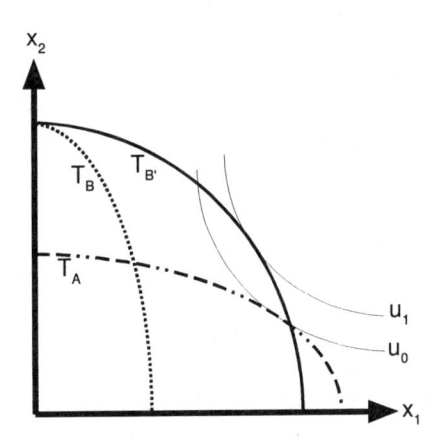

Abb. 5.8. Integration offener Technologien

In Abbildung 5.8 besitzt der Teilnehmer eine starke Präferenz für das Gut 1, z.B. grafisch aufbereitete Produktinformationen, das mit dem Medium A

besser produziert werden kann als mit dem Medium B. Daher benutzt er in der Ausgangssituation ausschließlich das Medium A. Da dieses Medium auf der Basis einer offenen Technologie angeboten wird, kann der Anbieter des Mediums B, der in der Ausgangssituation nicht zum Zuge kommt, die Eigenschaften seines Produktes ändern, indem er das Medium A in sein Produkt integriert. Diese Integration kann über die Einrichtung von Gateways zum Internet erfolgen – ein Weg, den mittlerweile alle Provider proprietärer Online-Dienste gegangen sind. Die Extremlösung besteht darin, die eigene Technologie durch die offene Technologie des ursprünglich konkurrierenden Mediums zu substituieren. Diesen Weg beschreitet der Serviceprovider Compuserve, der die Umstellung seiner proprietären Technologie auf die offene Technologie des WWW angekündigt hat.[34]

Die aus der Integration resultierende neue Transformationskurve $T_{B'}$ gleicht dem Verlauf einer Transformationskurve T_{A+B}, die der Teilnehmer durch eigenständige Kombination beider Medien realisieren könnte. Tatsächlich handelt es sich aber um das real angebotene Medium B. In der gezeigten Situation schneiden sich die Transformationskurven T_A und $T_{B'}$. Hierfür sind zwei Gründe denkbar: Entweder ist die Integration des Mediums A in das proprietäre Medium B nicht perfekt gelungen, sodaß hier Produktivitätsnachteile gegenüber der ausschließlichen Verwendung des Mediums A entstehen. Dies ist z.B. der Fall wenn, wie häufig beobachtbar, ein Internetzugang über proprietäre Online-Dienste mit einer langsameren Übertragungsgeschwindigkeit verbunden ist als bei direktem Internetzugang über einen Internet-Serviceprovider. Der zweite, ebenfalls beobachtbare Fall tritt ein, wenn der Serviceprovider des Mediums B die Nutzung des integrierten Mediums A teurer gestaltet, als dies bei direkter Nutzung des Mediums A, z.B. über einen Internet-Serviceprovider, der Fall wäre. Dies ist möglich, da dem Teilnehmer durch einen Wechsel vom Medium A zum Medium B die ursprünglichen Eigenschaften des Mediums B nun zugänglich sind, die er in der Ausgangssituation nicht nutzen konnte. Diesen Mehrwert kann der Serviceprovider des Mediums A nicht bieten, da ihm die proprietäre Technik des Mediums B nicht zugänglich ist.

Gesetzt den Fall, daß sich der Teilnehmer für das proprietäre Medium B entscheidet, ist es umgekehrt dem Serviceprovider des Mediums A nicht möglich, dieses in sein Angebot zu integrieren. Der Serviceprovider des Mediums B ist bei dieser Präferenzstruktur des Teilnehmers durch seine proprietäre Technologie vor Konkurrenz geschützt und kann entsprechende Monopolgewinne erzielen. Dem Anbieter des Mediums A verbleibt in dieser Situation nur die Möglichkeit, seine Technologie so weiterzuentwickeln, daß das Medium A in der Produktion des für den Teilnehmer besonders wichtigen Gutes ähnliche Eigenschaften aufweist wie das Medium B. Auch die Contentprovider haben in dieser Situation ein Interesse an der erfolgreichen Weiterentwicklung des Mediums A, da es für sie ebenfalls nachteilig ist, einem

---

[34] Vgl. [oVer96].

Monopolisten gegenüberzustehen. Dies ist auch ein Grund für die derzeitigen Bemühungen, die Voraussetzungen für sichere Transaktionen im Internet zu schaffen, obwohl diese mit proprietären Online-Diensten wie z.B. T-Online bereits heute möglich sind.

Ein Contentprovider, der Finanzanalysesysteme auf elektronischen Märkten anbietet, ist an einer möglichst großen installierten Basis des zugrundeliegenden interaktiven elektronischen Mediums interessiert, denn dessen Teilnehmerzahl determiniert sein Marktpotential. Aufgrund der aktuellen Entwicklung des Marktes für interaktive elektronische Medien erscheint daher – trotz vieler bislang offener Fragen – ein Engagement im offenen Internet langfristig erfolgversprechender als auf der Basis proprietärer Online-Dienste.[35] Gegenstand des folgenden Abschnitts sind daher einige grundsätzliche Überlegungen zur Bereitstellung von Finanzanalysesystemen zur fallweisen Nutzung im Internet.

5.4 Bereitstellung von Finanzanalysesystemen im WWW

Das WWW (World Wide Web) ist ein Client/Server-basierter, interaktiver Dienst im Internet, der den Zugriff auf (multimediale) Informationen und andere Internet-Dienste, z.B. FTP oder News[36], auf der Basis von Hypertext-Dokumenten unter einer plattformübergreifend einheitlich und intuitiv bedienbaren Benutzungsoberfläche integriert. Die Hypertext-Dokumente werden in HTML (Hypertext Markup Language), einer einfachen Seitenbeschreibungssprache, beschrieben und vom WWW-Server im Internet bereitgestellt. Der WWW-Client, der sogenannte Browser, dient zur Darstellung der vom WWW-Server bereitgestellten HTML-Dokumente.

Für die Bereitstellung interaktiver Anwendungssysteme – also auch von Finanzanalysesystemen – im WWW bestehen verschiedene Realisationsmöglichkeiten:

– Die Benutzungsoberfläche des Finanzanalysesystems wird mit HTML-Dokumenten beschrieben. Die Planungsmodelle und Methoden werden jeweils von einzelnen Programmen bereitgestellt, die durch den WWW-Server gestartet werden. Die Kommunikation zwischen dem WWW-Server

---

[35] Mit dieser Argumentation hat sich z.B. auch der Otto Versand für die Realisierung seiner Online-Aktivitäten auf der Basis des Internet entschieden (vgl. [Flen96], S. 238). Auch Banken ermöglichen ihren Kunden – trotz anfänglicher Sicherheitsbedenken (vgl. z.B. [DuGr96], S. 276) – zunehmend die Durchführung von Transaktionen im Internet.

[36] FTP (File Transfer Protokoll) ist ein Dienst, der zur Übertragung von Dateien im Internet genutzt wird. News ist ein nicht interaktives, weltweites Konferenzsystem, „das vom Aufbau her einem schwarzen Brett ähnelt" ([ScBo94], S. 103). Eine ausführliche Darstellung der wichtigsten Internet-Dienste geben [ScBo94].

und den auszuführenden Programmen erfolgt über das Common Gateway Interface (CGI) – eine für diesen Zweck konzipierte standardisierte Schnittstelle. Die zur Programmausführung erforderlichen Informationen, z.B. über eine zu analysierende Finanzierungsalternative, werden dem Programm beim Aufruf als Parameter übergeben. Als Ausgabe erzeugt das Programm ein HTML-Dokument, das der WWW-Server an den WWW-Client übermittelt. Bei dieser Variante wird die Finanzanalyse auf dem Rechner des Anbieters ausgeführt und nur die Finanzanalyseinformationen werden im Internet übertragen.[37]
- Das Finanzanalysesystem wird mit der Programmiersprache Java realisiert. Java ist eine objektorientierte Programmiersprache, die besonders für die Realisierung interaktiver WWW-Anwendungssysteme geeignet ist. Java-Programme werden auf den Rechner des WWW-Clients übertragen und dort in einer virtuellen Maschine ausgeführt. Java-Programme sind daher nicht an bestimmte Hard- und Softwareumgebungen gebunden, sondern können in jeder Systemumgebung, in der eine virtuelle Java-Maschine existiert, ausgeführt werden.[38] Bei dieser Variante wird das Finanzanalysesystem auf den Rechner des Entscheidungsträgers übertragen und die Finanzanalyse dort ausgeführt.

Die beiden beschriebenen Grundansätze sind untereinander kombinierbar und können darüberhinaus mit Multimedia-Techniken kombiniert werden. Eine Pauschalaussage darüber, welcher der beiden Ansätze besser für die Bereitstellung von Finanzanalysesystemen im WWW geeignet ist, kann nicht getroffen werden, sondern die technische Realisierung ist immer im Hinblick auf die konkret intendierte Leistung des Anbieters abzustimmen. Z.B. wird ein Investitions- und Finanzierungsberater, der Finanzanalysesysteme zur gelegentlichen Nutzung durch private und gewerbliche Entscheidungsträger bereitstellt, andere Anforderungen an die technische Realisierung stellen als ein Outsourcinganbieter, der Finanzanalysesysteme als Teil eines umfassenden IV-Dienstleistungspakets zur Nutzung über einen einen längeren Zeitraum bereitstellt.

5.5 Fazit

Elektronische Märkte bieten innovative Möglichkeiten, die deutlich über eine bloße Systemunterstützung von Markttransaktionen hinausgehen. Dies gilt in besonderem Maße für Dienstleistungen, die in der Verarbeitung von Informationen bestehen, da hier alle Marktphasen – einschließlich der Leistungserbringung – über das zugrundeliegende interaktive elektronische Medium abgewickelt werden können. Damit das Innovationspotential elektronischer

---
[37] Weiterführend vgl. [Ramm95].
[38] Vgl. [Flan96].

Märkte jedoch genutzt werden kann, sind umfangreiche Maßnahmen seitens der Unternehmungen erforderlich.

Von besonderer Bedeutung für eine erfolgreiche Bereitstellung von Finanzanalysesystemen auf elektronischen Märkten ist die Auswahl des Trägermediums. Das Trägermedium ist so auszuwählen, daß dessen technische Eigenschaften den Präferenzen der anvisierten Zielgruppe entspricht. Wenn ein Trägermedium auf der Basis offener Technologien verfügbar ist *und* die Anbieter proprietärer elektronischer Medien dieses in ihre Systeme integrieren, dann ist aufgrund der wesentlich größeren installierten Basis – die dann die Teilnehmer des offenen Mediums und der proprietären Medien umfaßt – die Verwendung des offenen Mediums langfristig die erfolgversprechendste Lösung.[39] Diese Situation ist am Markt für interaktive elektronische Medien zu beobachten, wo alle Anbieter proprietärer Systeme Gateways in das Internet errichtet haben oder sogar ihre eigene Technologie ganz oder teilweise auf Internet-Technologie umstellen.[40]

Neben einer großen installierten Basis – und mithin einer großen Anzahl potentieller Teilnehmer an elektronischen Märkten – bietet das Internet eine Fülle technischer Möglichkeiten zur Realisation interaktiver Anwendungssysteme. Auf dieser technischen Basis können die in Kapitel 4 beschriebenen Konzepte auch für die Erstellung und Bereitstellung von Finanzanalysesystemen im Internet genutzt werden. Konkrete technische Realisierungsempfehlungen können jedoch nur in Bezug auf den jeweiligen Einzelfall gegeben werden.

Abbildung 5.9 zeigt die Entwicklung der registrierten Internet-Domains in Europa und Deutschland im Zeitraum zwischen Januar 1994 und Juni 1997. Das exponentielle Wachstum der Domains – und somit in ähnlicher Weise auch der Teilnehmerzahlen – läßt eine künftig stark wachsende Akzeptanz elektronischer Märkte im Internet erwarten. Im Bussiness-to-Bussiness Bereich ist dies bereits heute erkennbar. Dagegen konnten die – hochgesteckten – Erwartungen im Retail-Bereich von Ausnahmen abgesehen – bislang – nicht erfüllt werden.[41] Allerdings steigt die Attraktivität elektronischer Märkte durch das zunehmende Nutzenpotential der Angebote[42] und grundsätzliche Vorbehalte gegen die Nutzung interaktiver elektronischer Medien werden mit deren zunehmender Verbreitung ebenfalls an Bedeutung verlieren. Dies läßt langfristig auch für den Retail-Bereich eine positive Entwicklung erwarten.

---

[39] Eine pauschale Empfehlung für offene Medien kann jedoch nicht gegeben werden, da auch der Fall denkbar ist, daß das offene Medium sich nicht am Markt durchsetzen kann. Zu dieser Thematik vgl. [KaSh94].

[40] Vgl. [oVer96].

[41] Vgl. dazu [MeSc96].

[42] Dies ist z.B. der Fall, wenn ein Anbieter nicht nur passiv Informationen bereitstellt, sondern auch die Durchführung von Transaktionen ermöglicht. Ein weiteres Beispiel, an dem die innovativen Möglichkeiten elektronischer Märkte deutlich werden, ist das in [RoBu96] beschriebene Konzept einer Zwei-Kanalberatung zur Unterstützung des Direktvertriebs von Finanzdienstleistungen.

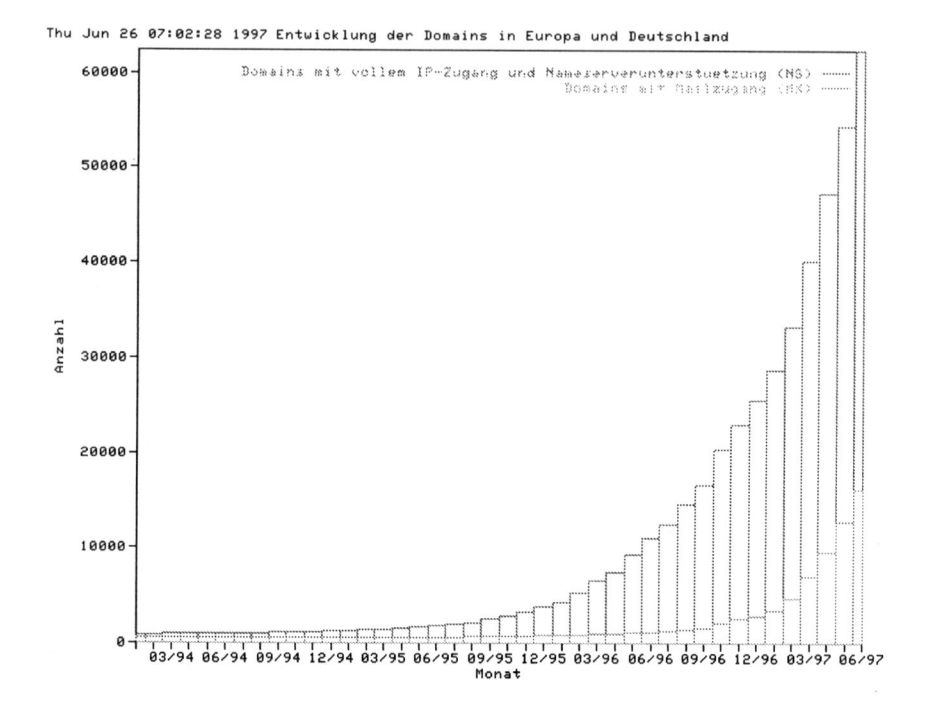

158   5. Finanzanalysesysteme auf elektronischen Märkten

Abb. 5.9. Entwicklung der Internet-Domains in Europa und Deutschland
(Quelle: [DENI97].)

6. Zusammenfassung der Ergebnisse

Gegenstand dieser Arbeit waren Finanzanalysen in der Investitions- und Finanzierungsberatung. Als Finanzanalyse bezeichnen wir die Planung und Bewertung der entscheidungsrelevanten, monetär quantifizierbaren Wirkungen von Investitions- und Finanzierungsalternativen. Finanzanalysen sind auf mehrfache Weise für die Investitions- und Finanzierungsberatung von Bedeutung:

- *Modelltheoretische Finanzanalysen* ermöglichen – unabhängig vom konkreten Einzelfall – Erkenntnisse über finanzwirtschaftlich vorteilhafte Gestaltungsmöglichkeiten von Zahlungsströmen. Bei korrekter Berücksichtigung steuerlicher Regelungen können auf diese Weise innovative Finanzprodukte geschaffen werden, die ein erhebliches Vorteilhaftigkeitspotential im Vergleich zu „Standardlösungen" besitzen.
- Die Beratungspraxis erfordert die *Ermittlung und Bewertung von Zahlungsströmen konkreter Investitions- und Finanzierungsmöglichkeiten*. Dies ist – von trivialen Fällen abgesehen – wirtschaftlich sinnvoll nur mit Unterstützung eines problemadäquaten Finanzanalysesystems möglich. Die Beratungsqualität eines Investitions- und Finanzierungsberaters kann daher wesentlich durch die Qualität seines Finanzanalysesystems beeinflußt werden.
- Mit der zunehmenden Verbreitung interaktiver elektronischer Medien kann die *Bereitstellung von Finanzanalysesystemen auf elektronischen Märkten* zur fallweisen Nutzung durch den Entscheidungsträger eine interessante Erweiterung des Leistungsangebots innovativer Investitions- und Finanzierungsberater darstellen. Mit einem solchen Angebot kann ein Berater auch bei Entscheidungsproblemen, bei denen eine traditionelle Beratung nicht erforderlich oder wirtschaftlich ist, neue Kunden gewinnen.

Gegenstand von Kapitel 2 war ein modelltheoretischer Vergleich von Kauf und Leasing zu eigenen Wohnzwecken genutzter Immobilien. Dabei wurde zunächst ein allgemeiner, d.h. von der speziellen Kauf/Leasing-Fragestellung des Kapitels 2 unabhängiger, Ansatz für die Zahlungsstromoptimierung bei Leasingverträgen entwickelt. Mit diesem Optimierungsansatz können das Vertragsverhältnis zwischen Leasinggeber und Nutzer einerseits, sowie die Refinanzierung des Leasinggebers andererseits, bezüglich der Nach-Steuern-

Barwerte simultan optimiert werden. Anschließend wurde ein spezielles Entscheidungsmodell für die Kauf/Leasing-Entscheidung bei zu eigenen Wohnzwecken genutzten Immobilien entwickelt. Dabei wurde gezeigt, daß durch die simultane Zahlungsstromoptimierung sowie die (partielle) Weitergabe von Abschreibungs- und Refinanzierungsvorteilen des Leasinggebers ein erhebliches Vorteilhaftigkeitspotential des Leasing selbstgenutzter Immobilien im Vergleich zum Kauf besteht. Die Tatsache, daß diese Vorteile in der Praxis regelmäßig nicht genutzt werden, zeigt deutlich die große Bedeutung modelltheoretischer Finanzanalysen für die Investitions- und Finanzierungsberatung.

In Kapitel 3 wurden Anforderungen, die für eine qualitativ hochwertige, innovative Investitions- und Finanzierungsberatung an Finanzanalysesysteme zu stellen sind, abgeleitet. Von zentraler Bedeutung ist die Möglichkeit zur Erweiterung, Wartung und Pflege des in einem Finanzanalysesystem enthaltenen Vorrats an Planungsmodellen und Methoden durch einen Investitions- und Finanzierungsberater, so daß weder der Berater zum Systementwicklungsexperten werden muß, noch, daß Einbußen bezüglich Benutzungsoberfläche und Datensicherheit des Finanzanalysesystems hinzunehmen sind.

Die Anforderungen aus Kapitel 3 bildeten die Ausgangsbasis für die Entwicklung einer integrierten Anwendungs- und Entwicklungsumgebung für Finanzanalysesysteme in Kapitel 4. Kern dieses *integrierten Finanzanalysesystems* (IFAS) ist eine Planungssprache, in der Konzepte aus der doppelten Buchführung – z.B. Konten und Buchungssätze – zur Entwicklung von Planungsmodellen durch *betriebswirtschaftlich* besonders qualifizierte Berater verwendet werden. In IFAS liegt den Planungsmodellen und Methoden ein einheitliches Meta-Datenmodell zugrunde. Dies ermöglicht die durchgängige Verwendung einer gegebenen Benutzungsoberfläche und einer ebenso gegebenen Datenhaltungskomponente, so daß der Berater, der Planungsmodelle entwickelt, wartet und pflegt, weitestgehend von den nicht betriebswirtschaftlichen Aspekten dieser Aufgaben befreit wird. Zudem liegt das Finanzanalysewissen explizit getrennt vom Ablaufschema vor. Daher sind Erweiterungen, Wartung und Pflege der Planungsmodelle und Methoden in kurzer Zeit möglich. Ein weiterer Vorteil der Verwendung einer gegebenen Benutzungsoberfläche ist die für alle Planungsmodelle einheitliche Bedienung des Finanzanalysesystems.

Die technischen Aspekte der Installation und des Betriebs von IFAS sind von den betriebswirtschaftlichen Inhalten der Planungsmodelle und Methoden weitgehend getrennt. Dadurch wird eine Aufgabenteilung zwischen IV- und Fachabteilung gemäß der jeweiligen Kernkompetenzen möglich. Für die IV-Abteilung erleichtert die Orientierung von IFAS an Konzepten der doppelten Buchführung die *konzeptionelle Integration* der Planungsrechnung in die administrativen Systeme der Unternehmung. Die modulare Realisierung des IFAS-Prototyps zeigt exemplarisch, wie durch eine verteilte Systemarchitekur auch die *technische Integration* in bestehende oder sich verändernde Systemlandschaften erleichtert werden kann.

Gegenstand des Kapitels 5 war die Bereitstellung von Finanzanalysesystemen auf elektronischen Märkten. Dabei wurde die systemgestützte Erstellung und Nutzung von Finanzanalysen als Wertschöpfungskette interpretiert, die bedingt durch die Immaterialität der zu erstellenden Leistung besonders gut mit interaktiven elektronischen Medien unterstützt werden und somit von elektronischen Märkten profitieren kann. Als (potentielle) Akteure in dieser Wertschöpfungskette, d.h. als Interessenten von Finanzanalysesystemen auf elektronischen Märkten, wurden außer Entscheidungsträgern noch Berater, Outsourcinganbieter und Anbieter von Standardsoftware identifiziert. Besonders bedeutsam für Anbieter von Leistungen auf elektronischen Märkten ist die kundenorientierte Auswahl des Trägermediums. Daher wurde die Auswahl interaktiver elektronischer Medien durch die Teilnehmer unter dem Einfluß technischer Heterogenität interaktiver elektronischer Medien sowie preispolitischer Maßnahmen der Serviceprovider mikroökonomisch modelliert. Dieses Modell erklärt die Tarifpolitik der Serviceprovider und den am Markt für interaktive elektronische Medien beobachtbaren Trend zu offenen Technologien, insbesondere zum Internet. Die Verwendung von IFAS-Konzepten für WWW-basierte Finanzanalysesysteme ist deshalb nach Ansicht des Autors ein erfolgversprechender Ansatz für innovative elektronische Dienstleistungsangebote, die bislang – ohne elektronische Märkte – nicht möglich waren.

A. Syntaxbeschreibung der KDL

Grundsätzlicher Aufbau von KDL-Programmen

<Programm>   ::=   <*Variablen*> <*Transaktionsketten*> <*Jahresabschluß*>

Deklaration von Variablen

<Variablen>	::=	<Deklaration> <weitere_Deklarationen> | •
<Deklaration>	::=	<Datentyp> <Variable> <weitere_Variablen> ;
<Datentyp>	::=	zeit | anzahl | geld | prozent
<Variable>	::=	<*Bezeichner*> <Initialisierung>
<Initialisierung>	::=	= <*Zahl*> | •
<weitere_Variablen>	::=	, <Variable> <weitere_Variablen> | •
<weitere_Deklarationen>	::=	<Variablen> | •

Definition von Transaktionsketten

<Transaktionsketten>	::=	<weitere_TK> <Start_TK> <weitere_TK>
<Start_TK>	::=	start( ) <*TK_Körper*>
<weitere_TK>	::=	<TK_Definition> <weitere_TK> | •
<TK_Definition>	::=	<*TK_Kopf*> <*TK_Körper*>

Kopf von Transaktionsketten

<TK_Kopf>	::=	<*Bezeichner*> (<TK_Parameter>)
<TK_Parameter>	::=	<Parameter> <weitere_Parameter>
<Parameter>	::=	<*Datentyp*> <*Bezeichner*> | •
<weitere_Parameter>	::=	, <Parameter> <weitere_Parameter> | <Erläuterung> | •
<Erläuterung>	::=	*Zeichenkette*

Körper von Transaktionsketten

<TK_Körper>	::=	{ <*Variablen*> <Anweisungsfolge> }
<Anweisungsfolge>	::=	<Anweisung> <Anweisungsfolge>
<Anweisung>	::=	<*Buchungsanweisung*> | <*Zuweisung*> | <*Funktionsaufruf*> | <*Kontrollstrukturen*> | <*TK_Aufruf*> | •

Buchungsanweisung

```
<Buchungsanweisung>    ::=   bs{ <Zeitpunkt> ,
                                 <Bezeichner> <Wert> , <Bezeichner> <Wert>
                                 <BS_Rest> }
<BS_Rest>              ::=   , <BS_Rest1> | •
<BS_Rest1>             ::=   <Bezeichner> <Wert> <BS_Rest> |
                             Erläuterungstext
<Wert>                 ::=   <Geldkonstante> | <Bezeichner>
                             | ( <arithmetischer_Ausdruck> )
```

Zuweisung

```
<Zuweisung>    ::=   Bezeichner =
                     Zahl | <Funktionsaufruf> | arithmetischer_Ausdruck
```

Funktionen

```
<Funktionsaufruf>   ::=   <user> | <message> | <saldo>
<user>              ::=   user(Zeichenkette);
<message>           ::=   message(Zeichenkette, <Zahl> );
<saldo>             ::=   saldo( <Bezeichner>, <Anfang> , <Ende>,
                          Alle | Soll | Haben);
<Anfang>            ::=   <Zeitkonstante> | <Bezeichner>
                          | ( <arithmetischer_Ausdruck> )
<Ende>              ::=   <Zeitkonstante> | <Bezeichner>
                          | ( <arithmetischer_Ausdruck> )
```

Bedingungen

```
<Bedingung>                  ::=   <negierter_Ausdruck>
                                   <sonstiger_logischer_Ausdruck>
<negierter_Ausdruck>         ::=   NOT( <relationaler_Ausdruck> ) |
                                   <relationaler_Ausdruck>
<relationaler_Ausdruck>      ::=   <arithmetischer_Ausdruck>
                                   <Relation>
                                   <arithmetischer_Ausdruck>
                                   | <arithmetischer_Ausdruck>
<Relation>                   ::=   <= | < | == | <> | > | >=
<sonstiger_logischer_Ausdruck>  ::=  AND <negierter_Ausruck>
                                     <sonstiger_logischer_Ausdruck> |
                                     OR <negierter_Ausdruck>
                                     <sonstiger_logischer_Ausdruck> |
                                     XOR <negierter_Ausdruck>
                                     <sonstiger_logischer_Ausdruck> |
                                     •
```

Arithmetische Ausdrücke

```
<arithmetischer Ausdruck>   ::=   <Summand> <addieren>
<addieren>                  ::=   + <Summand> <addieren> |
                                  - <Summand> <addieren> | •
<Summand>                   ::=   <Faktor> <multiplizieren>
<multiplizieren>            ::=   * <Faktor> <multiplizieren> |
                                  / <Faktor> <multiplizieren> | •
<Faktor>                    ::=   <Zahl> <potenzieren>
<potenzieren>               ::=   ^ <Zahl> | •
```

Kontrollstrukturen

```
<Kontrollstrukturen>   ::=   <Verbundanweisung> |
                             <Verzweigung> | <Auswahl> |
                             <kopfgest_Schleife> | <fußgest_Schleife> |
                             <Zählschleife>
```

Verbundanweisung

```
<Verbundanweisung>   ::=   { <Anweisungsfolge> }
```

Verzeigung

```
<Verzweigung>   ::=   if(<Bedingung>) <Anweisung> <else-Zweig>
<else-Zweig>    ::=   else <Anweisung> | •
```

Auswahl

```
<Auswahl>         ::=   switch( <Bezeichner> )
                        {<case-Liste> <default-Zweig>};
<case-Liste>      ::=   <case-Zweig> <case-Liste> | •
<case-Zweig>      ::=   case <Zahl> : <Anweisung>
<default-Zweig>   ::=   default : <Anweisung>
```

Schleifen

```
<kopfgest_Schleife>   ::=   while(<Bedingung>) <Anweisung>
<fußgest_Schleife>    ::=   do <Anweisung> while (<Bedingung>);
<Zählschleife>        ::=   for( <Bezeichner> =
                                <Zahl> to <Zahl> step <Zahl> )
                                <Anweisung>
```

Aufruf von Transaktionsketten

```
<TK_Aufruf>                   ::=   <Datei> <TK> ;
<Datei>                       ::=   <Bezeichner>. | •
<TK>                          ::=   <Bezeichner>
                                    ( <aktuelle_Parameter> )
<aktuelle_Parameter>          ::=   <Bezeichner>
                                    <weitere_aktuelle_Parameter> | •
<weitere_aktuelle_Parameter>  ::=   , <Bezeichner>
                                    <weitere_aktuelle_Parameter> | •
```

Steuerung der Jahresabschlüsse

```
<Jahresabschluß>    ::=    <Zeitpunkte> <AfA> <GewSt> <ESt_KSt>
```

Startmonat

```
<Zeitpunkte>    ::=    [BUCHUNG] Startmonat = <Zeitkonstante> | <user>
```

Abschreibungen

```
<AfA>              ::=    [ABSCHREIBUNG] <AfA_Parameter>
<AfA_Parameter>    ::=    Konto = Bezeichner
                          BGND = <Nutzungsdauer>
                          Methode = <AfA_Methode>
                          Gegenkonto = Bezeichner ;
                          <AfA_Parameter> | •
<Nutzungsdauer>    ::=    Zeitkonstante | <user>
<AfA_Methode>      ::=    linear | degressiv | deglin
                          | linear44 | degressiv44 | deglin44
                          | <user>
```

Gewerbesteuer

```
<GewSt>         ::=    [GEWERBESTEUER]
                       Hebesatz = <Prozentkonstante> | <user>
                       Konto = <Bezeichner>
                       <Plus_Minus>
<Plus_Minus>    ::=    GewKapHinzu <Korrekur> |
                       GewKapKuerz <Korrekur> |
                       GewErtHinzu <Korrekur> |
                       GewErtKuerz <Korrekur> | •
<Korrektur>     ::=    <Bezugskonto>, <Prozentkonstante> <Plus_Minus>
<Bezugskonto>   ::=    <Bezeichner>
```

Einkommen- bzw. Körperschaftsteuer

```
<ESt_KSt>    ::=    [EINKOMMENSTEUER]
                    Einkommensteuer = <Prozentkonstante> | <user>
                    Konto = <Bezeichner>
```

Lexikalische Konventionen

Bezeichner

```
<Bezeichner>           ::=    <Buchstabe> <weitere_Buchstaben>
<weitere_Buchstaben>   ::=    <Buchstabe> <weitere_Buchstaben> |
                       ::=    <Ziffer> <weitere_Buchstaben> | •
```

Zeichenketten

```
<Zeichenkette>   ::=   " Zeichenfolge "
<Zeichenfolge>   ::=   <Zeichen> <Zeichenfolge> | •
```

Numerische Werte

```
<Zahl>             ::=   <Konstante> | <Bezeichner> |
                         ( <arithmetischer_Ausdruck> ) |
                         + <Zahl> | - <Zahl>
<Konstante>        ::=   <Geldkonstante> | <Prozentkonstante> |
                         <Zeitkonstante> | <Anzahlkonstante>
<Geldkonstante>    ::=   <Ziffer> <Ziffernfolge> .
                         <Ziffer> <Ziffernfolge>
<Prozentkonstante> ::=   <Ziffer> <Ziffernfolge> .
                         <Ziffer> <Ziffernfolge>
<Zeitkonstante>    ::=   <Ziffer> <Ziffernfolge>
<Anzahlkonstante>  ::=   <Ziffer> <Ziffernfolge>
<Ziffernfolge>     ::=   <Ziffer> <Ziffernfolge> | •
```

Zeichensatz

```
<Zeichen>    ::=   ASCII-Zeichensatz
<Buchstabe>  ::=   a | ...| z | A | ...| Z
<Ziffer>     ::=   0 | ...| 9
```

B. Beispiel für ein KDL-Programm

Die folgenden Beispielprogramme korrespondieren mit dem in Abbildung 4.4 dargestellten kontenorientierten Datenmodell. Die Datei ILEASLG.KDL enthält das eigentliche KDL-Programm. Dieses referenziert eine Transaktionskette in der nachfolgenden Datei AFA.KDL.

```
// ILEASLG.KDL - ein KDL-Programm fuer Immobilienleasing aus
// Leasinggebersicht mit einer forfaitierten Leasingeinmalzahlung.

start()
{
    // Deklaration lokaler Variablen
    PROZENT Kalkulationszins, Grunderwerbsteuersatz = 0.035;
    ZEIT    ZeitpunktLeasingrate, ZeitpunktForfaitierung,
            Grundmietzeit;
    GELD    Leasingzahlung, Gebaeude, Grundstueck;

    // Erhebung der Falldaten
    ZeitpunktLeasingrate = user(
        "In wievielen Monaten wird die Einmalzahlung faellig?");
    ZeitpunktForfaitierung = user(
        "In wievielen Monaten wird der Forfaitierungserloes gezahlt?");
    Kalkulationszins = user(
        "Wie hoch ist der Kalkulationszins des Factors?");
    Grundmietzeit = user(
        "Wieviele Monate dauert die Grundmietzeit?");
    Leasingzahlung = user("Wie hoch ist die Leasingzahlung?");
    Gebaeude = user("Wie hoch ist der Preis des Gebaeudes?");
    Grundstueck = user("Wie hoch ist der Preis des Grundstuecks?");


    // Aufruf von Transaktionsketten
    Gebaeudebeschaffung(Gebaeude, Grundstueck,
        Grunderwerbsteuersatz);
    AFA.Gebaeudeabschreibung(Grundmietzeit);
    Forfaitierung(Leasingzahlung, Kalkulationszins,
        ZeitpunktLeasingrate, ZeitpunktForfaitierung,
        Grundmietzeit);
    Gebaeudeverkauf(Grundmietzeit);
}
```

B. Beispiel für ein KDL-Programm

```
// Definition der Transaktionsketten

Gebaeudebeschaffung(GELD Gebaeude, GELD Grundstueck,
PROZENT Grunderwerbsteuer,

"In der Transaktionskette Gebaeudebeschaffung wird die Anschaffung
der Immobilie durch den Leasinggeber - unter Beruecksichtigung der
Grunderwerbsteuer - abgebildet. Der abschreibungsfaehige
Gebaeudeanteil wird auf dem Konto GEBAEUDE, der nicht
abschreibungsfaehige Grundstuecksanteil auf dem Konto
GRUNDSTUECK aktiviert. Die Grunderwerbsteuer wird anteilig auf
Gebaeude und Grundstueck verteilt. Die Anschaffungsauszahlung
wird dem Konto KASSE belastet.")
{
  bs{ 0,
      GEBAEUDE +(Gebaeude * (1.0 + Grunderwerbsteuer)),
      GRUNDSTUECK +(Grundstueck * (1.0 + Grunderwerbsteuer)),
      KASSE -((Gebaeude+Grundstueck) * (1.0+Grunderwerbsteuer)),
      "Zahlung des Kaufpreises und Aktivierung der Immobilie." };
}


Forfaitierung(GELD Einmalzahlung, PROZENT Zins,
ZEIT ZeitpunktLeasing, ZEIT, ZeitpunktForfaitierung,
ZEIT Grundmietzeit,

"Die Transaktionskette Forfaitierung zeigt den Verkauf der
Leasingeinmalzahlung und dessen ertragsteuerliche Behandlung.
Der Leasinggeber erzielt den mit dem Kalkulationszins des Factors
auf den Zeitpunkt der Zahlung des Forfaitierungserloeses
diskontierten Wert der Leasingeinmalzahlung als
Forfaitierungserloes. Der Forfaitierungserloes wird dem Konto
KASSE gutgeschrieben. Er ist nicht sofort erfolgswirksam,
sondern wird in einen passiven Rechnungsabgrenzungsposten
(Konto PRA) eingestellt, der ueber die Grundmietzeit linear
aufgeloest wird. Die steuerwirksamen Leasingertraege werden
auf dem Konto LEASINGERTRAG gebucht.")
{
    GELD     Erloes, Ertrag;
    PROZENT  Diskontierungszins;
    ZEIT     Monat, DiskontierteMonate;

    DiskontierteMonate = ZeitpunktLeasing - ZeitpunktForfaitierung;
    Diskontierungszins = (1.0 + Zins)^(1.0/12.0) ;
    Erloes = Einmalzahlung / Diskontierungszins^DiskontierteMonate;
    Ertrag = Erloes / Grundmietzeit ;
```

```
if(ZeitpunktForfaitierung = 0)
{
   bs{0,
      KASSE +(Erloes),
      PRA -(Erloes),
      "Verkauf der Leasingeinmalzahlung bei
         sofortiger Zahlung des Forfaitierungserloeses"};
}
else
{
   bs{0,
      FORDERUNGEN +(Erloes),
      PRA -(Erloes),
      "Verkauf der Leasingeinmalzahlung mit
         spaeterer Zahlung des Forfaitierungserloeses:
         Aktivierung einer Forderung gegenueber dem
         Forderungskaeufer"};

   bs{ZeitpunktForfaitierung,
      KASSE +(Erloes),
      FORDERUNGEN -(Erloes),
      "Verkauf der Leasingeinmalzahlung mit
         spaeterer Zahlung des Forfaitierungserloeses:
         Zahlung des Forfaitierungserloeses"};
}

for(Monat = 1 to Grundmietzeit step 1)
{
   bs{Monat,
      PRA +(Ertrag),
      LEASINGERTRAG -(Ertrag),
      "Erfolgswirksame Aufloesung des
         passiven Rechnungsabgrenzungspostens."};
}
}
// Ende der Transaktionskette "Forfaitierung"
```

B. Beispiel für ein KDL-Programm

```
Gebaeudeverkauf(ZEIT Zeitpunkt,

"Der Nutzer besitzt eine Kaufoption zum linearen Restbuchwert,
von der wir annehmen, dass er sie ausueben wird. In dieser
Transaktionskette wird die Ausuebung der Kaufoption durch
den Nutzer abgebildet.")
{
    GELD Restbuchwertgebaeude, AHKgebaeude;
    GELD Restbuchwertgrundstueck, AHKgrundstueck;
    GELD Optionspreis;

    Restbuchwertgebaeude   = saldo(GEBAEUDE, Zeitpunkt);
    AHKgebaeude = saldo(GEBAEUDE, 0);
    Restbuchwertgrundstueck = saldo(GRUNDSTUECK, Zeitpunkt);
    AHKgrundstueck = saldo(GRUNDSTUECK, 0);

    Optionspreis =
    AHKgebaeude * (1.0 - Zeitpunkt/(50*12)) + AHKgrundstueck ;

    bs{Zeitpunkt,
       KASSE +(Optionspreis),
       GRUNDSTUECK -(Restbuchwertgrundstueck),
       GEBAEUDE -(Restbuchwertgebaeude),
       VERAEUSSERUNGSERTRAG
          -(Optionspreis - Restbuchwertgebaeude
             -Restbuchwertgrundstueck),
       "Verkauf zum linearen Restbuchwert."} ;
}


// Parameter fuer den Jahresabschluss
[BUCHUNG]
 Startmonat =
 user("In welchem Kalendermonat beginnt die Grundmietzeit? (1-12)")

[ABSCHREIBUNG]

[GEWERBESTEUER]
 Hebesatz = 0.0
 Konto = KASSE

[EINKOMMENSTEUER]
 Einkommensteuer = 0.45
 Konto = KASSE
```

```
// AFA.KDL - eine Bibliothek mit Transaktionsketten fuer
// benutzerdefinierbare Sonderabschreibungen.

Gebaeudeabschreibung(ZEIT Ende,

"In der Transaktionskette Gebaeudeabschreibung wird eine
degressive Wohngebaeudeabschreibung durchgefuehrt
(Jahre 1-8: 5 Prozent, 9-14: 2.5 Prozent, 15-50: 1.25 Prozent).")
{
    ZEIT Monat, Beginn, ErsterAbschluss;
    GELD AHK;

    Beginn =
    user("In welchem Kalendermonat beginnt die Planungsrechnung?");
    ErsterAbschluss = 12-(Beginn-1);
    AHK = saldo(GEBAEUDE, 0);

    for(Monat = ErsterAbschluss
        to (ErsterAbschluss +7*12) step 12)
    {
        if(Monat <= Ende)
        {
            bs{Monat,
                GEBAEUDE -(0.05 * AHK),
                GEBAEUDEABSCHREIBUNG +(0.05 * AHK),
                "AfA mit 5 Prozent."};
        }
    }
```

```
        for(Monat = (ErsterAbschluss +8*12)
            to (ErsterAbschluss +13*12) step 12)
        {
           if(Monat <= Ende)
           {
              bs{Monat,
                 GEBAEUDE -(0.025 * AHK),
                 GEBAEUDEABSCHREIBUNG +(0.025 * AHK),
                 "AfA mit 2.5 Prozent."};
           }
        }
        for(Monat = (ErsterAbschluss +14*12)
            to (ErsterAbschluss +49*12) step 12)
        {
           if(Monat <= Ende)
           {
              bs{Monat,
                 GEBAEUDE -(0.0125 * AHK),
                 GEBAEUDEABSCHREIBUNG +(0.0125 * AHK),
                 "AfA mit 1.25 Prozent."};
           }
        }
     }

// Parameter für den Jahresabschluß sind hier nicht erforderlich

[BUCHUNG]
 Startmonat =
[ABSCHREIBUNG]
[GEWERBESTEUER]
 Hebesatz =
 Konto =
[EINKOMMENSTEUER]
 Einkommensteuer =
 Konto =
```

C. API zur Programmierung von Methoden

Übergabeparameter

Die Methoden benötigen verschiedene Informationen die beim Aufruf automatisch übergeben werden. Der Programmierer einer Methode muß lediglich die Parameter zur Übernahme dieser Werte bereitstellen. Folgende Parameter werden, in dieser Reihenfolge, übergeben:

```
int Methode;              Kennnummer der Methode
int Alternative;          Kennummer der Alternative
int ErsterAbschluss;      Monat des ersten Jahresabschlusses
int LetzterAbschlus;      Monat des letzten Jahresabschlusses
int Bewertungsschema;     Kennnummer des Bewertungsschemas
int Startmonat;           Startmonat
int Planungszeitraum;     Länge des Planungszeitraums
```

IFAS-API

Die IFAS API-Funktionen sind in C geschrieben. Das API ist in zwei DLLs enthalten. KNZBER.DLL enthält die API-Funktionen. KNZBERRX.DLL stellt eine Schnittstelle zur Skriptsprache Rexx bereit, die besonders für die Erstellung kleiner Programme durch nicht-Programmierer geeignet ist.

API-Funktionen

PARAMQRY

```
    double rc;                     /* Wert des Parameters              */

    rc = PARAMQRY(
         int    Bewertungsschema,  /* Kennnummer des Bewertungsschemas*/
         char*  Parametername);    /* Name des Parameters              */
```

SALDO

```
double rc;                    /* Angefragter Saldo              */

rc = SALDO(
      int    Alternative,     /* Kennnummer der Alternative     */
      int    Methode,         /* Kennnummer der Methode         */
      char*  Konto,           /* Bezeichner des Kontos          */
      int    Anfang,          /* Periodenindex                  */
      int    Ende,            /* Periodenindex                  */
      char*  Buchungen,       /* "S": Soll, "H": Haben, "A": Alle*/
      int    Periodenlaenge); /* 0: Monate, 1: Jahre            */
```

SPEICHERN

```
double rc;                    /* Ergebnis. 0: Fehler, 1: ok     */

rc = SPEICHERN(
      int    Alternative,     /* Kennnummer der Alternative     */
      int    Methode,         /* Kennnummer der Methode         */
      int    Zeitpunkt,       /* Periodenindex                  */
      double Wert);           /* Zu speichernder Wert           */
```

PROTOKOLL

```
double rc;                    /* Ergebnis. 0: Fehler, 1: ok     */

rc = PROTOKOLL(
      int    Alternative,     /* Kennnummer der Alternative     */
      int    Methode,         /* Kennnummer der Methode         */
      char*  Text);           /* Zu speichernder Text           */
```

Rexx-Schnittstelle

Rexx erfordert spezielle Aufrufkonventionen für Funktionen in DLLs. Daher werden die API-Funktionen in Rexx-Programmen über die Funktion BFASDBM aufgerufen. Der Funktionsaufruf besitzt folgende Syntax:

```
<API-Aufruf>          ::=   Variable = BFASDBM(<Name> <Parameter>)
<Name>                ::=   PARAMQRY | SALDO | SPEICHERN | PROTOKOLL
<Parameter>           ::=   , Funktionsparameter <weitere_Parameter>
<weitere_Parameter>   ::=   <Parameter> | •
```

Vor dem ersten Aufruf einer API-Funktion muß die Rexx-Schnittstelle wie folgt beim Rexx-Interpreter registriert werden:

```
call rxfuncadd( 'BFASDBM', 'KNZBERRX', 'BFASDBM' )
```

Beispiel: Kapitalwertberechnung

```
/* Einfache Kapitalwertberechnung mit Rexx                     */

/* Übernahme der Aufrufparameter in lokale Variablen           */
Arg Kennzahl Alternative ErsterAbschluss LetzterAbschluss
    Bewertungsschema Startmonat Planungszeitraum;

/* Rexx-Schnittstelle registrieren                             */
Call RxFuncAdd 'BFASDBM', 'KNZBERRX', 'BFASDBM'

/* Kalkulationszins abfragen                                   */
Zins = BFASDBM('PARAMQRY', Bewertungsschema, 'KALKULATIONSZINS' );

/* Variablen definieren und initialisieren                     */
t = Planungszeitraum;
Kapitalwert = 0

/* Berechnung, beginnend mit der letzten Periode,
   endend mit Periode 0 */
do while ( t >= 0 );

    /* Kapitalwert um Einzahlungsüberschuss erhöhen            */
    Kapitalwert = Kapitalwert
                + BFASDBM( 'SALDO', Alternative, Methode,
                           'ZAHLUNGSMITTEL', t, t, 'A', 1 );

    /* Kapitalwert abzinsen, falls t > 0                       */
    if t > 0 then do
        Kapitalwert = Kapitalwert / ( 1 + Zins );
    end; /* if */

    /* t dekrementieren */
    t = t - 1;

end; /* do while */

rc = BFASDBM('SPEICHERN', Alternative, Methode, 0, Kapitalwert );
return 0;
```

Beispiel: Fortlaufende Endwertberechnung

```
/*******************************************************************/
/* Rexx Programm zur Berechnung des Zahlungsmittelbestands         */
/*   unter Beruecksichtigung der zwischenzeitlichen                */
/*   Anlage/Finanzierungsmoeglichkeiten zum Kalkulationszins       */
/*******************************************************************/

/* Parameter übernehmen und DLL registrieren                       */
Arg Kennzahl Alternative ErsterAbschluss LetzterAbschluss
    Bewertungsschema Startmonat Planungszeitraum;
Call RxFuncAdd 'BFASDBM', 'KNZBERRX', 'BFASDBM'

/* Kalkulationszinsabfragen und Periodenindex initialisieren       */
Zins = BFASDBM( 'PARAMQRY', Bewertungsschema, 'KALKULATIONSZINS');
t = 1;

/* Anfangsbestand an Zahlungsmitteln bestimmen und speichern       */
Zahlungsmittel = BFASDBM( 'SALDO', Alternative, Kennzahl,
                          'ZAHLUNGSMITTEL', 0,0,'A',1);

rc = BFASDBM('SPEICHERN',Alternative,Kennzahl,0,Zahlungsmittel);

/* Endwerte fortlaufend ermitteln und speichern                    */
do while ( t <= Planungszeitraum );

  Zahlungsmittel = Zahlungsmittel * (1+Zins);

  Delta = BFASDBM('SALDO',Alternative,Kennzahl,
                  'ZAHLUNGSMITTEL', t,t,'A',1);

  Zahlungsmittel = Zahlungsmittel + Delta;

  rc = BFASDBM('SPEICHERN',Alternative,Kennzahl,t,Zahlungsmittel);
  t = t + 1;

end; /* do while */
return 0;
```

Literaturverzeichnis

[AhSe94] Aho, A.; Sethi, R.; Ullmann, J.D.: Compilerbau, Teil 1, 3. Aufl., Addison Wesley, Bonn 1994.
[AlBu92] Altenkrüger, D.; Büttner, W.: Wissensbasierte Systeme: Architektur, Entwicklung, Echtzeitanwendungen – Eine praxisgerechte Einführung, Vieweg, Braunschweig 1992.
[BaBa87] Bamberg, G.; Baur, F.: Statistik, 5. Aufl., Oldenbourg, München 1987.
[BaHe96] Bachem, A.; Heesen, R.; Pfenning, J.-T.: Digitales Geld für das Internet, in: Zeitschrift für Betriebswirtschaft 6/1996, 66. Jg., S. 697–713.
[Baue93] Bauer, F.L.: Software Engineering – wie es begann, in: Informatik Spektrum 5/1993, 16. Jg., S. 259–260.
[BFH82] BFH: Zur bilanzsteuerlichen Beurteilung eines Immobilien-Leasingvertrags mit degressiven Leasingraten beim Leasingnehmer, Urteil vom 12.8.1982, in: Bundessteuerblatt 1982 II, S. 696 f.
[Beck91] Becker, G.S.: A treatease on the family, Harvard University Press, Cambridge 1991.
[Bert75] Berthel, J.: Betriebliche Informationssysteme, Poeschel, Stuttgart 1975.
[BeDo94] Behme, W.; Dölle, W.: Werkzeuge für die Gestaltung von Controlling-Informationssystemen, in: [BiHu94], S. 175–215.
[BeSc93] Behme, W.; Schimmelpfeng, K. (Hrsg.): Führungsinformationssysteme – Neue Entwicklungstendenzen im EDV-gestützten Berichtswesen, Gabler, Wiesbaden 1993.
[BeSc93a] Behme, W.; Schimmelpfeng, K.: Führungsinformationssysteme: Geschichtliche Entwicklung, Aufgaben und Leistungsmerkmale, in: [BeSc93], S. 3–16.
[BeSt96] Bellin, G.; Stelzer, D.; Mellis, W.: ISO 9000: Ein Qualitätsstandard ohne Auswirkung auf die Softwareentwicklung?, in: [Mayr96], S. 347–366.
[BhDo96] Bhargava, H.K.; Downs, M.S.: On Generating an Integrated DSS from an Mathematical Model Specification, Discussion Paper 14/1996, Sonderforschungsbereich 373 „Quantifikation und Simulation Ökonomischer Prozesse", Humboldt Universität Berlin, Wirtschaftswissenschaftliche Fakultät, Spandauer Straße 1, D-10178 Berlin.
[BhKr96] Bhargava, H.; Krishnan, R.; Müller, R.: Decision Support on Demand: on Emerging Electronic Markets for Decision Technologies, Discussion Paper 31/1996, Sonderforschungsbereich 373 „Quantifikation und Simulation Ökonomischer Prozesse", Humboldt Universität Berlin, Wirtschaftswissenschaftliche Fakultät, Spandauer Straße 1, D-10178 Berlin.
[BiFi94] Biethahn, J.; Fischer, D.: Controlling-Informationssysteme, in: [BiHu94], S. 25–68.
[BiHu94] Biethahn, J.; Huch, B. (Hrsg.): Informationssysteme für das Controlling: Konzepte, Methoden und Instrumente zur Gestaltung von Controlling-Informationssystemen, Springer, Berlin 1994.

[Bink87] *Bink, A.:* Bilanzierung bei der Forfaitierung von Leasingforderungen, in: Der Betrieb 1987, 40. Jg., S. 1106 ff.
[Birk96] *Birkelbach, J.:* Prüfe, wer sich bindet. Versicherungen online testen und abschließen, in: c't – Zeitschrift für Computertechnik, 11/1996, S. 130–135.
[BiSp94] *Birkelbach, J.; Spetsmann, H.:* Finanzinformationen und Wertpapieranalyse per Computer: Auf dem Information-Highway schneller an die Börsen der Welt, Gabler, Wiesbaden 1994.
[Bloe96] *Blödorn, N.:* Integriertes Rechnungswesen von Leasinggesellschaften, Lang, Frankfurt a.M. 1996.
[BMF73] *BMF:* Ertragsteuerrechtliche Behandlung von Finanzierungs-Leasing-Verträgen: Aufteilung der Leasing-Raten in einen Zins- und Kostenanteil sowie in einen Tilgungsanteil, Schreiben vom 13.12.1973, in: Der Betrieb 1973, S. 2485.
[BMF83] *BMF:* Beurteilung eines Immobilienleasing-Vertrages mit degressiven Leasingraten, Schreiben vom 10.10.1983, in: Der Betrieb 1983, 36. Jg., S. 2225.
[BMF91] *BMWF:* Teilamortisations-Leasing-Verträge über unbewegliche Wirtschaftsgüter, Schreiben vom 23.12.1991, in: Der Betrieb 1992, 45. Jg. S. 112.
[BMF92] *BMF:* Auflösung des passiven Rechnungsabgrenzungspostens bei Forfaitierung von Leasing-Verträgen, Schreiben vom 19.2.1992, in: Der Betrieb, 45. Jg., 1992, S. 608.
[BMF96] *BMF:* Forfaitierung von Forderungen aus Leasingverträgen, Schreiben vom 9.1.1996, in: Betriebs-Berater 1996, 51. Jg., S. 263 f.
[Booc94] *Booch, G.:* Object-oriented analysis and design with applications, 2.Aufl., Benjamin/Cummings, Redwood 1994.
[Borc96] *Borchers, D.:* Mit Haken und Ösen. Im Vergleich: America Online und Compuserve, in: iX – Multiuser Multitasking Magazin 5/1996, S. 118–123.
[Borc96a] *Borchers, D.:* Mit Kampf und Krampf. Im Vergleich: Europe Online Deutschland, The Microsoft Network, T-Online, in: iX – Multiuser Multitasking Magazin 6/1996, S. 94–103.
[Bros97] *Broschinski, G.:* Produktivitätsfaktoren einer Call Center-Vermögensberatung, in: Die Bank 5/1997, S. 265–269.
[Brun79] *Brüning, G.:* Die Bilanz als Vergangenheits- oder Zukunftsrechnung, in: Zeitschrift für Betriebswirtschaftslehre, 12/1979, 49. Jg., S. 1099–1124.
[BuEr91] *Buhl, H.U.; Erhard, N.:* Steuerlich linearisiertes Leasing – Kalkulation und Steuerparadoxon, in: Zeitschrift für Betriebswirtschaft 12/1991, 61. Jg., S. 1355–1375.
[BuHa93] *Buhl, H.U.; Hasenkamp, U.; Müller-Wünsch, M.; Roßbach, P.; Sandbiller, K.:* Wettbewerbsorientierte IT-Unterstützung in der Finanzberatung, in: Wirtschaftsinformatik, 3/1993, 35. Jg. S. 262–279.
[Buhl89] *Buhl, H.U.:* Finanzanalyse des Herstellerleasings, in: Zeitschrift für Betriebswirtschaft, 4/1989, 59. Jg., S. 421–439.
[Buhl93] *Buhl, H.U.:* Outsourcing von Informationsverarbeitungsleistungen und Steuern, in: Zeitschrift für betriebswirtschaftliche Forschung, 4/1993, 45. Jg., S. 303–318.
[Buhl93a] *Buhl, H.U.:* Finanzanalyse von Entscheidungsalternativen bei der Software-Vertragsgestaltung, in: Zeitschrift für betriebswirtschaftliche Forschung 11/1993, 45. Jg., S. 911–932.
[Buhl93b] *Buhl, H.U.:* Betriebswirtschaftliche Determinanten von Software-Entscheidungen, in: [Kurb93], S. 154–168.
[Buhl94] *Buhl, H.U.:* Leasing bei einheitlichem Kalkulationszins vor Steuern, in: Zeitschrift für Betriebswirtschaft 2/1994, 64. Jg., S. 213–228.
[Buhl94a] *Buhl, H.U.:* Optimale Kreditfinanzierung, in: Zeitschrift für Betriebswirtschaft, 4/1994, 64. Jg., S. 515–529.

[BuHu90] *Bullinger, H.J.; Huber, H.; Koll, P.*: Chefinformationssysteme: Navigationsinstrumente für das Topmanagement, in: Office Management 6/1990, S. 40–44.

[BuNi93] *Bullinger, H.U.; Niemeier, J.; Koll, P.*: Führungsinformationssysteme (FIS): Einführungskonzepte und Entwicklungspotentiale, in: [BeSc93], S. 44–71.

[Buhl96] *Buhl, H.U.*: Beiblattsammlung zur Vorlesung Wirtschaftsinformatik I, Lehrstuhl für Betriebswirtschaftslehre mit Schwerpunkt Wirtschaftsinformatik, 86135 Augsburg, Augsburg 1996.

[BuKo97] *Buxmann, P.; König, W.; Rose, F.*: Aufbau eines elektronischen Handelsplatzes für Java-Applets, in: [Kral97], S. 35–48.

[Burc97] *Burchard, U.*: Kompetenz-Netzwerk versus Universalbank, in: Die Bank 1/1997, S. 4–7.

[ChZw96] *Chapman, D.B.; Zwicky, E.D.*: Einrichten von Internet-Firewalls: Sicherheit im Internet gewährleisten, O'Reilly/Thomson, Bonn 1996.

[CoYo91] *Coad, P.; Yourdon, E.*: Object-oriented Analysis, 2. Aufl., Prentice-Hall, Englewood Cliffs 1991.

[Coen97] *Coenenberg, A.G.*: Jahresabschluß und Jahresabschlußanalyse: Betriebswirtschaftliche, handels- und steuerrechtliche Grundlagen, 16. Aufl., Verlag moderne Industrie, Landsberg a. Lech 1997.

[Danz94] *Danzer, H.*: Ergebnisse einer Pilotstudie: CBT-Entwicklung und Einsatz in der Hochschulausbildung, in: Information Management, 4/1994, 9. Jg., S. 12–19.

[Debo95] *Debo, J.*: Konzeption und Implementation der Planungsprache für ein integriertes Finanzanalysesystem, Diplomarbeit an der Professur für Betriebswirtschaftslehre mit Schwerpunkt Wirtschaftsinformatik, Justus-Liebig-Universität Gießen, 1995.

[Demm91] *Demmler, H.*: Einführung in die Volkswirtschaftslehre, 2. Aufl., Oldenbourg, München 1991.

[DENI97] *Deutsches Network Information Center (DE-NIC)*: http://www.nic.de/Netcount/netStatOverview.html, 26.7.1996.

[Drat95] *Dratva, R.*: Elektronische Informationsdienste: Zukunftsweisende Konzepte und prototypische Umsetzung im Bankenbereich, in: [ScDr95], S. 95–179.

[DuGr96] *Dütz, J.; Grothues, S.; Holtrop, T.*: Die Bank 24, in: [HuHe96], S. 271–281.

[Dumk93] *Dumke, R.*: Modernes Software Engineering – Eine Einführung, Vieweg, Braunschweig 1993.

[Eber91] *Ebers, M.*: Die Einführung innovativer Informationssysteme – Gestaltungsparameter und Gestaltungsoptionen, in: Zeitschrift für Organisation, 2/1991, S. 99–106.

[Ehma93] *Ehmann, E.*: Computermißbrauch – Rechtliche Aspekte, in: [PoWe93], S. 52–84.

[EiSc97] *Einsfeld, U.; Schneider, J.*: Der Markt für interaktive elektronische Medien aus ökonomischer Sicht, in: [Kral97], S. 471–492.

[Eise93] *Eisele, W.*: Technik des betrieblichen Rechnungswesens: Buchführung – Kostenrechnung – Sonderbilanzen, 5. Aufl., Vahlen, München 1993.

[ElNa94] *Elmasri, R.; Navathe, S.B.*: Fundamentals of Database Systems, Benjamin/Cummings, Redwood, 1994.

[Emer96] *Emery, V.*: How to grow your bussiness on the Internet, Coriolis, Scottsdale 1996.

[Erns85] *Ernst, M.*: Die Nutzung von Bildschirmtextinformationen für Konsumgüterentscheidungen, Physica, Würzburg 1985.

[Erns97] *Ernst, S.:* Wirtschaftsrecht im Internet, in: Betriebsberater, 52. Jg., S. 1057–1062.
[Fein94] *Feinen, K.:* Immobilien-Leasing-Fonds, in: Leasing-Berater, Beilage 6 zu Betriebs-Berater 12/1994, 49. Jg.
[FeSi93] *Ferstl, O.; Sinz, E.J.:* Geschäftsprozeßmodellierung, in: Wirtschaftsinformatik 6/1993, 35. Jg., S. 589–592.
[Flan96] *Flanagan, D.:* Java in a nutshell, O'Reilly, Sebastopol CA 1996.
[Flen96] *Flenker, M.:* Otto Versand, in: [HuHe96], S. 233–246.
[FrHa88] *Franke, G.; Hax, H.:* Finanzwirtschaft des Unternehmens und Kapitalmarkt, Springer, Berlin 1988.
[Gabl88] Gabler Wirtschaftslexikon, 12. Aufl., Gabler, Wiesbaden 1988.
[GaLo77] *Gans, B.; Loos, W.; Zickler, D.:* Investitions- und Fuinanzierungstheorie, 3. Aufl., Vahlen, München 1977.
[GeHe96] *Gerpott, T.J.; Heil, B.:* Multimedia-Teleshopping – Rahmenbedingungen und Gestaltung von innovativen Absatzkanälen, in: Zeitschrift für Betriebswirtschaft 11/1996, 66. Jg., S. 1329–1356.
[Gera93] *Gerard, P.:* Der Weg zum unternehmensweit integrierten Informationssystem, Teil 2: Prozeßorientiertes Informationsmanagement bei der Deutschen Bank, in: Computerwoche, 43/1993, S. 19–22.
[GeWi95] *Gerard, P.; Wild, R.G.:* Die virtuelle Bank oder „Being Digital", in: Wirtschaftsinformatik 6/1995, 37. Jg., S. 529–538.
[Glas93] *Glaschek, R.:* Sicherheit und Verfügbarkeit: Komponenten von Verläßlichkeit, in : HMD – Theorie und Praxis der Wirtschaftsinformatik, 171/1993, 30. Jg., S. 7–24.
[Goos94] *Goos, G.:* Programmiertechnik zwischen Wissenschaft und industrieller Praxis, in: Informatik Spektrum 1/1994, 17. Jg., S. 11–20.
[GoSc96] *Gondert, H.G.; Schimmelschmidt, U.:* Grundlagen der steuerrechtlichen Konzeption von Mobilien-Leasing-Fonds, in: Betriebs-Berater 1996, 49. Jg., S. 1743–1749.
[Grau93] *Graumann, M.:* Die Ökonomie von Netzprodukten, in: Zeitschrift für Betriebswirtschaft 12/1993, 63. Jg., S. 1331–1355.
[GuMu96] *Günther, O.; Müller, R.; Schmidt, P.; Bhargava, H.; Krishnan, R.:* MMM: A WWW-Based Method Management System for Using Software Modules Remotely, Discussion Paper 32/1996, Sonderforschungsbereich 373 „Quantifikation und Simulation Ökonomischer Prozesse", Humboldt Universität Berlin, Wirtschaftswissenschaftliche Fakultät, Spandauer Straße 1, D-10178 Berlin.
[Habe87] *Haberstock, L.:* Kostenrechnung I: Einführung, 8. Aufl., Steuer- und Wirtschaftsverlag, Hamburg 1987.
[Habe89] *Haberstock, L.:* Einführung in die betriebswirtschaftliche Steuerlehre, 7. Aufl., Steuer- und Wirtschaftsverlag, Hamburg 1989.
[Hahn86] *Hahn, D.:* Planungs- und Kontrollrechnung, 3. Aufl., Gabler, Wiesbaden 1986.
[HaLa86] *Hahn, D.; Laßmann, G.:* Produktionswirtschaft – Controlling industrieller Produktion, Physica, Heidelberg 1986.
[HaMa91] *Hax, A.C.; Majluf, N.S.:* Strategisches Management: ein integratives Konzept aus dem MIT, Campus, Frankfurt a.M. 1991.
[HaNe95] *Hald, A.; Nevermann, W.:* Datenbank-Engineering für Wirtschaftsinformatiker – Eine praxisorientierte Einführung, Vieweg, Braunschweig 1995.
[Hans93] *Hansen, W.R. (Hrsg.):* Client-Server-Architektur – Grundlagen und Herstellerkonzepte für Downsizing und Rightsizing, Addison-Wesley, Bonn 1993.
[HaSc97] *Hampe, J.F.; Schönert, S.:* Call Center, in: Wirtschaftsinformatik 2/1997, 39. Jg., S. 173–176.

[HeBa94] *Hesse, W.; Barkow, G.; Braun, H.v.; Kittlaus, H.B.; Scheschonk, G.:* Terminologie der Softwaretechnik: Ein Begriffssystem für die Analyse und Modellierung von Anwendungssystemen. Teil 1: Begriffssystematik und Grundbegriffe, in: Informatik Spektrum 1/1994, 17. Jg., S. 39–47.

[HeHa97] *Heinrich, L.J.; Häntschel, I.; Pomberger, G.:* Metriken für die IV-Diagnose – Konzept und prototypische Implementierung, in: [Kral97], S. 293–310.

[Hein95] *Heinhold, M.:* Der Jahresabschluß, 3. Aufl., Oldenbourg, München 1995.

[Hein96] *Heinhold, M.:* Unternehmensbesteuerung, Band 3: Investition und Finanzierung, Schäffer-Poeschel, Stuttgart 1995.

[Henn95] *Henneböle, J.:* Executive Information Systems für Unternehmungsführung und Controlling: Strategie – Konzeption – Realisierung, Gabler, Wiesbaden 1995.

[Herc94] *Herczeg, M.:* Software-Ergonomie: Grundlagen der Mensch-Computer-Kommunikation, Addison-Wesley, Bonn 1994.

[HiMo95] *Hichert, R.; Moritz, M. (Hrsg.):* Managementinformationssysteme – Praktische Anwendungen, 2. Aufl. Springer, Berlin 1995.

[Hoff93] *Hoffmann, H.:* Computergestützte Planung als Führungsinstrument: Grundlagen – Konzept – Prototyp, Gabler, Wiesbaden 1993.

[HoFr93] *Hock, K.; Frost, H.:* Ratgeber Leasing – Leasing besser beurteilen, 2. Aufl., Haufe, Freiburg i. Br. 1993.

[Hopp92] *Hoppe, U.:* Methoden des Knowledge Engineering: Ein Expertensystem für das Wertpapiergeschäft in Banken, Deutscher Universitäts Verlag, Wiesbaden 1992.

[HuHe96] *Hünerberg, R.; Heise, G.; Mann, A. (Hrsg.):* Handbuch Online-Marketing: Wettbewerbsvorteile durch weltweite Datennetze, Moderne Industrie, Landsberg a.L. 1996.

[Humm95] *Hummeltenberg, W.:* Realisierung von Management-Unterstützungssystemen mit Planungssprachen und Generatoren für Führungsinformationssysteme, in: [HiMo95], S. 258–279.

[HuSc94] *Huch, B.; Schimmelpfeng, K.:* Controlling: Konzepte, Aufgaben und Instrumente, in: [BiHu94], S. 1–24.

[Jahn93] *Jahnke, B.:* Einsatzkriterien, kritische Erfolgsfaktoren und Einführungsstrategien für Führungsinformationssysteme, in: [BeSc93], S. 29–43.

[JStG97] Jahressteuergesetz 1997 vom 20.12.1996, in: Bundessteuerblatt I S. 1523–1555.

[Kall83] *Kallwass, W.:* Privatrecht, 12.Aufl., U. Thiemonds, Porz a. Rh. 1983.

[Karg90] *Kargl, H.:* Fachentwurf für DV-Anwendungssysteme, 2. Aufl., Oldenbourg, München 1990.

[KaSh94] *Katz, M.L.; Shapiro, C.:* Systems Competition and Nertwork Effects, in: Journal of Economic Perspectives, 2/1994, 8. Jg., S. 93–115.

[KaSt96] *Kalakota, R.; Stallaert, J.; Whinston, A.:* Worldwide Real-Time Decision Support Systems, in: Journal of organizational computing and electronic commerce, 1/1996, 2. Jg., S. 11–32.

[Kili97] *Kilian, W.:* Rechtliche Rahmenbedingungen für die Telekommunikation von Unternehmen, in: Betriebsberater, 52. Jg., S. 1004–1008.

[KiWe94] *Kirn, S.; Weinhardt, Ch. (Hrsg.):* Künstliche Intelligenz in der Finanzberatung: Grundlagen – Konzepte – Anwendungen, Gabler, Wiesbaden 1994.

[Klae94] *Klaeren, H.:* Probleme des Software-Engineering: Die Programmiersprache – Werkzeug des Softwareentwicklers, in: Informatik Spektrum, 1/1994, 17. Jg., S. 21–28.

[Koch89] *Koch, J.:* Betriebliches Rechnungswesen 1: Buchführung und Bilanzen, Physica, Heidelberg 1989.

[Koeh89] *Köhlertz, K.:* Die Bilanzierung von Leasing: Die deutschen Bilanzierungskonventionen für Leasing im Vergleich zu den US-amerikanischen Vorschriften, VVF, München 1989.

[Kolb92] *Kolb, A.:* Ein pragmatischer Ansatz zum Requirements Engineering, in: Informatik Spektrum, 1992, 15. Jg., S. 315-322.

[Koss96] *Kossel, A.:* Auf Umwegen ins Internet, Zugänge über Online-Dienste und Mailboxen, in: c't – Magazin für Computertechnik 1/1996, S. 128–130.

[Kral97] *Krallmann, H. et al. (Hrsg.):* Wirtschaftsinformatik '97 – Internationale Geschäftstätigkeit auf der Basis flexibler Organisationsstrukturen und leistungsfähiger Informationssysteme, Physica, Heidelberg 1997.

[Krue83] *Krüger, W.:* Grundlagen der Organisationsplanung, Schmidt, Gießen.

[Krue84] *Krüger, W.:* Organisation der Unternehmung, 2.Aufl., Kohlhammer, Stuttgart 1984.

[Krue90] *Krüger, W.:* Organisatorische Einführung von Anwendungssystemen, in: [KuSt90], S. 278–288.

[Kurb90] *Kurbel, K.:* Programmentwicklung, 5. Aufl., Gabler 1990.

[Kurb93] *Kurbel, K. (Hrsg.):* Wirtschaftsinformatik '93 – Innovative Anwendungen – Technologie – Integration, Physica, Würzburg 1993.

[KuSt90] *Kurbel, K.; Strunz, H. (Hrsg.):* Handbuch Wirtschaftsinformatik, Poeschel, Stuttgart 1990.

[KuTa94] *Kubitschek, H.; Taube, W.:* Die gelegentlichen Nutzer als Herausforderung für die Systementwicklung, in: Informatik Spektrum, 6/1994, 17. Jg., S. 347–356.

[LeHi95] *Lehner, F.; Hildebrand, K.; Maier, R.:* Wirtschaftsinformatik: Theoretische Grundlagen, Hanser, Wien 1995.

[Lehm93] *Lehmer, G.:* Theorie des wirtschaftlichen Handelns der privaten Haushalte: Haushaltsproduktion und Informationstechniken im Wechselspiel, Eul, Köln 1993.

[Link85] *Link, G.:* Ankauf von Forderungen aus Leasingverträgen mit Kaufleuten durch Kreditinstitute, in: Zeitschrift für das gesamte Kreditwesen, 14/1985, 38. Jg., S. 658–666.

[Link88] *Link, G.:* Bilanzierung und Ertragsvereinnahmung bei der Forfaitierung von Leasingforderungen, in: Der Betrieb 1988, 41. Jg. S. 616 ff.

[Liss91] *Lißmann, U.:* Passive Rechnungsabgrenzung durch Leasinggesellschaften, in: Der Betrieb 1991, S. 1479–1481.

[Lix95] *Lix, B.:* Controlling und Informationsmanagement als Kernsysteme der Führungsteilsysteme im Unternehmen, in: [HiMo95], S. 182–200.

[Lude93] *Ludewig, J.:* Sprachen für das Software Engineering, in: Informatik Spektrum 5/1993, 16. Jg., S. 286–294.

[Loud94] *Louden, K.C.:* Programmiersprachen – Grundlagen, Konzepte, Entwurf, Thomsen, Bonn 1994.

[LuMa89] *Luconi, F.L.; Malone, T.W.; Morton, M.S.S.;* Expert Systems: The next challenge for Managers, in: [SpWa89], S. 320–334.

[LuMe93] *Ludwig, L.; Mertens, P.:* Die Einstellung der Parameter eines Materialwirtschaftssystems in einem Unternehmen der Hausgeräteindustrie, in: Wirtschaftsinformatik 5/1993, 35. Jg., S. 446–454.

[Maas93] *Maaß, S.:* Software-Ergonomie: Benutzer- und aufgabenorientierte Systemgestaltung, in: Informatik Spektrum, 4/1993, 16. Jg., S. 191-205.

[Mali95] *Malischewski, C.:* Componentware, in: Wirtschaftsinformatik, 1/1995, 37. Jg., S. 65–67.

[MaPe93] *Manhartsberger, M.; Penz, F.; Tscheligi, M.:* N/JOY – Ein Designbeispiel für eine direkt manipulative, objektbasierte Benutzerschnittstelle, in: Informatik Forschung und Entwicklung 1/1993, 8. Jg., S. 23–34.

[MaPo92] Martin, C.; Powell, P.: Informations Systems: A Management Perspective, McGraw-Hill, London 1992.
[Mare95] Marent, C.: Branchenspezifische Referenzmodelle für betriebswirtschaftliche IV-Anwendungsbereiche, in: Wirtschaftsinformatik 3/1995, 37. Jg., S. 303–313.
[Mayr96] Mayr, H.C. (Hrsg.): Beherschung von Informationssystemen – Tagungsband der Informatik '96, Oldenbourg, Wien 1996.
[MeBo96] Mertens, P.; Bodendorf, F.; König, W.; Picot, A.; Schumann, M.: Grundzüge der Wirtschaftsinformatik, 4. Aufl., Springer, Berlin 1996.
[MeFa95] Mertens, P.; Faisst, W.: Virtuelle Unternehmen – eine Organisationsstruktur für die Zukunft?, in: technologie und Management 2/1995, 44. Jg., S. 61–68.
[Meff86] Meffert, H.: Marketing: Grundlagen der Absatzpolitik, Gabler, Wiesbaden 1986.
[MeGr93] Mertens, P.; Griese, J.: Integrierte Informationsverarbeitung 2 – Planungs- und Kontrollsysteme in der Industrie, 7. Aufl., Gabler, Wiesbaden 1993.
[Meis96] Meissner, R.: Wege in den Stau. Was leisten die großen Internet Anbieter, in: c't – Magazin für Computertechnik 1/1996, S. 124–127.
[Mell85] Mellwig, W.: Investition und Besteuerung, Gabler, Wiesbaden 1985.
[MeSc96] Mertens, P.; Schumann, P.: Electronic Shopping – Überblick, Entwicklungen, Strategie, in: Wirtschaftsinformatik 5/1996, 38. Jg., S. 515–530.
[Meye90] Meyer, B.: Objektorientierte Softwareentwicklung, Hanser, München 1990.
[Meye93] Meyer, H.M.: Softwarearchitekturen für verteilte Verarbeitung, in: [Hans93], S. 69–116.
[Moxt97] Moxter, A: Zur neueren Bilanzrechtsprechung des 1. BFH-Senats, in: Deutsches Steuerrecht, 12/1997, 35. Jg., S. 433–436.
[Muel93] Müller, J.A.: Kommt die Entwicklung betrieblicher DV-Anwendungssysteme ohne Systems Engineering aus?, in: Informatik Spektrum 3/1993, 16. Jg., S. 167–169.
[Muel94] Müller, H.J.: Einführung in die Verteilte Künstliche Intelligenz, in: [KiWe94], S. 157–189.
[Muel96] Müller, H.: Prozeßkonforme Grenzplankostenrechnung: Stand, Nutzanwendungen, Tendenzen, 2. Aufl., Gabler, Wiesbaden 1996.
[MuMe94] Müller-Merbach, H.: Buchaltung ohne Wandel: 500 Jahre nach Pacioli – Ungenutzte Computerchancen, in: Technologie & Management, 1/1994, 43. Jg., S. 3–6.
[Nagl93] Nagl, M.: Software-Entwicklungsumgebungen: Einordnung und zukünftige Entwicklungslinien, in: Informatik Spektrum, 5/1993, 16. Jg., S. 273–280.
[NaKl94] Nauk, D.; Klawonn, F.; Kruse, R.: Neuronale Netze und Fuzzy-Systeme – Grundlagen des Konnektionismus, Neuronaler Fuzzy-Systeme und der Kopplung it wissensbasierten Methoden, Vieweg, Braunschweig 1994.
[oVer95] ohne Verfasser: Klare Vorstellungen von Management-Informationssystemen: Anwender legen den Fokus bei MIS-Tools auf die Kostenanalyse, in: Computerwoche 40/1995 vom 6.10.1995.
[oVer96] ohne Verfasser: Der Online-Dienst Compuserve wandelt sich zum Web-Service, in: Computerwoche 22/1996 vom 31.5.1996.
[Part91] Partsch, H.: Requirements Engineering, Oldenbourg, München 1991.
[Piet93] Pietsch, M.: PAREUS-RM – Ein Tool zur Unterstützung der Konfiguration von PPS-Parametern im SAP-System R/2, in: Wirtschaftsinformatik 5/1993, 35. Jg., S. 434–445.

[PoBl93] *Pomberger, G.; Blaschek, G.:* Grundlagen des Software Engineering – Prototyping und objektorientierte Software-Entwicklung, Hanser, München 1993.
[PoWe93] *Pohl, H.; Weck, G. (Hrsg.):* Einführung in die Informationssicherheit, Oldenbourg, München 1993.
[PoWe93a] *Pohl, H.; Weck, G. (Hrsg.):* Stand und Zukunft der Informationssicherheit, in: [PoWe93], S. 9–31.
[Pupp94] *Puppe, F.:* Wissensrepräsentation und Problemlösungsverfahren in Expertensystemen, in: [KiWe94], S. 73–96.
[Ramm95] *Ramm, F.:* Recherchieren und Publizieren im World Wide Web, Vieweg, Braunschweig 1995.
[ReZi94] *Rehkugler, H.; Zimmermann, H.G. (Hrsg.):* Neuronale Netze in der Ökonomie – Grundlagen und finanzwirtschaftliche Anwendungen, Vahlen, München 1994.
[RiIc86] *Rinne, H.; Ickler, G.:* Grundstudium Statistik, 2. Aufl., Verlag für Wirtschaftsskripten, München 1986.
[RoBu96] *Roemer, M.; Buhl, H.U.:* Das *World Wide Web* als Alternative zur Bankfiliale: Gestaltung innovativer IKS für das Direktbanking, in: Wirtschaftsinformatik 6/1996, 38. Jg., S. 565–577.
[RoCo95] *Rob, P.; Coronel, C.:* Database Systems: Design, Implementation and Management, 2. Aufl., Boyd & Fraser, Danvers 1995.
[Roem94] *Roemer, M.:* IV-Unterstützung zur Erstellung wettbewerbsorientierter Allfinanzangebote – Konzeption und prototypische Realisierung, in: Wirtschaftsinformatik 1/1994, 36. Jg., S. 15–24.
[Roem97] *Roemer, M.:* Direktvertrieb kundenindividueller Finanzdienstleistungen: Ökonomische Analyse und systemtechnische Gestaltung, Diss., Augsburg 1997.
[Rose95a] *Rose, G.:* Betrieb und Steuer: Grundlagen zur betriebswirtschaftlichen Steuerlehre. Buch 1: Die Ertragsteuern, 14. Aufl., Gabler, Wiesbaden 1995.
[Rose95b] *Rose, G.:* Betrieb und Steuer: Grundlagen zur betriebswirtschaftlichen Steuerlehre. Buch 2: Die Verkehrsteuern, 12. Aufl., Gabler, Wiesbaden 1995.
[RuBl91] *Rumbaugh, J.; Blaha, M.; Premerlani, W.; Eddy, F.; Lorensen, W.:* Object-Oriented Modeling and Design, Prentice-Hall, Englewood Cliffs 1991.
[Sand96] *Sandbiller, K.:* Dezentrale Eigenkapitalsteuerung in Banken mit Hilfe interner Elektronischer Märkte, in: Wirtschaftsinformatik 3/1996, 38. Jg., S. 293–298.
[Satz97] *Satzger, G.:* Fiscal Impacts of Electronic Commerce on International Transactions and Organization Structure, Diskussions Papier WI-10, erhältlich bei: Lehrstuhl für Betriebswirtschaftslehre mit Schwerpunkt Wirtschaftsinformatik, Prof. Dr. H.U. Buhl, Universität Augsburg.
[ScBo94] *Scheller, M.; Boden, K.-P.; Geenen, A.; Kampermann, J.:* Internet: Werkzeuge und Dienste von Archie bis World Wide Web, Springer, Berlin 1994.
[ScBu94] *Schneider, J.; Buhl, H.U.:* Die Kauf/Leasing-Entscheidung, in: Praxishandbuch Einkauf, Weka Fachverlag für technische Führungskräfte, Augsburg 1994, S. 4.4.1.1/1–4.4.1.8/2.
[ScDr95] *Schmid, B.; Dratva, R.; Kuhn, Ch.; Mausberg, P.; Meli, H.; Zimmermann, H.D.:* Electronic Mall: Banking und Shopping in globalen Netzen, Teubner, Stuttgart 1995.
[ScFi96] *Schwickert, A.; Fischer, K.:* Der Geschäftsprozeß als formaler Prozeß – Definition, Eigenschaften und Arten, Arbeitspapiere I Nr. 4/1996, Hrsg.: Lehrstuhl für Allg. BWL und Wirtschaftsinformatik, Johannes Gutenberg-Universität, Mainz 1996.
[Schi87] *Schierenbeck, H.:* Grundzüge der Betriebswirtschaftslehre, 9. Aufl., Oldenbourg 1987.
[Schi88] *Schildt, Herbert:* C-Befehlsbibliothek, McGraw-Hill, Hamburg 1988.

[Schi94] *Schimmelschmidt, U.*: Finanzierungsleasing – Eine EDV-gestützte Vorteilhaftigkeitsanalyse, Gabler, Wiesbaden 1994.
[Schm93] *Schmid, B.*: Elektronische Märkte, in: Wirtschaftsinformatik 5/1993, 35. Jg., S. 465–480.
[Schm95] *Schmid, B.*: Elektronische Einzelhandels- und Retailmärkte, in: [ScDr95], S. 17–32.
[Schn92] *Schneider, J.*: KALEM – Entwicklung und Implementation eines zahlungsstromorientierten Analyseverfahrens für Kauf- und Leasingverträge über Mobilien, Diplomarbeit an der Professur für Betriebswirtschaftslehre mit Schwerpunkt Wirtschaftsinformatik, Justus-Liebig-Universität Gießen, 1992.
[Schn94] *Schneider, D.*: Grundzüge der Unternehmensbesteuerung, 6. Aufl., Gabler, Wiesbaden 1994.
[Schn94a] *Schneider, J.*: Konzeption eines Finanzanalysesystems zur Unterstützung von Investitions- und Finanzierungsentscheidungen, Discussion Paper Nr. 72 der Professur für BWL/Wirtschaftsinformatik, Justus-Liebig-Universität Gießen, erhältlich bei: Lehrstuhl für Betriebswirtschaftslehre mit Schwerpunkt Wirtschaftsinformatik, Prof. Dr. H.U. Buhl, Universität Augsburg.
[Schn96] *Schneider, J.*: Entwicklung finanzwirtschaftlicher Planungssysteme, in: [Mayr96], S. 197–214.
[Schu87] *Schuman, J.*: Grundzüge der mikroökonomischen Theorie, 5. Aufl., Springer, Berlin 1987.
[ScSc94] *Schoop, E.; Schinzer, H.D.*: Konzeption von Client/Server-Applikationen am Beispiel zweier prototypischer Projekte, in: Wirtschaftsinformatik 6/1994, 36. Jg., S. 546–556.
[ScSt83] *Schlageter, G.; Stucky, W.*: Datenbanksysteme: Konzepte und Modelle, 2. Aufl., Teubner, Stuttgart 1983.
[Sebe93] *Sebesta, R.W.*: Concepts of Programming Languages, 2. Aufl., Benjamin/Cummings, Redwood 1993.
[Simo60] *Simon, H.A.*: The New Science of Management Decision, Harper & Row, New York 1960.
[SnRo96] *Sneed, H.; Rothhardt, G.*: Software-Messung, in: Wirtschaftsinformatik, 2/1996, 38. Jg., S. 172–180.
[SpHo96] *Specht, G.; Hofmann, M.*: Auswertung der Migration eines Mulitmedia-Informationssystems von einem relationalen auf ein objektorientiertes Datenbanksystem, in: [Mayr96], S. 233–251.
[Spit92] *Spittler, H.J.*: Leasing für die Praxis, 4. Aufl., Deutscher Wirtschaftsdienst, Köln 1992.
[SpWa89] *Sprague, H.R.; Watson, H.J. (Hrsg.)*: Decision Support Systems: Putting Theory into Practice, 2. Aufl., Prentice-Hall, London 1989.
[Spra89] *Sprague, H.R.*: A Framework for the Development of Decision Support Systems, in: [SpWa89], S. 9–35.
[SpWa96] *Sprague, H.R.; Watson, H.J.*: Decision Support for Management, Prentice-Hall, New Jersey 1996.
[StDr95] *Stahlknecht, P.; Drasdo, A.*: Methoden und Werkzeuge der Programmsanierung, in: Wirtschaftsinformatik 2/1995, 37. Jg., S. 160–174.
[Stei93] *Stein, W.*: Objektorientierte Analysemethoden – ein Vergleich, in: Informatik Spektrum 6/1993, 16. Jg., S. 317–332.
[Svio89] *Sviokla, J.*: Business Implications of Knowledge-based Systems, in: [SpWa89], S. 335–358.
[Tack93] *Tacke, H.R.*: Leasing, 2. Aufl., Schäffer-Poeschel, Stuttgart 1993.
[Thie95] *Thienen, W.v.*: Client/Server – Technologie und Realisierung im Unternehmen, Vieweg, Braunschweig 1995.

[Turb95] *Turban, E.:* Decision Support and Expert Systems: management support systems, Prentice Hall, Englewood Cliffs 1995.
[Vets95] *Vetschera, R.:* Informationssysteme der Unternehmungsführung, Springer, Berlin 1995.
[Wagn90] *Wagner, H.P.:* Planungssprachen auf dem PC – Werkzeuge zur Gestaltung von Management-Support-Systemen, in: Office Management, 2/1990, S. 40–45.
[Wall96] *Wallmüller, E.:* Qualitätsmanagement in der Informationsverarbeitung, in: Wirtschaftsinformatik 2/1996, 38. Jg., S. 137–146.
[Weck93] *Weck, G.:* Realisierung der Schutzfunktionen, in: [PoWe93], S. 123–189.
[WeDe94] *Weinhardt, Ch.; Detloff, U.; Gomber, P.; Krause, R.; Schneider, J.:* IV-Unterstützung in der Finanzierungsberatung – Integration von Methoden und Paradigmen, in: Wirtschaftsinformatik, 1/1994, 36. Jg., S. 5–14.
[Wehr96] *Wehrheim, M.:* Finanzcontrolling durch Forfaitierung von Forderungen aus Leasingverträgen, in: Betriebs-Berater 1996, 51. Jg., S. 1103–1105.
[Wern92] *Werner, L.:* Entscheidungsunterstützungssysteme – Ein problem- und benutzerorientiertes Managementinstrument, Physica, Heidelberg 1992.
[WiBu93] *Will, A.; Buhl, H.U.; Weinhardt, Ch.:* Immobilienleasing und Steuern im Allfinanz-Kontext, in: Zeitschrift für Betriebswirtschaft 9/1993, 63. Jg., S. 933–959.
[Wies89] *Wiese, H.:* Netzeffekte und Kompatibilität – ein theoretischer und simulationsgeleiteter Beitrag zur Absatzpolitik für Netzeffekt-Güter, Poeschel, Stuttgart 1989.
[Wiet95] *Wieth, B.D.:* Informationen im Entscheidungsprozeß, in: [HiMo95], S. 31–42.
[Will95] *Will, A.:* Die Erstellung von Allfinanzprodukten: Produktgestaltung und verteiltes Problemlösen, Gabler, Wiesbaden 1995.
[Wink96] *Winkler-Otto, A.:* Die Finanzierungshilfen des Bundes, der Länder und der internationalen Institutionen: Wohnungsbau – einschließlich Wohngeldtabellen, Verlag Fritz Knapp, Frankfurt 1996.
[Witt59] *Wittman, W.:* Unternehmung und unvollkommene Information. Unternehmerische Voraussicht – Ungewißheit und Planung, Köln/Opladen 1959.
[Witz94] *Witzke, R.:* Zertifizierung von Qualitätsmanagement-Systemen bei Softwareherstellern, in: HMD – Theorie und Praxis der Wirtschaftsinformatik, 175/1994, 31. Jg., S. 38–49.
[WKWI94] *Wissenschaftliche Kommission Wirtschaftsinformatik:* Profil der Wirtschaftsinformatik, in: Wirtschaftsinformatik 1/1994, 36. Jg., S. 80–81.
[YoWa95] *Young, D.; Watson, H.J.:* Determinates of EIS acceptance, in: Information & Management 1995, 29. Jg., S. 153–164.
[ZiKu95] *Zimmermann, H.D.; Kuhn, Ch.:* Grundlegende Konzepte einer Electronic Mall, in: [ScDr95], S. 33–94.
[Zilk96] *Zilk, M.:* Virtual Reality als Komponente multimedialer Informationssysteme, in: HMD – Theorie und Praxis der Wirtschaftsinformatik, 192/1996, 33. Jg., S. 113–123.
[Zimm94] *Zimmermann, H.G.:* Neuronale Netze als Entscheidungskalkül – Grundlagen und ihre ökonometrische Realisierung, in: [ReZi94], S. 3–87.

Abbildungsverzeichnis

1.1 Aufbau der Arbeit 3
1.2 Daten, Informationen und Wissen in der Betriebswirtschaftslehre . 4
1.3 Informationsfluß im Entscheidungsprozeß 9
1.4 Architektur von Finanzanalysesystemen 13
1.5 Externe Erstellung von Finanzanalysen 16
1.6 Eigenerstellung von Finanzanalysen 17
1.7 Eigenerstellung vs. Fremdbezug von Finanzanalysen 19
1.8 Strategische Geschäftsfelder für Investitions- und Finanzierungsberater 20
1.9 Bereitstellung von Finanzanalysesystemen 22

2.1 Die Kauf/Leasing-Fragestellung 27
2.2 Zahlungsstromoptimierung bei Leasingverträgen 50
2.3 Forfaitierung von Leasingraten als optimale Refinanzierung .. 53
2.4 Darlehensfinanzierung als optimale Refinanzierung 54
2.5 Referenzalternative als optimale Refinanzierung 55
2.6 Der Barwertvorteil des Leasing 62

3.1 Bedeutung von Anforderungen für die Systemgestaltung 66
3.2 Informationsangebot, -nachfrage und -bedarf 67
3.3 Konventionelle Programme 79
3.4 Wissensbasierte Systeme 83

4.1 Betriebswirtschaftlicher Ansatz von IFAS 91
4.2 Systemarchitektur von IFAS 97
4.3 Meta-Datenmodell der doppelten Buchführung 99
4.4 Beispiel eines kontenorientierten Datenmodells 100
4.5 Beispiel eines Parsebaums 104
4.6 Übersetzung von Programmen 107
4.7 Navigation durch die Transaktionsketten 124
4.8 Navigation durch das kontenorientierte Datenmodell 126
4.9 Darstellung einer Zahlungsreihe 127
4.10 Erläuterung einer Transaktionskette 128
4.11 Aufruf der user-Funktion 128
4.12 Traditionelle Realisation verteilter Systeme 131

4.13 Maximale Flexibilität verteilter Systeme...................... 132

5.1 Wertschöpfungskette systemgestützter Finanzanalysen 141
5.2 Nutzenmaximum des Teilnehmers 147
5.3 Die Wirkung von Kostenänderungen 148
5.4 Kombinierte Verwendung interaktiver elektronischer Medien 149
5.5 Änderung nutzungsabhängiger Kosten........................ 150
5.6 Einführung einer Grundgebühr durch *einen* Serviceprovider 152
5.7 Einführung einer Grundgebühr durch *beide* Serviceprovider 152
5.8 Integration offener Technologien 153
5.9 Entwicklung der Internet-Domains in Europa und Deutschland ... 158

Tabellenverzeichnis

2.1 Degressive Abschreibung von Wohngebäuden................... 57
2.2 Datenbasis der Beispielrechnungen........................... 59
2.3 Barwertvorteile bei konventioneller Vertragsgestaltung 60
2.4 Barwertvorteile bei simultaner Zahlungsstromoptimierung 61

Abkürzungsverzeichnis

API	Application Programming Interface	
BDF	Bundesminister der Finanzen	
BFH	Bundesfinanzhof	
DLL	Dynamic Link Library	
DSS	Decision Support System	
EIS	Executive Information System	
FES	Financial Engineering System	
GmbH	Gesellschaft mit beschränkter Haftung	
IFAS	Integriertes Finanzanalysesystem	
IKS	Informations- und Kommunikationssystem	
IV	Informationsverarbeitung	
KALEM	Kauf/Leasing-Entscheidungen für Mobilien	
KG	Kommanditgesellschaft	
MIS	Management Information System	
OHG	Offene Handelsgesellschaft	
PC	Personal Computer	
WKWI	Wissenschaftliche Kommision Wirtschaftsinformatik	
WWW	World Wide Web	
BewG	Bewertungsgesetz	Stand 1.2.1996
BGB	Bürgerliches Gesetzbuch	Stand 1.2.1987
EigZulG	Eigenheimzulagengesetz	Stand 1.2.1996
EStG	Einkommensteuergesetz	Stand 1.2.1996
GewStDV	Gewerbesteuer-Durchführungsverordnung	Stand 1.2.1996
GewStG	Gewerbesteuergesetz	Stand 1.2.1996
GewStR	Gewerbesteuer-Richtlinien	Stand 1.1.1994
GrEStG	Grunderwerbsteuergesetz	Stand 1.2.1996
GrStG	Grundsteuergesetz	Stand 1.2.1996
HGB	Handelsgesetzbuch	Stand 15.9.1996
JStG97	Jahressteuergesetz 1997	Vom 20.12.1996
KStG	Körperschaftsteuergesetz	Stand 1.2.1996
UStG	Umsatzsteuergesetz	Stand 1.2.1996

Druck: betz-druck GmbH, D-64291 Darmstadt
Verarbeitung: Buchbinderei Schäffer, D-67269 Grünstadt